Lasergerechte Konstruktion und Fertigung

Stand der Technik und Potentiale

Herausgegeben von
Prof.Dr.h.c.Dipl.-Wirt.Ing.Dr.-Ing.W.Eversheim

mit Beiträgen von

Prof. Dr.h.c. Dipl.-Wirt.Ing. Dr.-Ing. W. Eversheim und Dr.-Ing. H. Schunk
Prof. Dr.-Ing. M. Geiger
Prof. Dr.-Ing. G. Herziger und Dr.-Ing. E. Beyer
Prof. Dr.-Ing. H. Hügel
Prof. Dr.-Ing. F. L. Krause und Dipl.-Ing. H. Leemhuis
Dipl.-Phys. J. Lüdtke
Prof. Dr.-Ing. J. Milberg, Dipl.-Ing. F. Garnich und Dipl.-Ing. H. Schwarz
Prof. Dr.-Ing. Dr. h.c. T. Pfeifer und Dr.-Ing. B. Gimpel
Prof. Dr. sc.nat. W. Pompe
Dr. rer.nat. R. Röhrig
Prof. Dr.-Ing. G. Sepold und Dipl.-Ing. M. Zierau
Prof. Dr.-Ing. K. Tönshoff, Dipl.-Ing. C. Emmelmann, Dipl.-Ing. M. Gonschior
und Dipl.-Ing. D. Hesse
Prof. Dr.-Ing. Dr. mult.h.c. H. J. Warnecke, Prof. Dr.-Ing. R. D. Schraft und
Dipl.-Ing. G. Hardock
Dipl.- Ing. U. Blum und Prof. Dr.h.c. Dipl.-Wirt.Ing. Dr.-Ing. W. Eversheim

Das diesem Bericht zugrundeliegende Vorhaben wurde mit Mitteln des Bundesministers für Forschung und Technologie (Förderkennzeichen 13N5711 4) gefördert.

Die Deutsche Bibliothek - CIP-Einheitsaufnahme

Lasergerechte Konstruktion und Fertigung : Stand der Technik
und Potentiale / hrsg. von Walter Eversheim. Mit Beitr. von
W. Eversheim ... - Düsseldorf : VDI-Verl. 1992
 ISBN-13: 978-3-540-62311-3
NE: Eversheim, Walter [Hrsg.]

ISBN 978-3-540-62311-3   ISBN 978-3-642-95801-4 (eBook)
DOI 10.1007/ 978-3-642-95801-4

Geleitwort

Im Wettbewerb internationaler Unternehmen nimmt die Bedeutung technologischer Innovationen laufend zu. Die Bereitschaft, in Produktionssysteme innovativer Technologie zu investieren, wächst entsprechend der Verschärfung der Konkurrenzsituation.

Eine innovative Technologie, die in den vergangenen Jahren in der Materialbearbeitung eine Schlüsselstellung eingenommen hat, ist die Lasertechnologie. Prognosen gehen davon aus, daß der Markt für Lasersysteme um zehn bis fünfzehn Prozent je Jahr wachsen wird. Dieser positive Trend ist unter anderem auf die technischen und wirtschaftlichen Potentiale der Lasertechnologie zurückzuführen.

Zum einen erschließt der Laser neue Anwendungsgebiete, bei denen die Bearbeitung mit konventionellen Technologien nicht oder nur mit erheblichem Aufwand realisiert werden kann. Zum anderen treten vermehrt Anwendungsfälle auf, bei denen die Lasertechnologie nicht nur unter technischen, sondern auch unter wirtschaftlichen Gesichtspunkten konventionellen Technologien überlegen ist. Den vielfältigen positiven Aspekten stehen jedoch Risiken gegenüber, die die Akzeptanz der Lasertechnologie in der industriellen Praxis behindern. Dazu zählen Informationsdefizite sowie Befürchtungen der Anwender bezüglich der Reife und Wirtschaftlichkeit der Lasertechnologie.

Das Bundesministerium für Forschung und Technologie (BMFT) hat sich im Rahmen des Förderschwerpunktes "Laserforschung und Lasertechnik" zum Ziel gesetzt, derartige Defizite zu beheben. Um entsprechende Forschungsaufgaben zu konkretisieren, wurde vom BMFT das Vorhaben "Grundlagen Lasergerechter Konstruktion und Fertigung - Definitionsphase" initiiert, dessen Ergebnisse Gegenstand dieses Buches sind.

Nach einer Einführung werden im zweiten Kapitel des Buches die methodischen Grundlagen zur Durchführung der Analysen erläutert. Der dritte Teil enthält die Ergebnisse einer Befragung von Industrieunternehmen und Forschungsinstituten. Der aus einem Soll-Ist-Vergleich resultierende Forschungsbedarf ist am Ende des dritten Abschnittes spezifiziert. Weiterhin wird eine Reihenfolge vorgestellt, in der entsprechende Forschungsaktivitäten durchgeführt werden sollten.

Das vierte Kapitel enthält Fachbeiträge renommierter Experten auf dem Gebiet der Lasertechnologie, in denen der ermittelte Forschungsbedarf detailliert erläutert wird. Den beteiligten Autoren möchte ich an dieser Stelle für Ihre Unterstützung danken.

Die kurze Inhaltsangabe verdeutlicht, daß das vorliegende Buch für einen weiten
Leserkreis aus Forschung und Industrie von Interesse ist. Vertreter von Forschungsinstituten finden unter anderem einen Leitfaden zur Abwicklung ähnlich
gelagerter Projekte sowie laserspezifische Forschungsthemen, die prinzipiell den
Förderrichtlinien des Bundesministeriums für Forschung und Technologie
entsprechen. Dies ist auch für Hersteller von Lasersystemen und -komponenten
von Interesse, die durch Forschungsaktivitäten ihre Wettbewerbssituation sichern
oder ausbauen wollen. Dem Anwender der Lasertechnologie sollte das Buch
einen generellen Überblick über die mit der Einführung der Lasertechnologie
verbundenen Chancen und Risiken vermitteln.

Aachen, im April 1992   *Prof.Dr.h.c Dipl.-Wirt.Ing.Dr.-Ing. W. Eversheim*

Inhalt

*Dr. rer. nat. R. Röhrig, Bundesministerium für Forschung und
Technologie (BMFT), Bonn*

Prof. Dr.-Ing. H. Hügel, Institut für Strahlwerkzeuge (IFSW), Stuttgart

*Prof. Dr.-Ing. M. Geiger, Lehrstuhl für Fertigungstechnologie (LFT)
der Friedrich Alexander Universität Erlangen-Nürnberg, Erlangen*

*Prof. Dr.sc.nat. W. Pompe, Institut für Werkstoffphysik
und Schichttechnologie, Dresden*

Prof. Dr.-Ing. Dr.mult.h.c. H.J. Warnecke, Prof. Dr.-Ing. R.D. Schraft,
Dipl.-Ing. G. Hardock, Fraunhofer Institut für Produktionstechnik und
Automatisierung (IPA), Stuttgart

Prof. Dr.-Ing. Dr.h.c. T. Pfeifer, Dr.-Ing. B. Gimpel,
Fraunhofer Institut für Produktionstechnologie (IPT), Aachen

Prof. Dr.-Ing. J. Milberg, Dipl.-Ing. F. Garnich, Dipl.-Ing. H. Schwarz,
Institut für Werkzeugmaschinen und Betriebswissenschaften der
TU München (iwb), München

Dipl.-Ing. U. Blum, Industriegewerkschaft Metall (IG Metall), Frankfurt;
Prof. Dr.h.c. Dipl.-Wirt.Ing. Dr.-Ing. W. Eversheim, Fraunhofer Institut
für Produktionstechnologie (IPT), Aachen

1 Einleitung

Prof. Dr.h.c. Dipl.-Wirt.Ing. Dr.-Ing. W. Eversheim, Dr.-Ing. H. Schunk,
Fraunhofer Institut für Produktionstechnologie (IPT), Aachen

Mit der Entwicklung der ersten CO_2- und Nd:YAG-Laser Mitte der sechziger Jahre wurde der Grundstein für den Einsatz des Lasers in der Materialbearbeitung gelegt. Mittlerweile haben sich Teilbereiche der Lasertechnologie als Fertigungsverfahren etabliert und zu Schlüsseltechnologien mit hoher Breitenwirkung entwickelt [1-3]. Die Lasertechnologie hat damit eine Entwicklung vollzogen, die in ihrem Verlauf der Computertechnologie ähnelt [4]. Vergleicht man die Umsatzentwicklungen auf diesen beiden Gebieten, läßt sich unter Berücksichtigung der um siebzehn Jahre differierenden Inventionszeitpunkte für die ersten beiden Dekaden ein beinahe deckungsgleicher Verlauf feststellen [5].

Bezüglich des heutigen Bedarfs an Lasermaterialbearbeitungssystemen finden sich unterschiedliche Aussagen [6-15]. Wertet man diese aus, stellt sich die Situation auf dem Weltmarkt gemäß <u>Bild 1-1</u> dar.

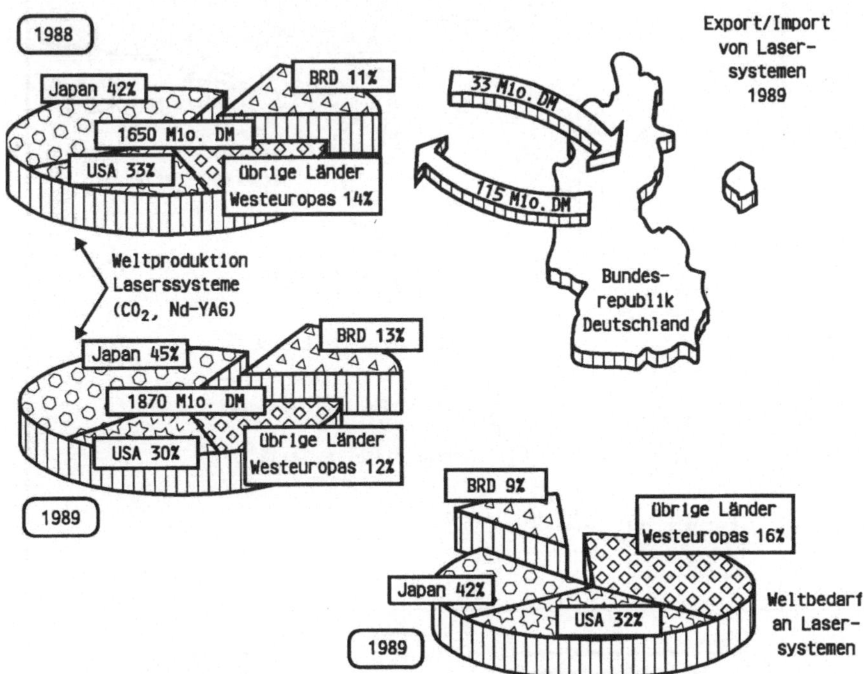

Bild 1-1: Derzeitiger Weltmarkt bei Lasersystemen für die Materialbearbeitung (Stand 1990)

Aus der Darstellung ist abzulesen, daß Japan die führende Nation bezüglich der Herstellung und der Anwendung von Lasersystemen im Bereich der Materialbearbeitung ist. Das Marktwachstum ist dort im Vergleich zu anderen Nationen stärker ausgeprägt [14]. Die Bundesrepublik besitzt hingegen den größten Exportüberschuß. Diese Tatsache läßt sich unter anderem auf die hohe Qualität und den hohen technischen Standard deutscher Systeme zurückführen.

Die Zahl der Anwendungen der Lasermaterialbearbeitung ist aber im Vergleich zu Japan sowie zum eigenen Anteil am Weltmarkt für Systeme relativ gering [15]. In der Bundesrepublik Deutschland setzten 1989 etwa 1100 Betriebe die Lasertechnologie zur Materialbearbeitung ein, während weitere 4500 Unternehmen ein Anwendungspotential für die Zukunft sahen [16]. Die Laserbearbeitung hat vor allem in der Mikrobearbeitung bereits einen hohen Reifegrad erreicht, Bild 1-2.

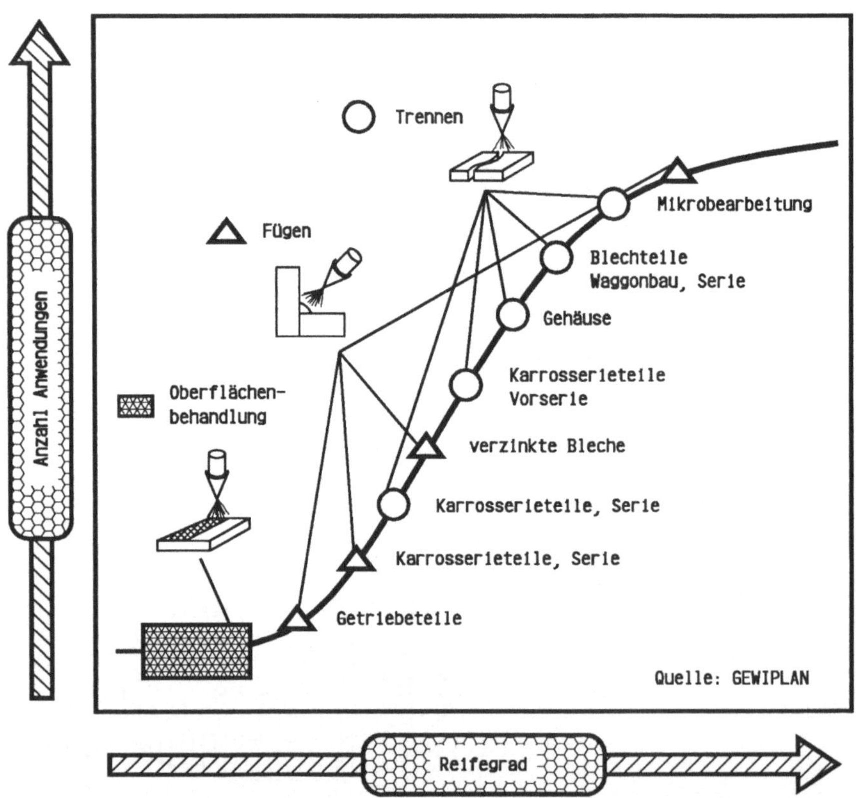

Bild 1-2: Diffusionsgrad verschiedener Anwendungen der Lasertechnologie

Eine Erhebung des IFO-Instituts für Wirtschaftsforschung hat ergeben, daß 1987 etwa ein Drittel der befragten deutschen Anwender Schneidapplikationen, ein Viertel Beschriftungen und ein Fünftel Schweißapplikationen mit dem Laser durchführten. Laseroberflächenbehandlungen wurden zu diesem Zeitpunkt nur von 2,3% der befragten Firmen realisiert [17].

Prognosen für die nächsten Jahre gehen von einem jährlichen Marktwachstum für alle Lasermaterialbearbeitungssysteme von 10 bis 15% aus [17,18]. Dieser positive Trend bezüglich der Lasermaterialbearbeitung hat mehrere Ursachen. Zum einen erschließt der Laser neue Anwendungsgebiete. So können Bearbeitungsaufgaben gelöst werden, die mit konventionellen Verfahren kaum realisierbar sind. Zum anderen zeichnen sich immer häufiger Anwendungsfälle ab, bei denen der Laser nicht nur technisch, sondern auch wirtschaftlich anderen Verfahren überlegen ist [2,19]. Eine diesbezügliche Untersuchung zeigt, daß viele Anwender sich vom Einsatz des Lasers Durchlaufzeitreduzierungen, Produktverbesserungen und -innovationen sowie Flexibilitätssteigerungen und Kosteneinsparungen versprechen [16,17].

Den angesprochenen Möglichkeiten stehen Risiken gegenüber, die eine schnelle Akzeptanz der Lasermaterialbearbeitung in der industriellen Praxis behindern. Neben Informationsdefiziten stellen die Skepsis bezüglich der Ausgereiftheit der Technologie und die Befürchtungen bezüglich der Wirtschaftlichkeit die größten Hemmnisse für den Lasereinsatz dar, <u>Bild 1-3</u> [16,17].

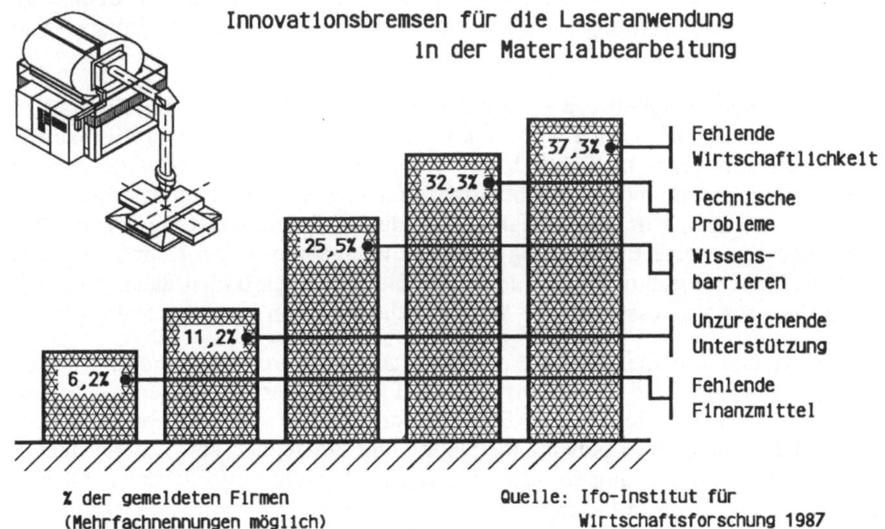

Bild 1-3: Hindernisse für den Fortschritt der Lasermaterialbearbeitung

Faßt man die derzeitige Situation zusammen, ergibt sich folgendes Bild:

- Der Bedarf an Lasersystemen zur Materialbearbeitung ist sehr groß und
  wächst weiter.
- Japan nimmt vor den USA und Deutschland die Vorrangstellung bezüglich der
  Herstellung und Nutzung von Lasersystemen ein.
- Deutsche Hersteller liefern den größten Teil ihrer Systeme ins Ausland,
  wodurch der Anteil am Weltmarkt wächst.
- Im Vergleich zu anderen Ländern sind potentielle deutsche Anwender relativ
  skeptisch bezüglich der Anwendungsmöglichkeiten der Lasertechnologie.

1.1 Problemstellung und Zielsetzung der Untersuchung

Setzt man voraus, daß deutsche System- und Komponentenhersteller ihre
Position auf dem Weltmarkt behaupten bzw. ausbauen sollen, und daß die
breitere Anwendung der Lasertechnologie in der Industrie ein erstrebenswertes
Ziel darstellt, lassen sich aus der derzeitigen Situation Schlüsse bezüglich der
erforderlichen Maßnahmen ziehen.

Unter der Annahme, daß der Preis nicht immer das ausschlaggebende Verkaufs-
argument darstellt, ist es zur Stärkung der deutschen Weltmarktposition unabdingbar, daß qualitativ hochwertige und dem neuesten Stand der Technik
entsprechende Systeme angeboten werden. Daraus resultiert ein Bedarf an
kontinuierlichen Forschungs- und Entwicklungstätigkeiten auf dem Anlagen- und
Komponentensektor.

Die Konkurrenzfähigkeit von Unternehmen hängt auch von ihrer Bereitschaft zu
Innovationen ab. Dies wird von vielen Unternehmen erkannt. Um die Skepsis
möglicher Anwender hinsichtlich der Lasertechnologie zu überwinden, sollte
man die vorhandene Innovationsbereitschaft nutzen und die Hemmschwelle zum
Einstieg in die Lasermaterialbearbeitung durch die Reduzierung technischer
Probleme sowie eine Erweiterung des anwendungsorientierten Kenntnisstandes
senken. Forschungsaktivitäten mit diesen Zielsetzungen bilden daher auch die
Grundlage zur Verbesserung der Wirtschaftlichkeit von Laseranwendungen.

Die Förderung laserspezifischer Forschungsarbeiten durch das Bundesministerium für Forschung und Technologie (BMFT) hat in der Vergangenheit bereits
einen wesentlichen Beitrag zur Stärkung der Wettbewerbsposition deutscher
Systemlieferanten, Komponentenhersteller und Anwender von Lasersystemen
geliefert. Eine Fortsetzung der laserspezifischen Forschungsförderung kann zum
Ausbau dieser Position beitragen.

Die Fördermöglichkeiten sind jedoch an Rahmenbedingungen gebunden. Das
Förderkonzept "Laserforschung und Lasertechnik" des Bundesministeriums für

Forschung und Technologie [7] verfolgt in Übereinstimmung mit dem angeführten Bedarf die folgenden Forschungs- und Entwicklungsziele (FuE):

- Auf- und Ausbau einer FuE-Infrastruktur,
- Stärkung der technologischen Grundlagen und
- Erhöhung der Verfügbarkeit von breitenwirksam umsetzbarem Anwenderwissen.

Die aufgeführten Zielsetzungen dienen der Schaffung einer umfassenden Wissensbasis. In der Vergangenheit stellten vor allem die beiden erstgenannten Aufgabenstellungen einen wesentlichen Förderschwerpunkt dar. Daneben wurden jedoch auch Maßnahmen zur Förderung des Technologietransfers durchgeführt. Flankierend zu anderen, bereits initiierten Vorhaben, sollen die bisher in den Verbundprojekten "Verfahrensgrundlagen der Materialbearbeitung Nr. 1-4 " erzielten Ergebnisse zusammengefaßt, erweitert und einer breiten industriellen Nutzung zugeführt werden.

Um eine möglichst hohe Überdeckung zukünftiger Förderungsmaßnahmen und Forschungsarbeiten mit den Bedürfnissen der Anwender zu erreichen, ist eine genaue Kenntnis bestehender Defizite im Bereich der Lasermaterialbearbeitung erforderlich. Die Zielsetzung der im folgenden vorgestellten und im Rahmen des BMFT Projektes 13N5711 4 "Grundlagen lasergerechter Konstruktion und Fertigung - Definitionsphase" geförderten Untersuchungen bestand deshalb darin, die bestehenden Defizite bezüglich der Weiterverbreitung und Umsetzung der Lasertechnik in die industrielle Praxis zu ermitteln, zusammenzufassen und zu gewichten. Darauf aufbauend waren Vorschläge für Forschungsthemen zur Beseitigung der Defizite abzuleiten, die dem Themenbereich "Lasergerechte Konstruktion und Fertigung" zuzuordnen sind und prinzipiell durch das BMFT gefördert werden können. Die ermittelten Themen mußten außerdem hinsichtlich der Bearbeitungsreihenfolge priorisiert werden.

Die Ergebnisse der Untersuchung sollten primär das BMFT bei der Ausschreibung neuer Förderschwerpunkte unterstützen. Die Kenntnis der ermittelten Forschungsschwerpunkte ist jedoch auch für Laser- bzw. Komponentenhersteller sowie für Forschungsinstitutionen von Bedeutung, da sie den zukünftigen Forschungs- und Entwicklungsbedarf charakterisieren. Auch sind die Defizite für potentielle Anwender von Interesse, da sie Aufschluß bezüglich der Risiken, die mit der Einführung der Lasertechnologie verbunden sind, geben.

Da die Arbeiten auf Anregung und unter Berücksichtigung thematischer Förderrestriktionen des BMFT und des VDI-TZ durchgeführt wurden, können die Ergebnisse weiterhin dazu beitragen, die Möglichkeiten zur erfolgreichen Beantragung von Fördermitteln besser abzuschätzen.

1.2 Inhaltlicher Aufbau des Buches

Unter Berücksichtigung der dargestellten Zielvorstellungen, die dem Studium der im folgenden vorgestellten Untersuchungsergebnisse zugrunde liegen können, sind die Ausführungen in drei Teile untergliedert, in denen auch die entsprechende Fachliteratur aufgeführt ist.

Kapitel 2 enthält die Beschreibung der methodischen Grundlagen, die für die Durchführung der Untersuchung zu erarbeiten waren. Sie können als Leitfaden für die Abwicklung ähnlich gelagerter Projekte angesehen werden und sind aus diesem Grund primär für den Analytiker von Interesse.

Zu Beginn von **Kapitel 3** werden die Ergebnisse einer Befragung verschiedener Industrieunternehmen und Forschungsinstitutionen sowie der Auswertung von Forschungsprojekten dargelegt. Ziel der Befragung und Auswertung war es, den Ist-Zustand und den Soll-Zustand mit Bezug auf den Stand der Technik im Bereich der Lasermaterialbearbeitung zu ermitteln und die Defizite aus Sicht der Anwender zu gewichten. Die dargestellten Ergebnisse können insbesondere dem potentiellen Erstanwender der Lasertechnologie wertvolle Aufschlüsse über die mit der Lasereinführung verbundenen Chancen und Risiken geben.

Die ermittelten Defizite im Bereich der Lasermaterialbearbeitung wurden anschließend im Hinblick auf die fachliche Zugehörigkeit und mögliche Bearbeitung im Bereich "Grundlagen lasergerechter Konstruktion und Fertigung" strukturiert und seitens des BMFT bezüglich der Förderungswürdigkeit bewertet. Am Ende dieses Abschnitts wird eine Reihenfolge vorgestellt in der nach Ansicht namhafter Experten die zur Beseitigung der Defizite erforderlichen Forschungsarbeiten durchgeführt werden sollten. Die Ausführungen sind folglich für die Firmen und Institutionen von Interesse, die beabsichtigen, Fördermittel zu beantragen.

Die in **Kapitel 4** enthaltenen Fachbeiträge behandeln wichtige Teilaspekte der Lasermaterialbearbeitung. Sie geben für den jeweils betrachteten Bereich detaillierten Aufschluß über den Stand der Technik, die bestehenden Defizite und die zu deren Beseitigung erforderlichen Forschungsaktivitäten.

1.3 Literatur zu Kapitel 1

[1]   *Rauscher, G.*: Lasertechnik in der Bundesrepublik Deutschland, Bemerkungen zu Markt und Wirtschaftsfaktor. In: Optoelektronik in der Technik, S.800/810. Berlin, Heidelberg, New York, Tokyo: Springer-Verlag 1986.

[2]   *Schmitz-Justen, Cl.*: Laser in der Produktionstechnik. Seminar "Lasermaterialbearbeitung für Unternehmen der EBM-Industrie und Stahlver-

formung", Fraunhofer Institut für Produktionstechnologie (IPT), Aachen, 1988.

[3]   *Riesenhuber, H.*: Laserforschung und Lasertechnik in der Bundesrepublik Deutschland. Optoelektronik Magazin 4(1988)2,S.181/ 190.

[4]   *Nuss, R., Geiger, M.*: Laser - Ein flexibles Schneidwerkzeug für die Blechbearbeitung. Teil 1: Grundlagen zur Laserschneidbearbeitung. Blech Rohre Profile 33(1986)3,S.102/108.

[5]   *Beyer, E., Loosen, P., Poprawe, R.P., Herziger, G.*: Entwicklung der Lasertechnik und Bedeutung für die Materialbearbeitung. Laser und Optoelektronik (1985)3,S.274/277.

[6]   N.N.: Schlüsseltechnologie. Sonderdruck der VDI-Nachrichten. Düsseldorf: VDI-Verlag 1986.

[7]   N.N.: Ausgewählte Bereiche der Laserforschung und Lasertechnik - Förderkonzept. Druckschrift vom Bundesministerium für Forschung und Technologie, Bonn, 1988.

[8]   N.N.: Lasertechnik in der Materialbearbeitung. Prognos-Studie 1989. Laser und Optoelektronik 22(1990)1,S.58/59.

[9]   N.N.: Wachstumsmarkt Europa. Eine europaweite Infrastruktur für Laser. Laser-Markt (1990) S.8/10.

[10]   *Schmidt, E.*: Steile Aufwärtstendenz für Laser und Optoelektronik. VDI-Nachrichten (1987)27,S.16.

[11]   *Kales, D.*: Marktvorschau Laser 1990. Laser und Optoelektronik 22(1990)1,S.44/45.

[12]   N.N.: Deutsche Laser schneiden bei der Materialbearbeitung gut ab. VDI-Nachrichten (1989)25,S.43.

[13]   N.N.: Der Laser strahlt in der Fertigung. VDI-Nachrichten (1989)25,S.4.

[14]   *Schürmann, H.*: Japanische Anbieter vorn. Markt für Lasersysteme wächst weiter. Industrie-Anzeiger 111(1989)96,S.5.

[15]   N.N.: Starke Weltmarktposition. Laserindustrie in der Bundesrepublik. Industrie-Anzeiger 111(1989)48,S.5.

[16]   *Reinhard, M.*: Stand und wirtschaftliche Perspektiven der industriellen Lasertechnik in der Bundesrepublik Deutschland. Ifo-Studien zur Industriewirtschaft 39. Ifo-Institut für Wirtschaftsforschung e.V., München, 1990.

[17]   *Reinhard, M.*: Lasertechnik, Praxis einer Schlüsseltechnologie. Laser--Praxis 1(1989)1,S.L5/L9.

[18]   *Koeniger, G.*: Bundesdeutsche Unternehmen auf dem Laserweltmarkt. Bänder Bleche Rohre 12(1988)S.18.

[19]   *Köster, E.*: Ausblick auf künftige Entwicklungen und Anwendungen des Lasers. Berichte von der Laserfachtagung 1987, Aachen, 1987.

2 Methodische Grundlagen der Untersuchung

*Prof. Dr.h.c. Dipl.-Wirt.Ing. Dr.-Ing. W. Eversheim, Dr.-Ing. H. Schunk;
Fraunhofer Institut für Produktionstechnologie (IPT), Aachen*

In diesem Kapitel werden die methodischen Grundlagen vorgestellt, die zur
Ermittlung des Forschungsbedarfs erarbeitet wurden. Zunächst wird eine
prinzipielle Vorgehensstrategie entwickelt. Anschließend werden Suchfelder für
die Forschungsdefizite im Bereich der Lasermaterialbearbeitung abgeleitet und
anhand zweier Modellvorstellungen konkretisiert. Weiterhin werden die
theoretische Vorbereitung für die eigentliche Erfassung und die anwenderseitige
Bewertung der zu ermittelnden Defizite erläutert.

2.1 Vorgehensweise

Bei der Durchführung der Arbeiten wurde die in <u>Bild 2-1</u> dargestellte Vorgehensweise gewählt.

In Anlehnung an die Ideen-Delphi-Methode wurde zunächst eine Vorgehensstrategie entwickelt. Die Delphi-Methode wurde ausgewählt, weil sie besonders
für die Ermittlung grundsätzlicher Fragen geeignet ist, die mehr den Charakter
einer Ideensammlung haben und nicht zur Lösung eines exakt definierten
Problems dienen [1,2]. Sie wurde zum Beispiel von der Internationalen Forschungsgemeinschaft für mechanische Produktionstechnik (CIRP) zur Ermittlung
der zukünftigen Entwicklung der Fertigungstechnik herangezogen [2]. Die
Methode basiert auf der sukzessiven Befragung mehrerer Experten [1]. Dabei
wird im ersten Schritt mit Hilfe eines Fragebogens, der bewußt sehr allgemein
gehalten wird und den Befragten in seiner Kreativität nicht bindet, eine Ideensammlung zusammengetragen und ausgewertet. Im nächsten Schritt werden dann
die Lösungsansätze der ersten Runde den Teilnehmern zur Kritik und Anregung
neuer Ideen vorgestellt. Nach der Auswertung dieser Befragungsrunde erhalten
die Teilnehmer deren Ergebnisse und wählen dann wieder unabhängig
voneinander die für sie beste Lösung aus. Daraus läßt sich dann mit einer hohen
Sicherheit das Ergebnis ermitteln.

Basierend auf der Systemtechnik wurden weiterhin Suchfelder abgeleitet und
definiert, die die gesamte Problematik der Lasermaterialbearbeitung vollständig
beschreiben. Hierzu wurde eine Systematik erarbeitet, die den Planungsprozeß
für Lasersysteme aus Sicht der möglichen Anwender aufzeigt. Um die Aspekte
des praktischen Einsatzes der Lasertechnologie zu erfassen, war außerdem ein
Beschreibungsmodell der Laserbearbeitungssysteme zu entwickeln, das neben
der Hardware auch organisatorische und informationstechnische Aspekte
beinhaltet.

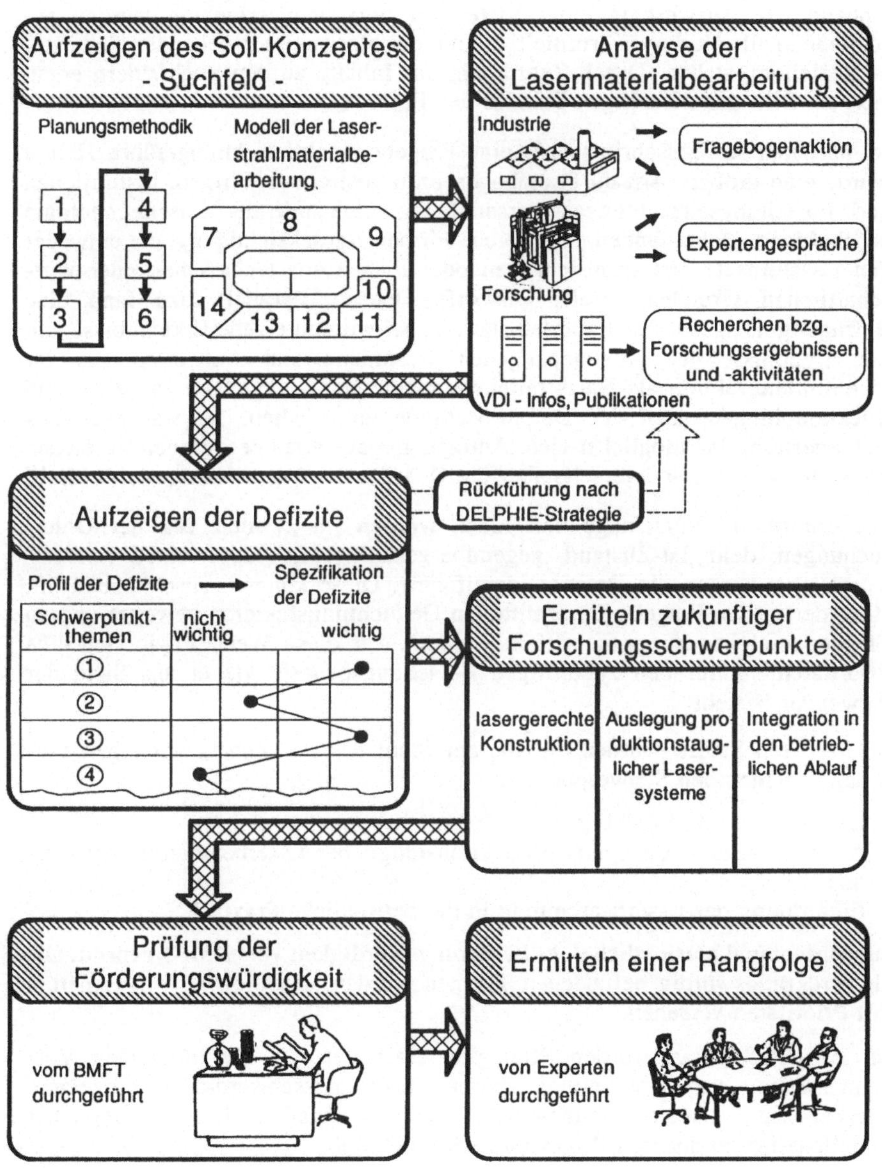

Bild 2-1: Vorgehensweise

Anhand der Auswertung einer Liste von Forschungsprojekten wurden anschließend alle Vorhaben ermittelt, die mit der hier zu untersuchenden Thematik in Beziehung stehen. Durch Zuordnung der Inhalte zu den Suchfeldern ergab sich ein Bild des derzeitigen Standes der Technik.

Im nächsten Arbeitsschritt wurde eine Fragebogenaktion durchgeführt. Hierzu wurde eine größere Anzahl Fragebogen breit gestreut an Firmen, Institutionen und Forschungseinrichtungen versandt, die sich mit der Lasertechnologie beschäftigen. Dabei fanden auch solche Firmen Berücksichtigung, die entweder den Lasereinsatz erst beabsichtigten oder diesen aus technischen oder wirtschaftlichen Gründen bereits verworfen hatten. Parallel dazu fand eine Befragung ausgesuchter Experten statt. Dabei wurden eigene Erkenntnisse und die Ergebnisse der vorangegangenen Gespräche und Antworten aus der Ideenfindungsaktion als Basis miteingebracht, um Anregungen zu geben und Rückkopplungen nach der Delphi-Methode zu erhalten. So war einerseits sichergestellt, daß möglichst viele Anregungen aus allen betroffenen Bereichen verwertet wurden, andererseits aber die Qualität der Ergebnisse gewahrt blieb.

Die ermittelten Vorschläge und Ideen wurden im zweiten Teil der Untersuchungen dem Ist-Zustand gegenübergestellt. Mit Hilfe eines Soll-Ist-Vergleichs wurden die Defizite identifiziert. Diese konnten anschließend mit Hilfe der in den Fragebogen ermittelten Gewichtungsfaktoren bewertet und zu Themenbereichen zusammengefaßt werden. Auf diese Weise ergab sich eine Prioritätenliste für den zukünftigen Forschungsbedarf, wie er aus Sicht der Anwender besteht.

Im nächsten Schritt wurden die aus der Sicht des Anwenders wichtigen Forschungsthemen den Schwerpunkten

- lasergerechte Konstruktion von Werkstücken,
- Konzeption und Auslegung produktionstauglicher Laserbearbeitungssysteme und
- Einordnung der Laserbearbeitung in die betriebliche Praxis

zugeordnet und hinsichtlich ihrer Förderungswürdigkeit vom BMFT geprüft. Die als förderungswürdig befundenen Themen wurden anschließend von Experten mit Prioritäten versehen.

Im Anschluß daran wurden Strategien erarbeitet, die die möglichen Vorgehensweisen zur Abarbeitung dieser Forschungsschwerpunkte aufzeigen. Hierbei wurden sowohl Fragen der Projektkoordination als auch möglicher Schnittstellen zu anderen Projekten berücksichtigt.

Abschließend wurden wichtige Forschungsthemen durch Expertenbeiträge detailliert. Hierbei wird je Schwerpunkt ein Überblick über die derzeitige Situation, die bestehenden Problemschwerpunkte sowie die daraus abzuleitenden Forschungsaktivitäten gegeben.

2.2 Ableitung von Suchfeldern

Primäres Ziel bei der Entwicklung der Suchfelder war es, eine sinnvolle und vor allem die gesamte Problematik umfassende Aufteilung und Abgrenzung von Themenkomplexen festzulegen. Da der gesamte Bereich, der hier untersucht wurde, einen großen Umfang und eine hohe Komplexität besitzt, war die Entwicklung von Modellvorstellungen erforderlich, die den gesamten Problembereich vereinfacht darstellen. Aus diesem Grund wurden für die vorliegende Untersuchung Beschreibungsmodelle mit Hilfe der Systemtechnik abgeleitet.

Die Systemtechnik stellt einen Denkansatz dar, der bei besonders umfangreichen und schwer zu überblickenden Aufgaben eine Herabsetzung der Komplexität ermöglicht und trotzdem die vollständige Analyse der Problematik sicherstellt [1,3-7]. Die Definition des Begriffs "Systemtechnik" läßt sich inhaltlich aus der Verknüpfung der beiden Einzelbegriffe "System" und "Technik" entwickeln [7]. Daraus ergibt sich, daß die Systemtechnik eine Methode für eine mehrdimensional zielorientierte Konzeption, Analyse, Auswahl und Realisierung komplexer Systeme in technischen und nicht technischen Bereichen ist [8]. Sie hilft den Prozeß der Lösung komplexer Probleme effizienter zu gestalten und ist besonders geeignet für Probleme, für die viele Lösungen denkbar sind und für die es keinen vorgezeichneten Lösungsweg gibt [9].

In der Fachliteratur findet sich eine Vielzahl an mathematischen und verbalen Definitionen für den Systembegriff. Übereinstimmung besteht jedoch in der Auffassung, daß Systeme sowohl materieller als auch immaterieller Natur sein können. Überwiegend beruhen die Definitionen auf dem Grundgedanken, daß ein System in seiner Umgebung eingebettet ist, aus Elementen besteht, die Eigenschaften besitzen und miteinander in Beziehung stehen. Rohpohl ergänzt diese Definition noch um die verschiedenen Betrachtungsweisen (funktionaler, strukturaler und hierarchischer Aspekt) unter denen man ein System analysieren kann.

Bezieht man diese Aussagen auf die Planung und den Betrieb von Lasersystemen, so lassen sich drei Systemtypen abgrenzen, die sich grundsätzlich unterscheiden. Diese sind das Zielsystem, das Handlungssystem und das Objektsystem [1,10,11].

Dabei entspricht dem Objektsystem in diesem Zusammenhang die zu gestaltende Anlage, wobei der Begriff Anlage hier im Sinne von REFA als Arbeitssystem aufgefaßt werden kann. Er beinhaltet neben den rein technischen Komponenten der Bearbeitungsanlage auch die Arbeitsaufgabe, den Arbeitsablauf, die Informations-, Material- und Energieflüsse, die Arbeits- und Betriebsmittel und die Umwelteinflüsse [12].

Das Zielsystem zeigt die mit der Planung des Objektsystems zu erreichenden

Ziele auf und stellt damit den Orientierungsrahmen für das Handlungssystem dar. Im Handlungssystem werden diese Ziele dann schrittweise in ein zu planendes Objektsystem umgesetzt. Es spiegelt also den Planungsprozeß, bestehend aus dem Planer, seinen Hilfsmitteln und den von ihm durchzuführenden Aktivitäten, wider [10,11].

Ausgehend von diesen drei Subsystemen wurden nun schrittweise und basierend auf der Systemtechnik Suchfelder in Form von Modellvorstellungen für die Ermittlung der Defizite in Planung und Einsatz der Lasertechnik in der Materialbearbeitung entwickelt, <u>Bild 2-2</u>. Dabei beinhaltet die Planungsvorgehensweise das Ziel- und das Handlungssystem und dient dem Auffinden von Defiziten bei der Planung, Realisierung und Inbetriebnahme von Lasermaterialbearbeitungssystemen. Das Modell der Laserstrahlmaterialbearbeitung beschreibt dagegen das Laserbearbeitungssystem mit allen dazugehörenden Untersystemen sowie deren Betrieb.

Der Aufbau und die Kombination der beiden Suchfelder stellt entsprechend der Systemtheorie eine vollständige Erfassung der planerischen, produktionstechnischen, organisatorischen und anlagentechnischen Defizite sicher.

Modelle sind immer an einen bestimmten Zweck gebunden und dementsprechend in ihrem Detaillierungsgrad und Inhalt an die Bedürfnisse des Anwenders anzupassen. Ausgehend von der beschriebenen Aufgabenstellung ergeben sich für die hier anstehenden Untersuchungen folgende Anforderungen für die abzuleitenden Modellvorstellungen:

- **Praxisbezug**
  Die komplexen Zusammenhänge sollten soweit abstrahiert werden, daß einfache und überschaubare Modellvorstellungen entwickelt werden können, die die wesentlichen logischen Verknüpfungen beschreiben. Mathematische Beschreibungen sind nicht erforderlich.

- **Eignung als Suchfelder für Forschungsdefizite**
  Die Modellbausteine müssen klar abgegrenzt sein, damit die zu ermittelnden Forschungsdefizite zugeordnet werden können. Der Abstraktionsgrad ist dabei so zu wählen, daß sowohl Probleme in der praktischen Anwendung als auch im Bereich der Forschung und Entwicklung erfaßbar sind.

- **Umfassende Betrachtung**
  Alle für die Planung und den Einsatz von Lasersystemen wesentlichen Aspekte müssen durch die Modelle angesprochen werden bzw. in ihnen enthalten sein. Dies gilt insbesondere für Probleme der betrieblichen Einbindung von Lasersystemen.

2.2.1 Entwicklung eines Planungsmodells

Die Systemtechnik bietet zur Gestaltung technischer Sachsysteme grundsätzliche Problemlösungsstrategien an. Die Planung wird von *Patzak* als ein infor

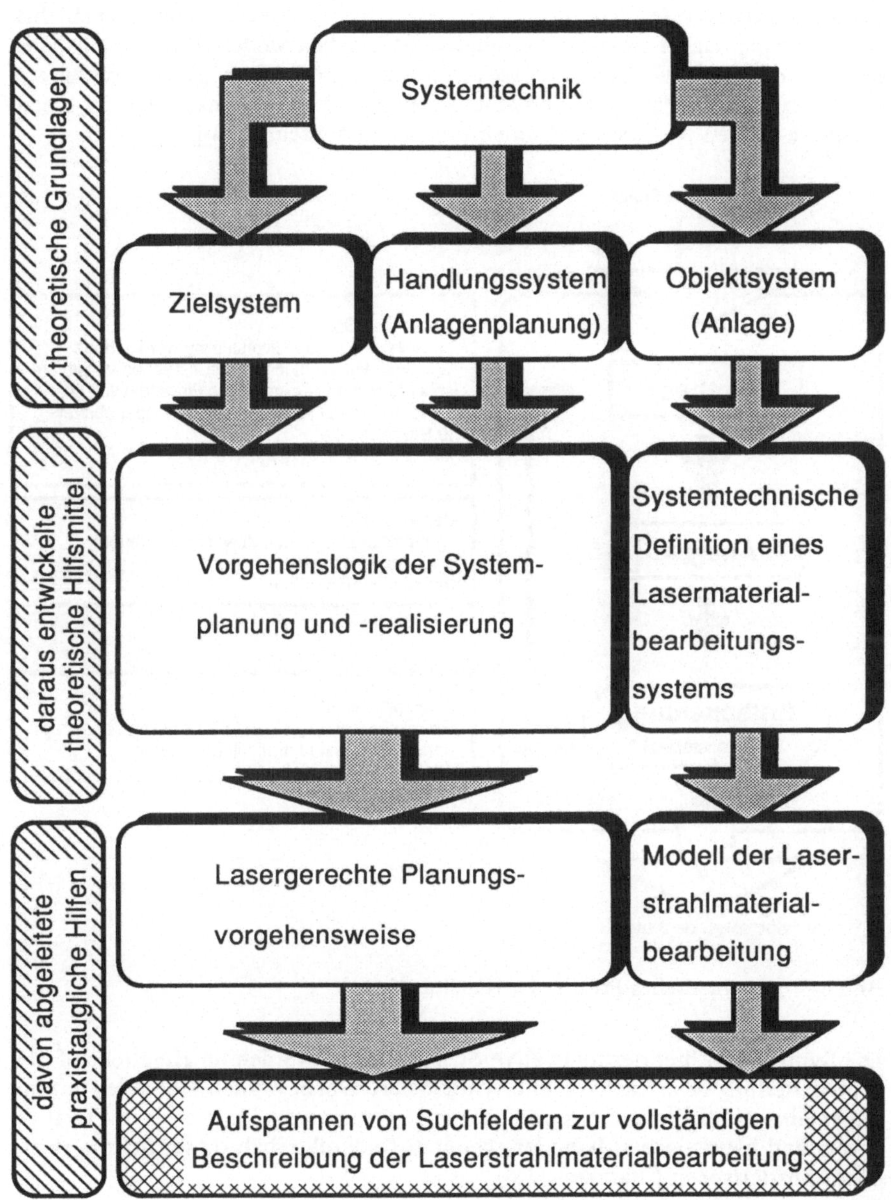

Bild 2-2: Ableitung von Suchfeldern mit Hilfe der Systemtechnik

mationsverarbeitender Prozeß im Gesamtsystem des zweckrationalen Handelns
betrachtet [1]. Dabei entwickelt er ein kybernetisches Modell des Handelns, das
die Grundstruktur des Lernprozesses in Form einer Rückkopplungsstruktur als
"Trial and Error-Prozedur" abbildet. Er unterteilt den Denkprozeß in einen
Synthese-, einen Analyse- und einen Entscheidungsschritt, <u>Bild 2-3</u>.

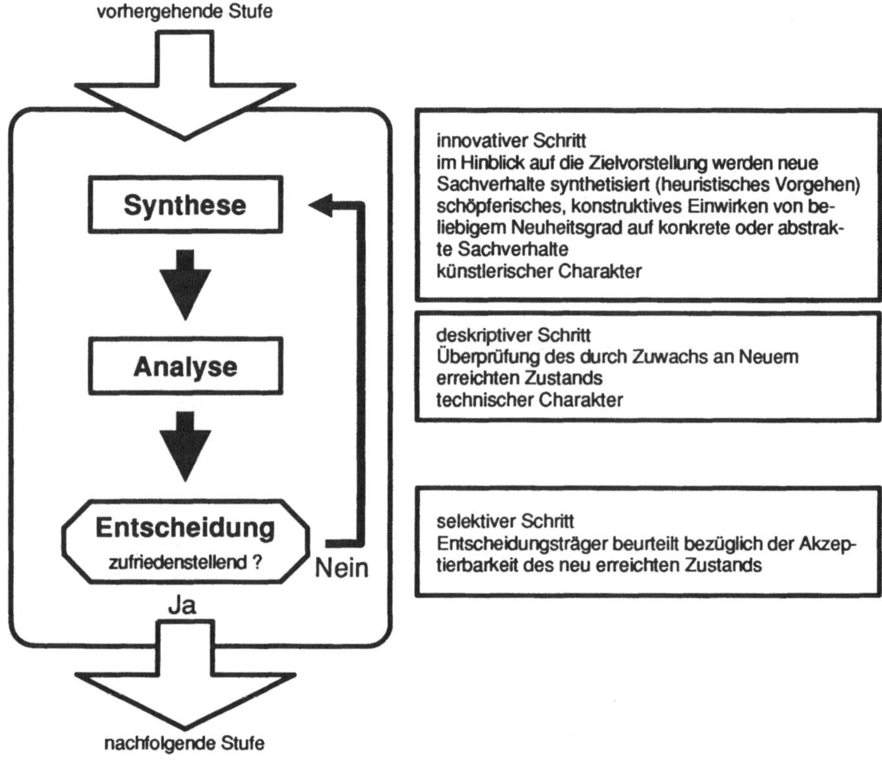

Bild 2-3: Kybernetisches Prinzip der Handlung

Die Synthese ist hier der innovative Schritt. In ihm werden im Hinblick auf die
Zielvorstellung neue Sachverhalte synthetisiert. Dabei werden Methoden mit im
allgemeinen hohem Freiheitsgrad, wie z.B. Daumenregeln, Probieren (Trial &
Error) und heuristische Methoden, benutzt. Dadurch erhält dieser Schritt einen
eher künstlerischen Charakter [1,4].

Die darauf folgende Analyse ist der deskriptive Schritt. Hier werden der durch
den Zuwachs an Neuem erreichte Zustand überprüft und die Lösungen auf ihre
Brauchbarkeit untersucht. Dabei werden zur Beurteilung exakte Algorithmen,

Techniken, Logiken und Untersuchungsverfahren benutzt, wodurch dieser Schritt einen technischen Charakter erlangt [1,4,8].

Abschließend wird dann im selektiven Schritt die Akzeptierbarkeit des erreichten neuen Zustands überprüft, also eine Bewertung vorgenommen. Bei positiver Antwort wird das Ergebnis an die nachfolgende Stufe überwiesen. Für den Fall, daß es die zuvor definierten Ziele nicht erfüllt, ist zu entscheiden, ob man diesen Lösungsansatz verwirft oder zur Überarbeitung an den Anfang zurückverweist [1,4,8]. Neben dem Iterationsprinzip sind bei Verwendung der systemtechnischen Lösungsstrategien feste Arbeitsschritte oder Problemlösungsstufen einzuhalten. Jeder dieser Schritte setzt sich aus einer Synthese-, Analyse- und Entscheidungsphase zusammen. Während des gesamten Lösungsprozesses sind nach Patzak sowohl die einzelnen Lebensphasen des Systems als auch die unterschiedlichen fachlichen Aspekte in die Überlegungen mit einzubeziehen, Bild 2-4.

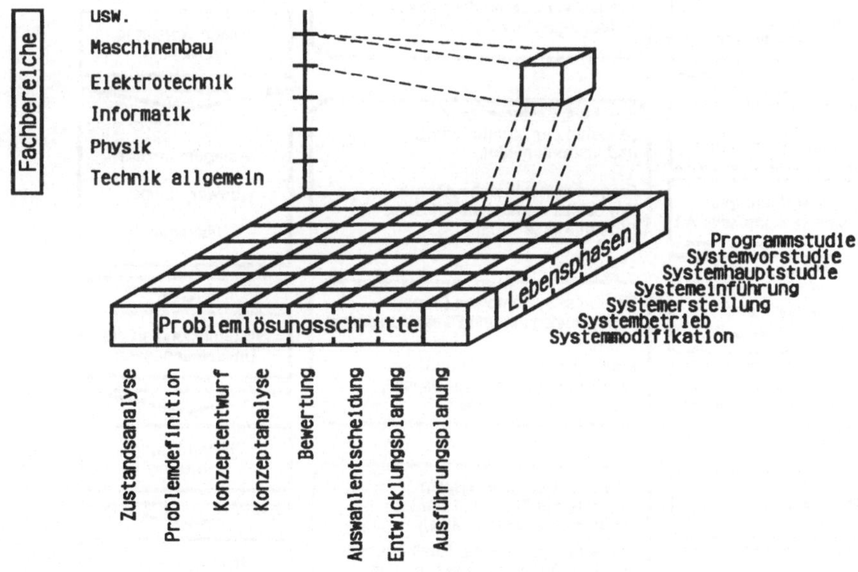

Bild 2-4: Problemlösungsstrategien der Systemtechnik

Ausgehend von einer vermuteten Diskrepanz zwischen Istzustand und Idealzustand wird als erster Schritt der Problemlösung eine Situationsanalyse durchgeführt, Bild 2-5. Hierbei sind zum einen durch eine Umweltanalyse die Restriktionen und Randbedingungen der Problemlösung zu definieren, während in einem weiteren Schritt der spezifische Bedarf bestimmt wird.

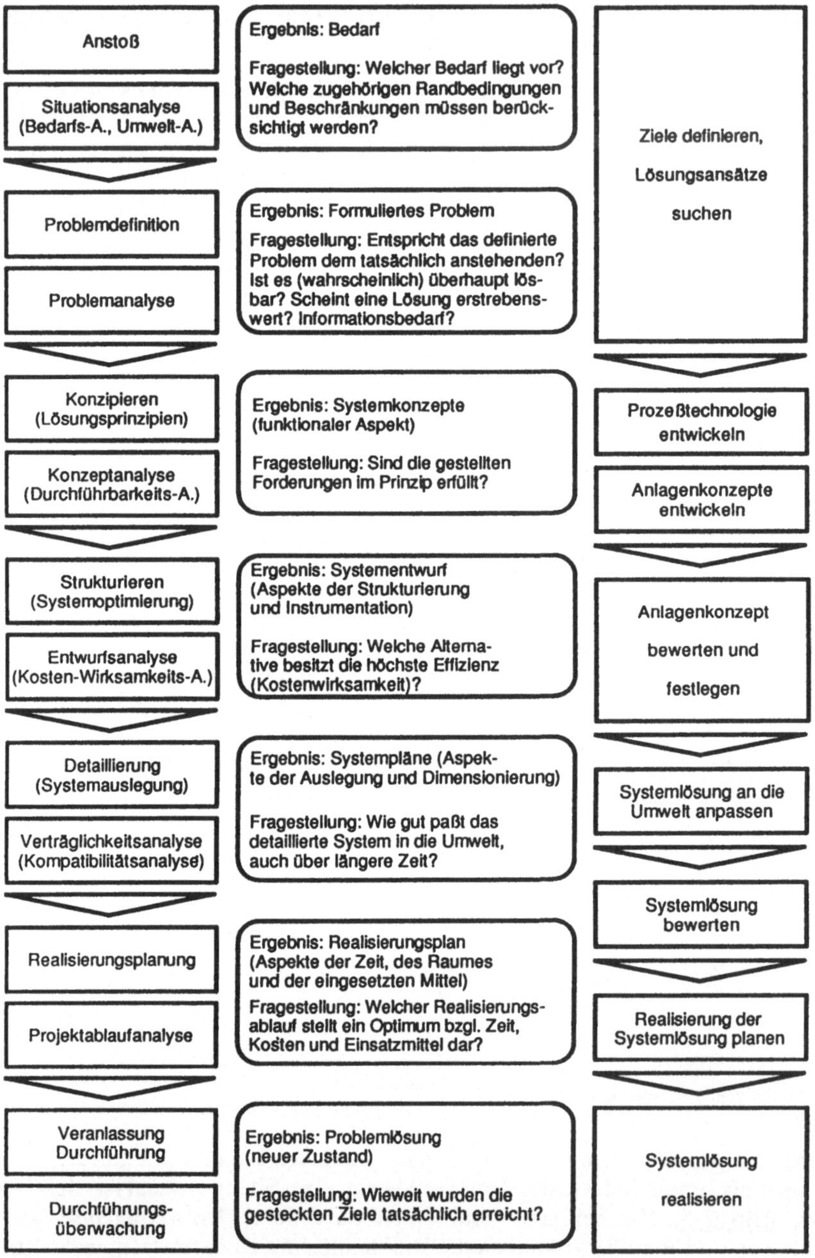

Anstoß

Situationsanalyse
(Bedarfs-A., Umwelt-A.)

Ergebnis: Bedarf

Fragestellung: Welcher Bedarf liegt vor? Welche zugehörigen Randbedingungen und Beschränkungen müssen berücksichtigt werden?

Ziele definieren, Lösungsansätze suchen

Problemdefinition

Problemanalyse

Ergebnis: Formuliertes Problem

Fragestellung: Entspricht das definierte Problem dem tatsächlich anstehenden? Ist es (wahrscheinlich) überhaupt lösbar? Scheint eine Lösung erstrebenswert? Informationsbedarf?

Konzipieren
(Lösungsprinzipien)

Konzeptanalyse
(Durchführbarkeits-A.)

Ergebnis: Systemkonzepte
(funktionaler Aspekt)

Fragestellung: Sind die gestellten Forderungen im Prinzip erfüllt?

Prozeßtechnologie entwickeln

Anlagenkonzepte entwickeln

Strukturieren
(Systemoptimierung)

Entwurfsanalyse
(Kosten-Wirksamkeits-A.)

Ergebnis: Systementwurf
(Aspekte der Strukturierung und Instrumentation)

Fragestellung: Welche Alternative besitzt die höchste Effizienz (Kostenwirksamkeit)?

Anlagenkonzept bewerten und festlegen

Detaillierung
(Systemauslegung)

Verträglichkeitsanalyse
(Kompatibilitätsanalyse)

Ergebnis: Systempläne (Aspekte der Auslegung und Dimensionierung)

Fragestellung: Wie gut paßt das detaillierte System in die Umwelt, auch über längere Zeit?

Systemlösung an die Umwelt anpassen

Realisierungsplanung

Projektablaufanalyse

Ergebnis: Realisierungsplan
(Aspekte der Zeit, des Raumes und der eingesetzten Mittel)

Fragestellung: Welcher Realisierungsablauf stellt ein Optimum bzgl. Zeit, Kosten und Einsatzmittel dar?

Systemlösung bewerten

Realisierung der Systemlösung planen

Veranlassung Durchführung

Durchführungsüberwachung

Ergebnis: Problemlösung
(neuer Zustand)

Fragestellung: Wieweit wurden die gesteckten Ziele tatsächlich erreicht?

Systemlösung realisieren

Bild 2-5: Ableiten einer Vorgehensweise aus der Systemtechnik

In der anschließenden Phase der Problemdefinition wird ein Zielsystem erstellt und die zur Problemlösung erforderlichen Systemfunktionen ermittelt. Dabei sind sowohl die Leistungen des angestrebten Objektsystems als auch die erforderlichen Zeit- und Einsatzmittelbedarfe festzulegen. Die zuvor ermittelten Randbedingungen werden als Grenzen zulässiger Ausprägungen der die Systemfunktion beschreibenden Merkmale festgehalten. Der Analyseschritt in dieser Phase dient unter anderem der Ermittlung des erforderlichen Datenmaterials und der Beurteilung der prinzipiellen Realisierbarkeit einer Lösung.

Im Verlauf der Konzepterstellung werden verschiedene Lösungsalternativen entwickelt und anschließend bezüglich ihrer Zielerfüllung kontrolliert. In der folgenden Strukturierungsphase erfolgt die Quantifizierung und Optimierung der einzelnen Merkmale verschiedener Konzepte. Im Idealfall ergeben sich auf diese Weise mehrere Lösungen, die die geforderten Muß-Anforderungen vollständig erfüllen. Im Rahmen einer Kosten-Wirksamkeitsbetrachtung werden der zu erwartende Nutzen und der erforderliche Realisierungsaufwand jeder Alternative verglichen. In diese Betrachtung fließen sowohl quantifizierbare als auch nichtquantifizierbare Größen mit ein. Ergebnis dieser Bewertung ist die Auswahl des zu realisierenden Lösungskonzepts. Im anschließenden Detaillierungsschritt ist der ausgewählte Entwurf zu spezifizieren und an die Umgebungsbedingungen anzupassen.

Die Realisierungphase wird durch die Ausführungsplanung eingeleitet. Diese untergliedert sich in die Aufbau- und Ablaufstrukturplanung sowie die Zeit-, Einsatzmittel- und Finanzplanung. Eine Durchführbarkeitskontrolle gibt weiterhin Anstöße zur Optimierung des weiteren Projektablaufs unter Zeit- und Kostengesichtspunkten. Im Anschluß an diese Planungsphase wird die Realisierung eingeleitet. Durch laufende Überwachung der Durchführung werden Schwachstellen bei Einsatz des Systems ermittelt und entsprechende Änderungen veranlaßt.

Diese Vorgehensweise stellt einen idealtypischen Ansatz dar, der in der Praxis meist nur in modifizierter Form anwendbar ist. Übertragen auf die Planung von Lasersystemen, läßt er sich jedoch in seinen wesentlichen Schritten realisieren.

Lasersysteme weisen als Planungsobjekt bestimmte Besonderheiten auf, die bezüglich der Planungsvorgehensweise und der erforderlichen Detaillierung einzelner Ergebnisse berücksichtigt werden sollten. Zum einen ist in diesem Zusammenhang das in der Regel beträchtliche Investitionsvolumen zu nennen und zum anderen die unter Umständen hohe Komplexität von Lasersystemen. Beides bedingt in Verbindung mit den häufig vorliegenden Informationsdefiziten ein unternehmerisches Risiko bei der Entscheidung für die Einführung der Technologie. Durch eine strukturierte Vorgehensweise und klar abgegrenzte Arbeitsschritte sollte dieses Risiko überschaubar dargelegt und falls möglich minimiert werden.

Aus diesem Grund bietet es sich an, nach einer Analyse des Ist-Zustandes und der Formulierung der Zielvorstellungen eine verfahrens- und anlagentechnische Vorstudie durchzuführen. Durch eine theoretische Abschätzung der wesentlichen technischen Eckdaten einer Applikation sollten zunächst die technischen Erfolgsaussichten des Vorhabens grob beurteilt werden. Darauf aufbauend sind die wirtschaftlichen Kenngrößen wie Investitionsvolumen, Maschinenstundensätze oder Herstellkosten des Produktes abzuschätzen. Bei positiver Beurteilung der technischen und wirtschaftlichen Erfolgsaussichten folgt im nächsten Schritt die Technologieentwicklung. Dieser Schritt ist in der Regel insbesondere für Schweiß- und Oberflächenbehandlungen erforderlich und kann einen erheblichen zeitlichen und monetären Aufwand beinhalten. Ergebnis dieser Phase ist neben einer Verifikation bzw. Modifikation der angenommen Prozeß- und Anlagenparameter eine weitere Detaillierung der prozeßtechnischen Anforderungen an das zu planende System.

Unter Einbeziehung der produktionstechnischen Randbedingungen im Unternehmen spezifiziert man im Stadium der Anlagenkonzeption die erforderlichen Komponenten einschließlich der Peripherie in Form eines Pflichtenheftes. Weiterhin ist es erforderlich, das System an die der Laserbearbeitung vor- und nachgelagerten Arbeitsplätze und Unternehmensbereiche aufbau- und ablauforganisatorisch sowie materialfluß- und informationstechnisch anzupassen.

Der Schritt der Bewertung sollte in der Praxis kontinuierlich mit Fortschreiten des Planungsprozesses erfolgen. Kostenfunktionen, die den Einfluß der jeweiligen Entscheidungen auf die Zielgröße Wirtschaftlichkeit aufzeigen, bilden hier eine wesentliche Hilfe, die das Investitionsrisiko bereits in einem frühen Planungsstadium begrenzen können. In dem in der Vorgehensweise angeführten Bewertungsschritt sollte das gesamte Vorhaben abschließend durch Ermittlung der wirtschaftlichen Kennzahlen beurteilt werden.

Die Realisierung der gewählten Systemlösung umfaßt die Ausführungsplanung sowie die Anlagenab- und -inbetriebnahme. Langfristige Aspekte dieser Phase beinhalten die laufende Überwachung des Anlagenbetriebs sowie die Initiierung von Verbesserungs- oder Optimierungsmaßnahmen. In <u>Bild 2-6</u> ist die Vorgehenslogik für die Planung von Lasersystemen dargestellt. Die einzelnen Planungsschritte erhalten den Charakter von Suchfeldern, indem die Befragten dazu aufgefordert werden, anhand der dargestellten Vorgehensweise einen Planungsfall theoretisch durchzuspielen. Dabei ergeben sich Ideen für Hilfsmittel, die die einzelnen Aufgaben unterstützen und effizienter gestalten können. Außerdem ermöglicht diese Systematik die Einordnung bereits durchgeführter Arbeiten in den Problemlösungsprozeß bei der Planung von Lasersystemen.

2.2.2 Entwicklung eines Anlagenmodells

Um die Suchfelder zu vervollständigen, war weiterhin ein Anlagenmodell zu erstellen, das Laserbearbeitungssysteme völlig unabhängig von ihrer physischen

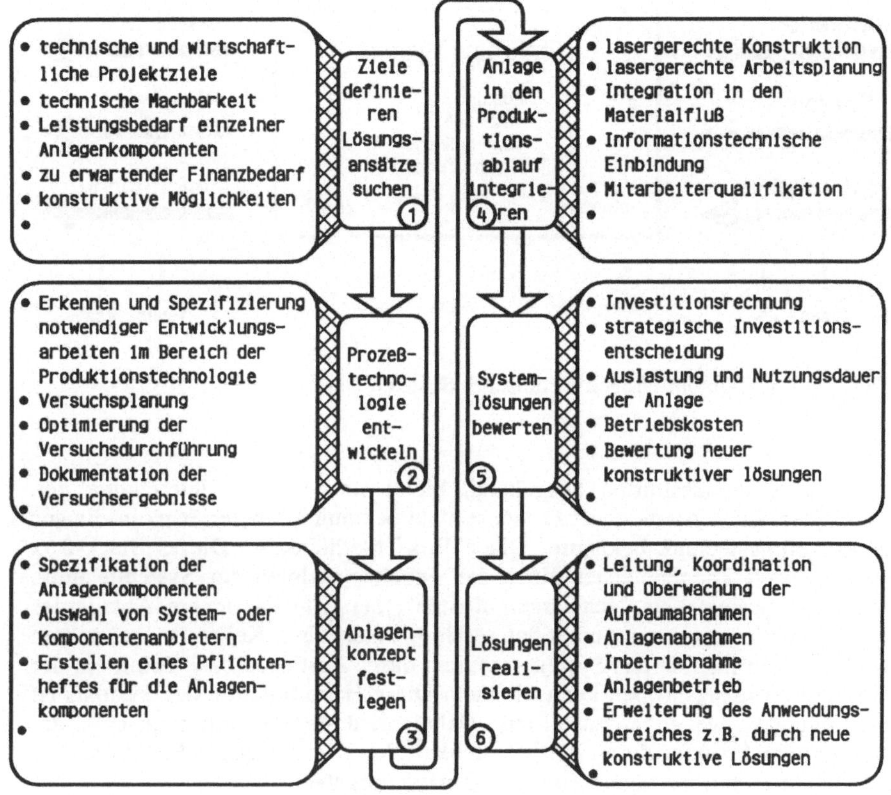

Bild 2-6: Vorgehenslogik für die Planung von Lasersystemen

Ausprägung beschreibt. Da es bei den hier anstehenden Untersuchungen nicht um die konkrete Auslegung von Anlagen, sondern um die Ermittlung von allgemeinen Defiziten beim Betrieb der Systeme geht, wurde nur eine einfache Modellvorstellung benötigt. Dieses Modell sollte die wesentlichen Elemente von Lasersystemen lösungsneutral darstellen und die wichtigen betrieblichen Randbedingungen berücksichtigen.

Bei der Entwicklung des Modells fanden die systemtechnischen Prinzipien der hierarchischen Strukturierung, das Black-Box-Prinzip und das Modell-Prinzip Verwendung. Durch Betrachtung der elementaren Input-Output-Größen Materie, Energie und Information [1,4,8,13] wurden dabei zunächst die Betrachtungsbilanzgrenzen definiert. Diese Größen werden auch als Strömungsgrößen des Systems bezeichnet, <u>Bild 2-7</u>.

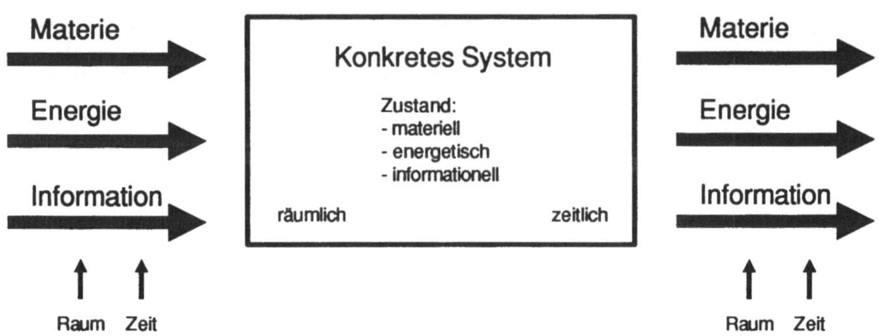

Bild 2-7: Input-Output-Größen technischer Systeme

Von der Systemdefinition ausgehend, bietet sich für die Betrachtung von komplexen Sachsystemen mit zunächst nicht bekannter innerer Struktur die aus der Regelungstechnik bekannte "Black Box" Methodik an. Dieses Black-Box Prinzip, nach Zangenmeister eines der Arbeitsprinzipien der Systemtechnik, betrachtet Systeme als "schwarzen Kasten", bei dem der innere Ablauf des Transformationsprozesses nicht interessiert. Auch ohne Kenntnis der inneren Struktur kann man so das Systemverhalten durch Festlegen bzw. Ermitteln der Ein- und Ausgangsgrößen kennzeichnen. Diese Hauptfunktion des Systems ist im folgenden weiter aufzusplitten. Dabei wird der Detaillierungsgrad der funktionalen Struktur durch die Möglichkeit der Zuordnung der Funktionen zu möglichen Funktionsträgern (Baugruppen) vorgegeben.

Zur Konkretisierung des Systems muß in einem nächsten Arbeitsschritt der "schwarze Kasten" geöffnet werden. Die Fragestellung "wie kommt die Wirkung zustande?" bzw. "wie kann die Funktion erfüllt werden?" führt zur Bauhierarchie des Systems. Diese Hierarchie kann nur über die Funktion, bzw. den Prozeß, der sie begründet, determiniert werden. Dies bedeutet, daß die Bauhierarchie des Systems durch Zuweisung der Funktionen zu bestimmten Baugruppen konkretisiert werden muß.

Für die weiteren Ausführungen wurde davon ausgegangen, daß Materie in Form der zu bearbeitenden Werkstücke bzw. Halbzeuge in das System eintritt. Weiterhin wurden die benötigten Zusatzstoffe, Laser- und Arbeitsgase als Materie behandelt. Am Systemaustritt liegt Materie in Form der fertigbearbeiteten Werkstücke sowie der zu entsorgenden Prozeßneben- und Abfallprodukte vor. Energie tritt in das System primär als elektrische Leistung ein und verläßt das System als Wärme, die entweder an die Umgebung abgeführt oder durch Wärmetauscher übertragen und weiterverwendet wird. Informationen werden an das System als geometrische, technologische und organisatorische Daten übergeben. Dies bedeutet, daß die Bearbeitungsaufgabe bezüglich der Geometrie und geforderten Ergebnisse definiert ist. Die Programmierung und das Einstellen der Prozeßparameter erfolgen jedoch innerhalb des Systems. Rückmeldungen und Kontrollgrößen verlassen das System und werden an die anderen Betriebsbereiche weitergegeben.

Durch Verfolgen der Strömungsgrößen und ihrer Veränderungen innerhalb des Systems konnte verbal eine Funktionsstruktur definiert werden. Mit Hilfe dieser Funktionsstruktur lassen sich einerseits sehr komplexe Strukturen in überschaubare und genau definierbare Teilfunktionen zerlegen, andererseits aber auch Einflußfaktoren nicht materieller Art erfassen. Dies ermöglichte eine Einbeziehung der wesentlichen Randbedingungen für den Betrieb der Systeme [1,4].

Bei dieser Vorgehensweise wird ein System zunächst nicht anhand seiner materiellen Bestandteile beschrieben und analysiert, sondern es werden die Beziehungen zwischen den funktionalen Elementen, die durch die Strömungsgrößen repräsentiert werden, untersucht. Es interessiert also lediglich die Veränderung dieser Strömungsgrößen, und nicht, wie diese technisch realisiert werden [1,4,13].

Das "Ver- und Entsorgen" stellt alle benötigten Energie- und Materieströme bereit und entsorgt diese und die entstehenden Nebenprodukte. Diese Funktionen stellen somit Grenzsysteme dar, die die systemübergreifenden Aktivitäten beinhalten. Das "Überwachen" beinhaltet das Erfassen von Daten über die Strömungsgrößen und Zustände während des Bearbeitungsprozesses sowie deren Verarbeitung und Weitergabe. Der Komplex "Bearbeiten" umfaßt diejenigen Funktionen, die zur Durchführung des Bearbeitungsprozesses, also zur Vereinigung der Energie-, Materie- und Informationsströme, zu einem fertigbearbeiteten Produkt dienen. Diese drei Funktionsgruppen werden unter dem Begriff "Produzieren" zusammengefaßt.

Als "Schützen" im Sinne von "Erhalten" wurden alle Funktionen bezeichnet, die zur Produktion eingesetzte Aktionsträger und Hilfsmittel in einem arbeitsfähigen Zustand erhalten und damit den kontinuierlichen Betrieb des Systems ermöglichen. Da dieser Aufgabe im Rahmen der Laserbearbeitung eine besondere Bedeutung zukommt, wurde sie als eigener Funktionskomplex angesiedelt. Im Gegensatz zu den anderen Funktionen ließ sich diese Funktion jedoch nicht eindeutig in den Ablauf einordnen, da Sicherheitsaufgaben innerhalb jedes Schrittes der Produktion erfüllt werden müssen.

Das "Managen" umfaßt im Gegensatz zum "Überwachen" die Leitung des gesamten Systems. Wie in <u>Bild 2-8</u> zu erkennen ist, werden durch diese beiden rein informationsverarbeitenden Funktionen Regelkreise sowohl für den Bearbeitungsprozeß als auch für den gesamten Vorgang der Laseroberflächenbehandlung gebildet. Im Rahmen der systeminternen Ablaufregelung müssen vor allem Informationen verarbeitet werden. Zu beachten ist, daß die dargestellten

Informationsflüsse nur in Verbindung mit Energie- oder Materieströmen auftreten können, denen die Informationen aufgeprägt sind.

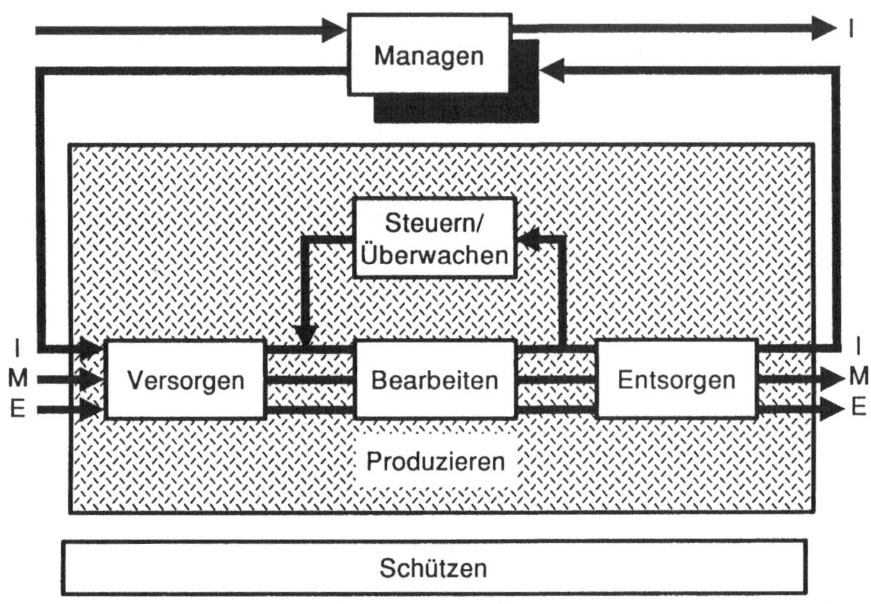

Bild 2-8: Hauptfunktionen der Laserbearbeitung

Das für die hier vorliegende Aufgabenstellung wesentliche Objektmodell der Laserbearbeitungssysteme wurde durch Zuweisung dieser Funktionen zu entsprechenden Funktionsträgern abgeleitet.

Bild 2-9 zeigt ein Objektmodell für Lasersysteme zur Materialbearbeitung [14]. Hierbei ist das eigentliche Bearbeitungssystem in seiner Struktur in der ersten Ebene dargestellt, während die internen Bestandteile der Subsysteme und die äußeren Einflußfaktoren nur aufgeführt, nicht aber in ihrer Struktur und ihrem Wirkzusammenhang gezeigt werden. Da die Beziehungen der einzelnen Subsysteme zueinander aber nur zum vollständigen Auffinden aller Komponenten und zur Untersuchung des Einflusses von Änderungen auf das Systemverhalten dienten, wurde auf ihre Darstellung aus Gründen der besseren Übersicht verzichtet.

Zentraler Bestandteil des Lasersystems ist das Bearbeitungssystem. Hier wird die eigentliche Aufgabe des Systems, die Bearbeitung des Werkstücks mit Hilfe der

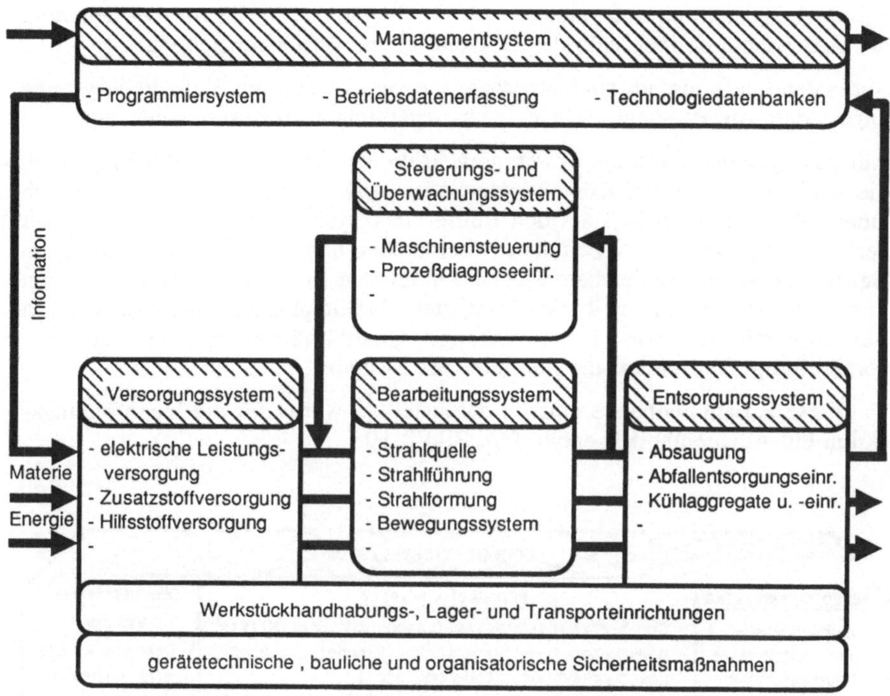

Bild 2-9: Objektstruktur von Laserbearbeitungssystemen

im Laserstrahl enthaltenen Energie, durchgeführt. Es wird durch das Versorgungssystem mit elektrischer Energie sowie Zusatz- und Hilfsstoffen versorgt. Werkstückhandhabungs-, Lager- und Transportsysteme dienen zur Bereitstellung und Abfuhr der Werkstücke. Die beim Produktionsprozeß entstehenden Abfall- und Nebenprodukte werden ebenfalls über das Entsorgungssystem aus dem Arbeitsraum des Bearbeitungssystems entfernt. Eine weitere Aufgabe besteht in der Abfuhr der Abwärme des Strahlerzeugungs- und Strahlführungssystems durch Kühlung der entsprechenden Komponenten.

Das Steuerungs- und Überwachungssystem übernimmt die Koordination und Überwachung der Bewegungsabläufe und des Prozeßablaufs innerhalb des Bearbeitungssystems. Über diesem Systemkomplex ist das Managementsystem angeordnet. Es stellt ein informatorisches Grenzsystem dar, das für die Steuerung der Arbeitsabläufe innerhalb des Gesamtsystems verantwortlich ist.

Subsystemübergreifend sind außerdem die verschiedensten Sicherheitssysteme angesiedelt, die Personal und Gerät vor schädlichen Einflüssen schützen.

Auf das System wirken als Systemumwelt die betrieblichen Randbedingungen. Sie sind keine direkten Komponenten oder Subsysteme, haben aber dennoch einen erheblichen Einfluß auf den Betrieb des Systems und müssen daher mit berücksichtigt werden. Neben dem Personal sind hier vor allem die räumlichen Gegebenheiten sowie der betriebliche Ablauf von Bedeutung. Ebenso besitzen Schnittstellen zu vor- und nachgelagerten Arbeitsplätzen sowie zu anderen Betriebsbereichen, wie Instandhaltung, Qualitätssicherung oder Arbeitsvorbereitung, Einfluß auf die Funktion des Systems.

Um diese Zusammenhänge einfach darzustellen, wurde für die Ideenfindungsaktion ein Anlagenmodell entworfen, <u>Bild 2-10</u>.

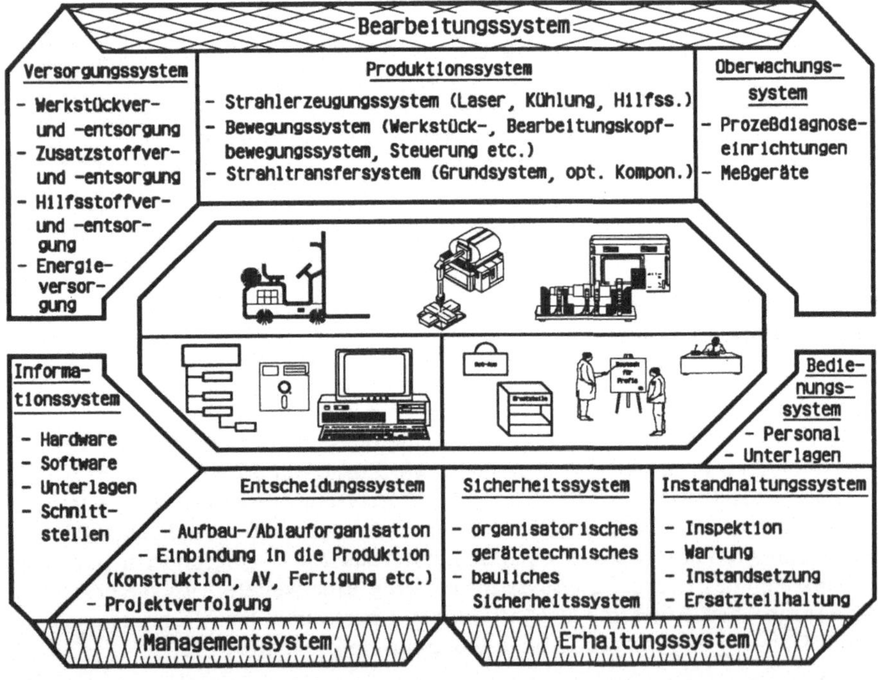

Bild 2-10:   Vereinfachtes Modell zur Ermittlung der Defizite bei Einsatz von Lasersystemen

Dieses berücksichtigt alle diese Aspekte und alle Komponenten und setzt die Subsysteme darstellungstechnisch auf eine Ebene. Der Bereich des Managementsystems wurde hierbei in ein informatorisches und ein Entscheidungssubsystem untergliedert, da ein Forschungsbedarf vor allem im Bereich der Informationsverarbeitung vermutet wurde.

Die eindimensionale Darstellungsform hatte keinen Einfluß auf die Ergebnisse, da strukturelle und hierarchische Aspekte bei der Suche nach Defiziten von untergeordneter Bedeutung waren.

Die gewählte, weitreichende Betrachtungsbilanzgrenze und die Unterteilung der Systeme entsprechend ihrer Funktion gewährleistete eine anwendungsbezogene Darstellung der Komponenten von Laseranlagen und somit das Erfassen aller wesentlichen Probleme bei deren Einsatz bzw. Betrieb.

2.3 Vorbereitung der Untersuchungen

Die abgeleiteten Modelle werden im weiteren Verlauf als Suchfelder für Defizite im Bereich Planung und Einsatz der Lasertechnologie verwendet. Entsprechend der dargestellten Vorgehensweise wird hierzu eine Fragebogenaktion und eine Expertenbefragung durchgeführt. Außerdem waren die bisher abgeschlossenen Forschungsprojekte zu dieser Thematik den entsprechenden Suchfeldern zuzuordnen und eine relative Gewichtung vorzunehmen.

Zur Durchführung dieser Arbeitsschritte war es erforderlich, ein Formular zur Ideenfindung zu entwickeln, das Spektrum der zu Befragenden festzulegen und eine Auswertesystematik zu erarbeiten.

2.3.1 Entwicklung eines Bogens zur Ideenfindung

Bei der Entwicklung des Ideenfindungsbogens waren zwei Aspekte zu beachten. Zum einen mußte ein Befragungsstil gefunden werden, der einerseits alle Befragten ansprach, andererseits aber so wenig wie möglich die Antwortmöglichkeiten eingrenzte und vorgab. Außerdem sollte der Fragebogen sowohl einen klein- bis mittelständischen Laserlohnfertiger ansprechen als auch Großserienanwender oder Forschungsinstitute.

Da mit Hilfe des Fragebogens neue Ideen und Problemfelder aufzuzeigen waren, erschien das konkrete Fragestellen inklusive der Beantwortung durch Ankreuzen oder ähnliches wenig sinnvoll. Dies hätte zudem, bei der hohen Komplexität des Themas, zu einem Umfang des Fragebogens geführt, der von den Befragten nicht mehr akzeptiert worden wäre.

Aus diesen Gründen wurde für diese Ermittlung ein von der konventionellen Art eines Fragebogens abweichender "Ideenfindungsbogen" entwickelt, der, außer in den für statistische Zwecke notwendigen Teilen, keine direkten Fragen enthielt. Dieser Ideenfindungsbogen ist im Anhang vollständig aufgeführt und soll hier nur kurz erläutert werden.

Neben einer allgemeinen Einführung in die Hintergründe der Befragungsaktion wurde in einem Beiblatt zunächst die Zielsetzung der Untersuchung erläutert. Es wurde darauf verwiesen, daß der Schwerpunkt dieser Untersuchung in der Anwendung der Lasertechnologie im industriellen Umfeld zu sehen ist, die Antworten also anwendungsspezifische Probleme widerspiegeln sollten. Hierbei wurde betont, daß nicht nur firmeneigene Problemfälle aufgezeigt werden sollten, sondern durchaus auch solche, die der Befragte für zukünftig denkbar und von allgemeinem Interesse hielt. Aufgrund der gegebenen Aufgabenstellung wurden Aspekte der Prozeßtechnologieentwicklung dabei explizit ausgeklammert.

Im eigentlichen Ideenfindungsbogen wurden zunächst allgemeine Daten zur befragten Person und zur Firma oder Institution gestellt, die bei der Auswertung eine Einordnung der Antworten erleichterten. Danach wurden, basierend auf den entwickelten Suchfeldern, die obengenannten Themenkomplexe einzeln aufgeführt und durch kurze Erläuterungen und Beispiele verdeutlicht.

In <u>Bild 2-11</u> ist als Beispiel das Ideenfeld zu Themenkomplex 1 "Ziele definieren, Lösungsansätze suchen" dargestellt, während der restliche Ideenfindungsbogen im Anhang aufgeführt ist.

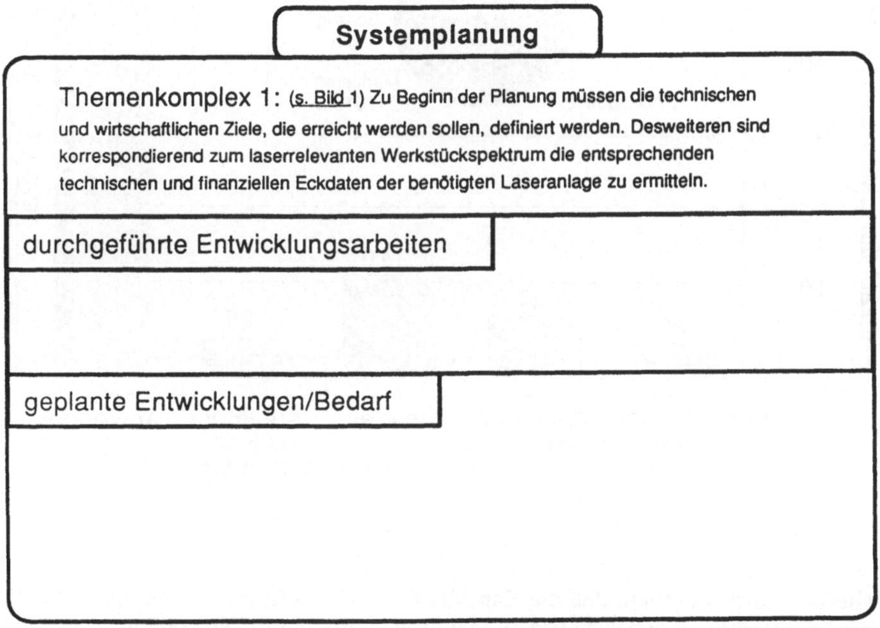

Systemplanung

Themenkomplex 1: (s. Bild 1) Zu Beginn der Planung müssen die technischen und wirtschaftlichen Ziele, die erreicht werden sollen, definiert werden. Desweiteren sind korrespondierend zum laserrelevanten Werkstückspektrum die entsprechenden technischen und finanziellen Eckdaten der benötigten Laseranlage zu ermitteln.

durchgeführte Entwicklungsarbeiten

geplante Entwicklungen/Bedarf

Bild 2-11: Fragenfeld zum Themenkomplex "Ziele definieren, Lösungsansätze suchen"

Gleichzeitig wurde in den einzelnen Themenkomplexen nach den bisher vom Befragten durchgeführten Entwicklungsarbeiten gefragt. Der Zweck dieser Fragen bestand darin, einen groben Überblick über die Zielrichtung abgeschlossener und laufender Forschungsarbeiten zu erlangen. Obwohl zu diesen Fragen aus firmenpolitischen Gründen nicht mit umfassenden Antworten zu rechnen war, ergab sich jedoch so außerdem die Möglichkeit, den Ist-Zustand zu konkretisieren.

2.3.2 Ableitung des Teilnehmerspektrums der Befragungsaktion

Um das Teilnehmerspektrum festzulegen, wurde zunächst der Markt für Lasersysteme und -anwendungen näher untersucht, <u>Bild 2-12</u>.

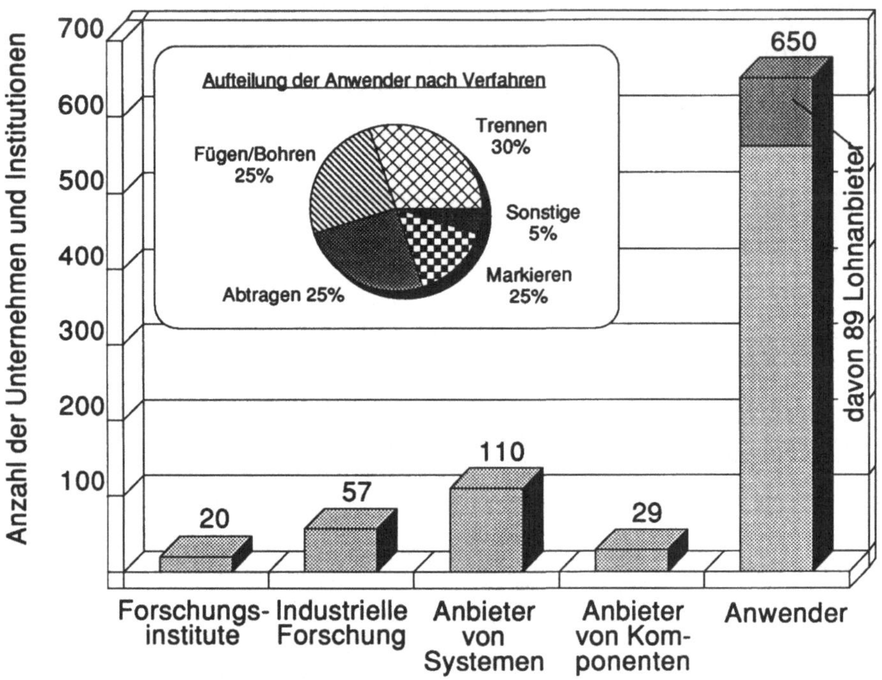

Bild 2-12: Lasermarkt Bundesrepublik Deutschland [15-17]

Hierbei wurde deutlich, daß die Zahl der Firmen und Institutionen, die sich mit
der Lasertechnologie beschäftigen, inzwischen relativ groß geworden ist und die
Lasermaterialbearbeitung eine erhebliche Bedeutung gewonnen hat. Das Feld der
dargestellten potentiellen Ansprechpartner wurde noch um Hersteller von
Fertigungssystemen und Komponenten, die nicht direkt im Bereich der
Lasertechnik involviert sind und um Anwender, die den Einsatz der Lasertechnologie planen, erweitert.

Ausgehend von der zahlenmäßigen Verteilung der einzelnen Gruppen wurde die
Anzahl der jeweils anzusprechenden Firmen und Institutionen festgelegt. Dabei
wurden die Anwender zahlenmäßig stark bevorzugt, da der Bedarf anwendungs-
orientiert ermittelt werden sollte und außerdem hier mit einer geringeren
Rücklaufquote zu rechnen war. Ihre Gruppe läßt sich auch in direkte Laseranwender und solche, die die Anwendung planen, aufteilen. Der Anteil der

Befragten bei Forschungsinstitutionen, Komponenten- und Systemanbietern wurde etwa gleich groß gewählt, um keine dieser Gruppen überzubewerten. Zur Abrundung des Meinungsbildes wurden weiterhin Planungsbüros und Anbieter von Fertigungssystemen befragt, die keinen direkten Bezug zur Lasertechnologie haben, <u>Bild 2-13</u>.

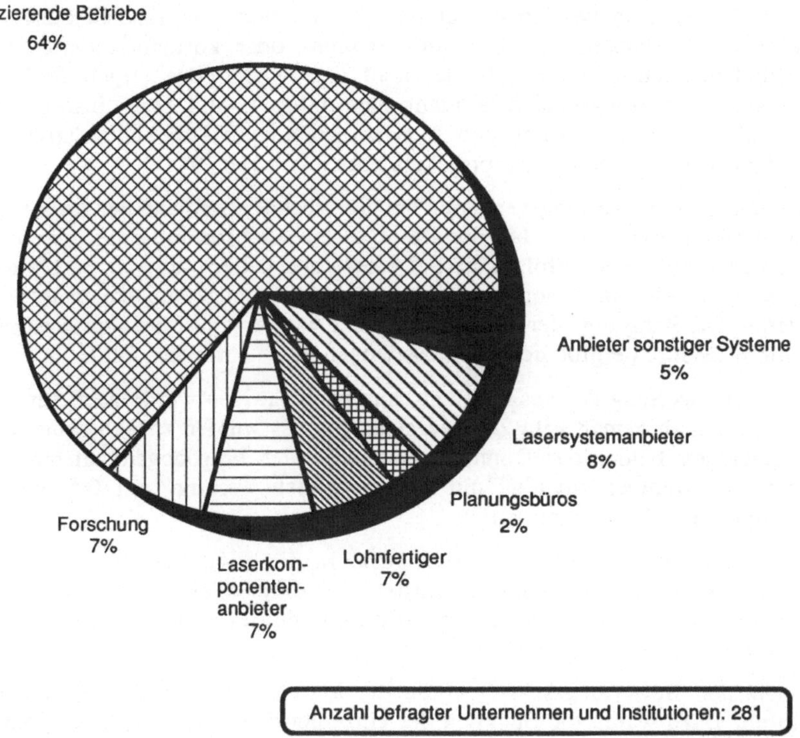

Bild 2-13: Aufteilung der Befragten

Somit ergibt sich ein Befragtenquerschnitt, der einerseits eine genügende Beachtung der anwenderspezifischen Belange sicherstellte, andererseits aber auch die den Anwender beratenden, kompetenten Stellen berücksichtigte und damit fundierte Sachkenntnis garantierte. Durch die Befragung von Anbietern von Fertigungssystemen und Firmen, die derzeit keine Komponenten zur Lasermaterialbearbeitung anbieten bzw. nutzen, ließen sich Erkenntnisse über den Bedarf an Informationen bezüglich der Weiterverbreitung der Lasertechnologie ableiten.

2.3.3 Entwicklung einer Bewertungssystematik

Am Ende des Bogens zur Ideenfindung wurden die Befragten um eine Bewertung der Wichtigkeit der einzelnen Themenkomplexe gebeten. Dies geschah in Form einer Matrix, in der die einzelnen Themenkomplexe der beiden Suchfelder jeweils relativ zueinander in drei Stufen bewertet werden konnten, <u>Bild 2-14</u>. Dieses Bewertungsverfahren sowie die nachfolgende Auswertesystematik wurden aus der Nutzwertanalyse abgeleitet [18,19]. Sie dient der Entscheidungsvorbereitung bei Problemen, wenn rein gewinn- oder kostenorientierte Wirtschaftlichkeitsbetrachtungen alleine nicht ausreichen oder wegen fehlender monetärer Bewertungsmaßstäbe nicht durchführbar sind [18]. Insbesondere wurde sie für die Bewertung und Auswahl komplexer Projektalternativen bei Forschungs- und Entwicklungsprojekten entwickelt [18,19].

Das eingesetzte Bewertungsverfahren hat den Vorteil gegenüber der Aufstellung einer direkten Rangfolge, daß der Befragte eine für ihn im Unterbewußtsein bereits existierende Rangfolge, die auf einer vorgefaßten, subjektiven Meinung basiert, nicht einbringt, sondern die einzelnen Themenkomplexe unabhängig bewertet. Die Rangfolge der Themenkomplexe wird erst nachher vom Auswerter ermittelt. Dadurch ergibt sich ein ausgewogeneres, neutraleres Bild.

Bei der Auswertung der ausgefüllten Dominanzmatrizen wurde nach der Auswertesystematik gemäß <u>Bild 2-15</u> vorgegangen. Es wurden zunächst die Werte der einzelnen Felder der Dominanzmatrizen aller Fragebogen aufsummiert, wobei ein "weniger wichtig" mit 0, ein "gleich wichtig" mit 0,5 und ein "wichtiger" mit 1 bewertet wurde.

Daraus ergab sich eine Häufigkeitsmatrix, in die zusätzlich die Anzahl der Nennungen je Feld eingetragen wurde. Auf diese Weise ließen sich auch unvollständig ausgefüllte Dominanzmatrizen in die Bewertung mit einbeziehen, ohne das Ergebnis zu verfälschen.

Im nächsten Bewertungsschritt wurde die Matrix der relativen Häufigkeiten ermittelt. Dazu waren die Summen der einzelnen Felder der Dominanzmatrix, die in der Häufigkeitsmatrix aufgeführt sind, durch die Anzahl der Nennungen zu dividieren. Als Ergebnis der Auswertung ergab sich die Häufigkeit in Prozent, mit der die Befragten der Meinung waren, daß der jeweils links aufgeführte Themenkomplex wichtiger ist als der oben aufgeführte.

Im letzten Schritt wurden die relativen Häufigkeiten für jeden Themenkomplex aufsummiert und durch die Anzahl der mit ihm verglichenen Themenkomplexe dividiert. Dieser Mittelwert der Wichtigkeit eines jeden Themenkomplexes ermöglichte die Bildung einer Rangfolge.

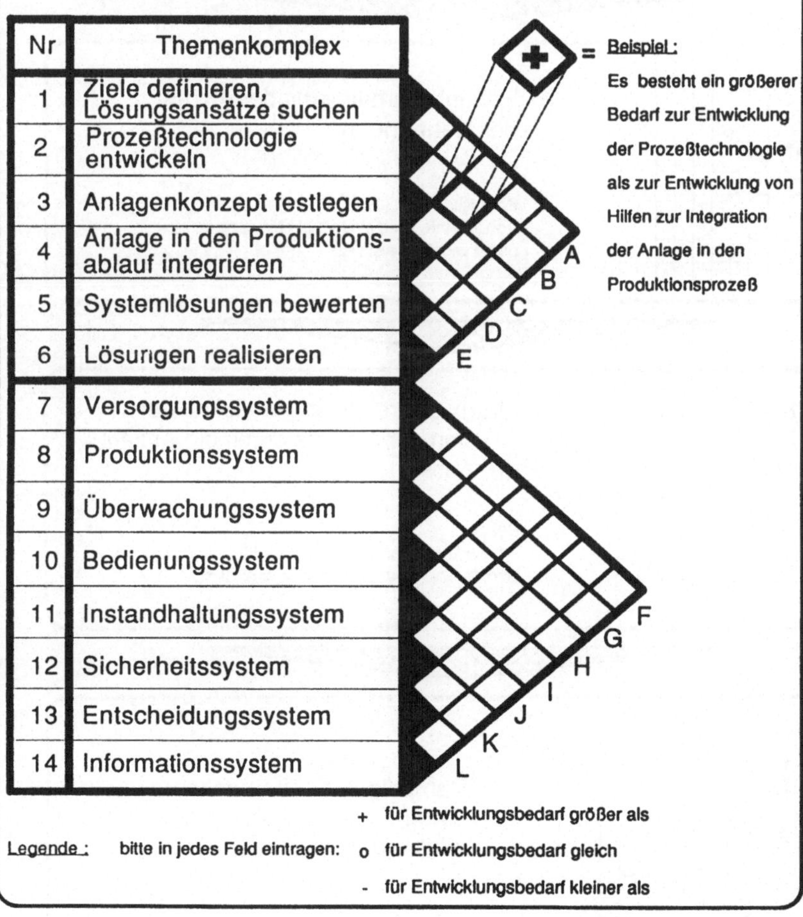

Bild 2-14: Bewertungsteil des Fragebogens

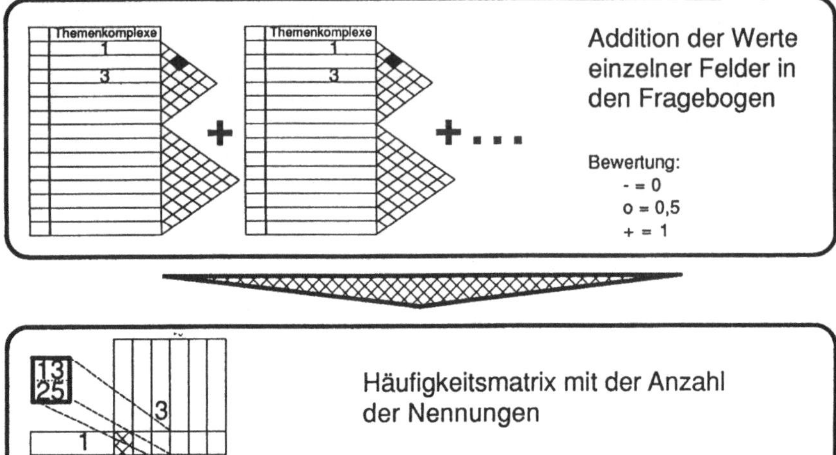

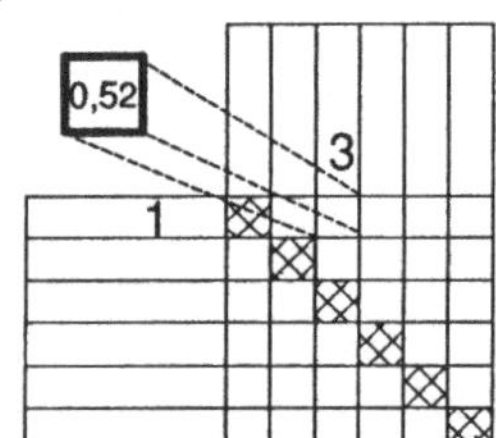

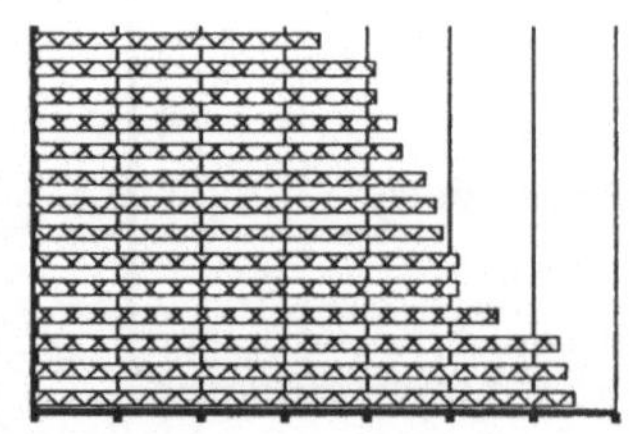

Bild 2-15: Auswertesystematik für den Bewertungsteil des Fragebogens

2.4 Literatur zu Kapitel 2

[1]   *Patzak, G.*: Systemtechnik - Planung komplexer innovativer Systeme. Berlin-Heidelberg-New York: Springer-Verlag 1982.

[2]   N.N.: Voraussage der zukünftigen Entwicklung der Fertigungstechnik mit Hilfe der Delphi-Methode. Bericht über eine Untersuchung der Internationalen Forschungsgemeinschaft für mechanische Produktionstechnik (CIRP). ZwF 68(1973)2.

[3]   *Zangemeister, C.*: Systemtechnik - eine Methodik zur zweckmäßigen Gestaltung komplexer Systeme. In: Zeitschrift für Organisation (1970)5,S.209/217.

[4]   *Daenzer, W.F.*: Systems Engineering. Leitfaden zur methodischen Durchführung umfangreicher Planungsvorhaben. Peter Hanstein Verlag, Köln, Verlag Industrielle Organisation, Zürich.

[5]   *Fuchs, H.*: Systemtheorie und Organisation. Wiesbaden: Betriebswirtschaftlicher Verlag Dr. Th. Gabler 1973.

[6]   *Wegner, G.*: Systemanalyse und Sachmitteleinsatz in der Betriebsorganisation. Wiesbaden: Betriebswirtschaftlicher Verlag Dr. Th. Gabler 1969.

[7]   *Riehle, H.G., Rinza, P., Schmitz, H.*: Systemtechnik in Betrieb und Verwaltung. Düsseldorf: VDI-Verlag.

[8]   *Zangemeister, C.*: Systemtechnik. In: Handwörterbuch der Organisation, 2. Auflage. Hrsg. *E. Grochla*. Stuttgart: Poeschel Verlag 1980.

[9]   *Haberfelner, R.*: Systems Engineering - eine Methodik zur Lösung komplexer Probleme. Z.f.O. (1973)7.

[10]   *Bachthaler, M.*: Systemorientierte Lösungsansätze bei komplexen Problemstellungen der Anlagenplanung. Fortschritt-Berichte VDI, Reihe 16 Nr. 33. Düsseldorf: VDI-Verlag 1986.

[11]   *Ropohl, G.*: Systemtechnik. In: Management Enzyklopädie Bd.8, 2. Auflage 1984, S.923/945.

[12]   REFA: Methodenlehre des Arbeitsstudiums, Teil 1. München: Carl Hanser Verlag 1984.

[13]   *Ropohl, G.*: Eine Systhemtheorie der Technik. München, Wien: Carl Hanser Verlag 1979.

[14]   *Schunk, H.*: Konzeption und wirtschaftliche Bewertung von Lasersystemen für die Materialbearbeitung. Technika 1990, Zürich.

[15]   *Reinhard, M.*: Praxis einer Schlüsseltechnologie. In: Laser Praxis (1989)6. München: Carl Hanser Verlag.

[16]   N.N.: Lasermarkt 1989. Optronics Buyers Guide. Berlin: Magazin Verlag Hightech Publications GmbH.

[17]   N.N.: Informationsbörse Lasertechnik. LaserForschungslandschaft Bundesrepublik Deutschland. Düsseldorf: VDI-Technologiezentrum Physikalische Technologien.

[18] *Zangemeister, C.*: Planung und Entscheidungsvorbereitung mit NAP-SY. Zentralstelle für Luft- und Raumfahrtdokumentation und -information der DFVLR, München, 1976.

[19] *Zangemeister, C.*: Nutzwertanalyse in der Systemtechnik. München: Wittemannsche Buchhandlung 1976.

3 Ermittlung des Forschungsbedarfs im Bereich "Grundlagen lasergerechter Konstruktion und Fertigung

Prof. Dr.h.c. Dipl.-Wirt.Ing. Dr.-Ing. W. Eversheim, Dr.-Ing. H. Schunk, Fraunhofer Institut für Produktionstechnologie (IPT), Aachen

In diesem Kapitel werden die Ergebnisse der Untersuchung vorgestellt. Diese gliedern sich in zwei Teilbereiche. Im erstem Teil werden der ermittelte Stand der Technik und der aus Anwendersicht anzustrebende und gewichtete Soll-Zustand auf dem Gebiet der Lasermaterialbearbeitung dargestellt. Die Ergebnisse basieren auf einer Fragebogenaktion, Expertengesprächen und einer Auswertung laserspezifischer Forschungsprojekte. Durch einen Soll-Ist-Vergleich ergibt sich ein Profil der Defizite.

Die Gesamtheit der Defizite ist weder fachlich dem Gebiet der lasergerechten Konstruktion und Fertigung zuzuordnen noch kann sie durch das BMFT gefördert werden. Aus diesem Grund werden die ermittelten Defizite im zweiten Teil dieses Kapitels hinsichtlich der fachlichen Zugehörigkeit zu den im Förderkonzept des BMFT angeführten Themenkomplexen

- lasergerechte Konstruktion von Werkstücken,
- Konzeption und Auslegung produktionstauglicher Laserbearbeitungssysteme und
- Einordnung der Laserbearbeitung in den betrieblichen Ablauf

ausgewählt, strukturiert und zusammengefaßt. Weiterhin wird das Ergebnis der Überprüfung der Förderungswürdigkeit durch das BMFT dargestellt. Abschließend wird eine Reihenfolge vorgestellt, in der die als förderungswürdig befundenen Forschungsthemen bearbeitet werden sollten. Diese Reihenfolge basiert auf einer Nutzwertanalyse, die von einem Expertenkreis durchgeführt wurde.

3.1 Ableitung der Defizite im Bereich der Lasertechnologie

Nachdem die Voraussetzungen für die Ermittlung der Forschungsdefizite geschaffen und ihre theoretischen Grundlagen erörtert wurden, werden im folgenden die Ergebnisse der Untersuchungen dargestellt, erläutert und bewertet.

Zunächst war dazu der Ist-Zustand anhand der vorgegebenen Forschungsprojekte zu ermitteln. Anschließend wurden die Fragebögen und Gesprächsprotokolle ausgewertet, um den Soll-Zustand zu erfassen und einen Soll-Ist-Vergleich durchzuführen. Ergänzend zu den bereits durchgeführten Forschungsarbeiten wurden, soweit genannt, abgeschlossene Arbeiten der Industrie aufgeführt.

Hierbei ist jedoch zu berücksichtigen, daß diese Ergebnisse zum einen nicht allgemein verfügbar sind und zum anderen nur einen unvollständigen Überblick darstellen können. Aus diesem Grund können diese Aussagen nur eine grobe Tendenz aufzeigen und sie wurden deshalb bei der Ermittlung des Forschungsbedarfs nur begrenzt berücksichtigt.

Das Profil der Teilnehmer an der Befragungsaktion ist in <u>Bild 3-1</u> dargestellt. Es wurde mit einer Rücklaufquote um 16% ein für den Umfang des Fragebogens sehr befriedigendes Ergebnis erzielt. Aufgrund der Auslegung des Fragebogens war eine relativ intensive Auseinandersetzung mit der Thematik zum Ausfüllen erforderlich. Aus diesem Grund traf die Umfrage primär bei den Firmen und Institutionen auf Resonanz, die ein konkretes Interesse an der Problematik hatten. Dementsprechend fundiert und umfassend wurden viele Bögen ausgefüllt. Gleichzeitig stellte das Profil der Teilnehmer einen gleichmäßigen Querschnitt der Befragten dar, so daß von einer ausgewogenen Berücksichtigung aller Meinungen und Bedürfnisse bezüglich des Themas ausgegangen werden kann.

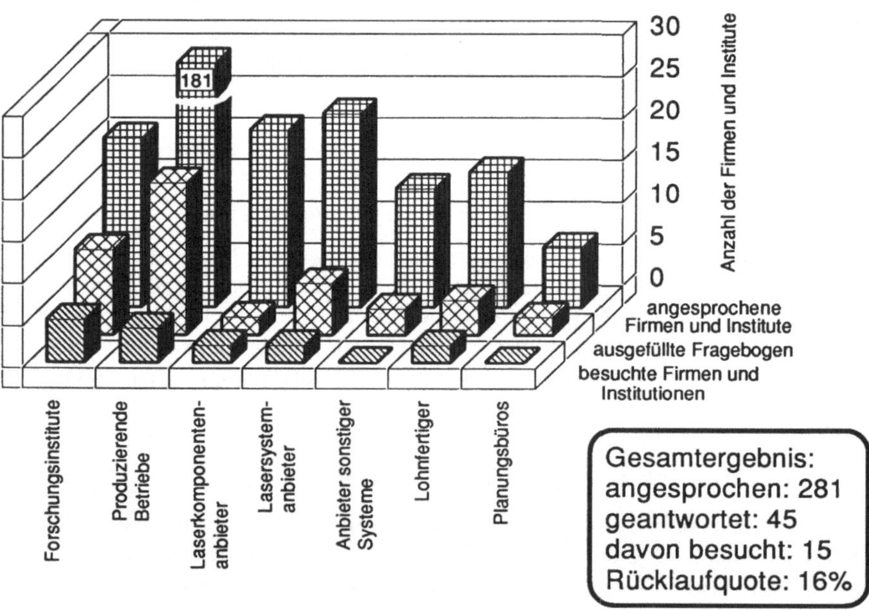

Bild 3-1: Verteilung der Befragten und Antworten

3.1.1 Defizite bei der Planung von Lasersystemen

Im folgenden werden die Defizite im Bereich der Planung von Lasersystemen entsprechend der entwickelten Suchfelder zusammenfassend dargestellt.

Themenkomplex 1 "Ziele definieren, Lösungsansätze suchen"

Dieser Themenkomplex umfaßt den gesamten Bereich der Problemdefinition, der Zielsystemerstellung und der Suche nach Lösungsansätzen, einschließlich der theoretischen Vorapplikation. Der in diesen Bereichen festgestellte Bedarf ließ sich zu den in <u>Bild 3-2</u> dargestellten drei Schwerpunkten zusammenfassen.

Bei den unter Punkt A zusammengefaßten Aspekten handelt es sich um Maßnahmen, die primär der Behebung von Informationsdefiziten bezüglich des Lasereinsatzes dienen. Sie sollen potentielle Anwender bei der Beurteilung der Leistungsfähigkeit der Laserstrahltechnologie im allgemeinen und bezüglich ihrer eigenen betriebsspezifischen Probleme unterstützen. Es handelt sich also in erster Linie um die Aufbereitung und die Verbesserung der allgemeinen Zugänglichkeit von bereits existierenden Erkenntnissen. Hierbei wurde häufig geäußert, daß die bestehenden Informationsmöglichkeiten vielfach nicht ausreichten und zudem für einen praxisorientierten Anwender zu kompliziert und wissenschaftlich seien. Es besteht also bezüglich der Lasertechnologie ein erheblicher Bedarf an anwenderorientierten Informationsmöglichkeiten.

Bei den in den Punkten B und C aufgeführten Aspekten handelt es sich dagegen um neu zu entwickelnde Hilfsmittel, die zum einen der groben monetären Bewertung des Lasereinsatzes (Punkt B) und zum anderen der Planung von der Zielsystemerstellung bis zur theoretischen Vorapplikation dienen (Punkt C). Sie sollen helfen, dem Anwender den Einstieg in die Lasermaterialbearbeitung zu erleichtern und die Risiken kalkulierbarer zu machen. Gleichzeitig ermöglichen sie den Vergleich mit anderen Verfahren und lassen eine grobe Wirtschaftlichkeitsbetrachtung zu.

Hauptanliegen der unter den Punkten B und C aufgeführten Aspekte ist es also, dem planenden Anwender Hilfsmittel zur Verfügung zu stellen, die ihn schon in einem sehr frühen Stadium der Planung in die Lage versetzen, Entwürfe zur Lösung seines spezifischen Bedarfs zu erstellen und diese bezüglich ihrer Kosten-Nutzen- Struktur grob zu bewerten. Dadurch wird er in die Lage versetzt, die Lösungsansätze auszuwählen und weiter zu verfolgen, die für ihn die höchste Zielerfüllung versprechen. Dies ist insbesondere unter dem Aspekt der vielfach hohen Entwicklungskosten für die Prozeßtechnologie wichtig.

Die Ist-Analyse ergab, daß in diesem Bereich sowohl seitens der Forschung als auch seitens der Industrie bisher nur punktuell Ergebnisse liegen. Dabei ist allerdings zu beachten, daß die in diesem Kapitel aufgeführten Angaben aus der Industrie höchstens Beispielcharakter besitzen können. Als einziges Forschungs-

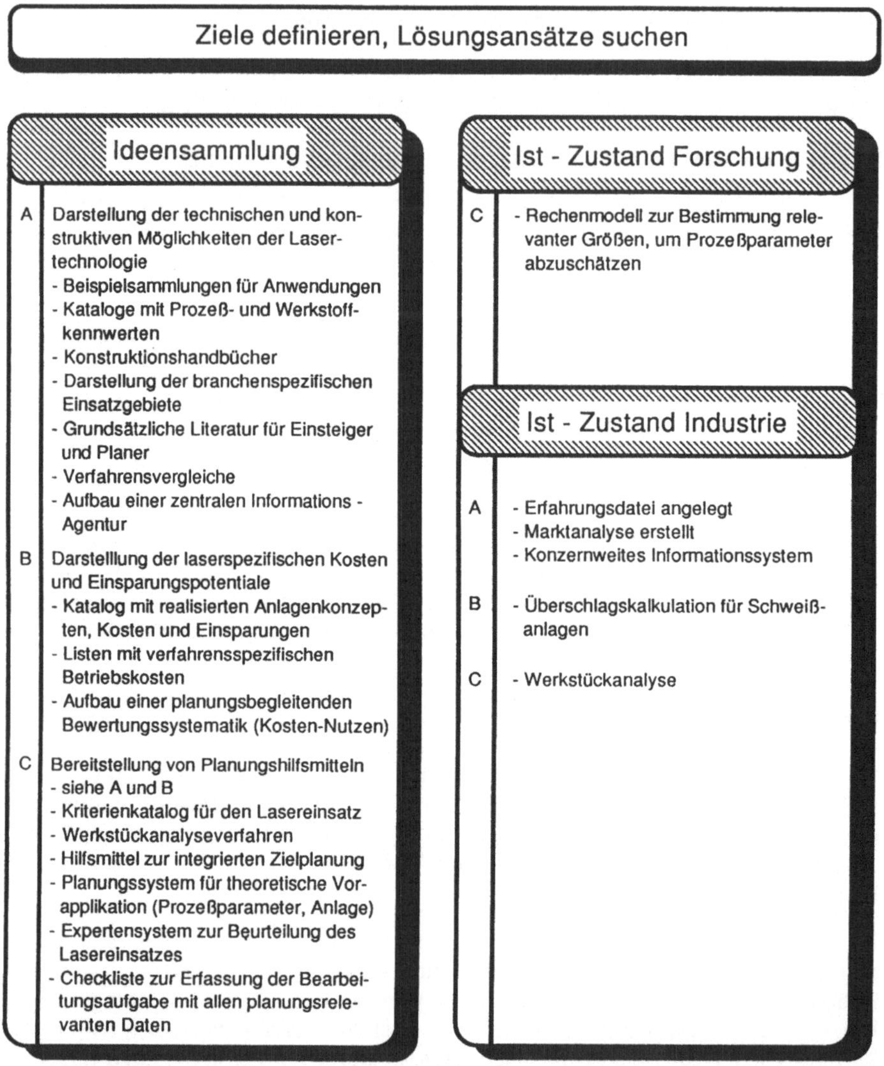

Ziele definieren, Lösungsansätze suchen

Ideensammlung

A Darstellung der technischen und kon-
   struktiven Möglichkeiten der Laser-
   technologie
   - Beispielsammlungen für Anwendungen
   - Kataloge mit Prozeß- und Werkstoff-
     kennwerten
   - Konstruktionshandbücher
   - Darstellung der branchenspezifischen
     Einsatzgebiete
   - Grundsätzliche Literatur für Einsteiger
     und Planer
   - Verfahrensvergleiche
   - Aufbau einer zentralen Informations -
     Agentur

B Darstellung der laserspezifischen Kosten
   und Einsparungspotentiale
   - Katalog mit realisierten Anlagenkonzep-
     ten, Kosten und Einsparungen
   - Listen mit verfahrensspezifischen
     Betriebskosten
   - Aufbau einer planungsbegleitenden
     Bewertungssystematik (Kosten-Nutzen)

C Bereitstellung von Planungshilfsmitteln
   - siehe A und B
   - Kriterienkatalog für den Lasereinsatz
   - Werkstückanalyseverfahren
   - Hilfsmittel zur integrierten Zielplanung
   - Planungssystem für theoretische Vor-
     applikation (Prozeßparameter, Anlage)
   - Expertensystem zur Beurteilung des
     Lasereinsatzes
   - Checkliste zur Erfassung der Bearbei-
     tungsaufgabe mit allen planungsrele-
     vanten Daten

Ist - Zustand Forschung

C - Rechenmodell zur Bestimmung rele-
     vanter Größen, um Prozeßparameter
     abzuschätzen

Ist - Zustand Industrie

A - Erfahrungsdatei angelegt
   - Marktanalyse erstellt
   - Konzernweites Informationssystem

B - Überschlagskalkulation für Schweiß-
     anlagen

C - Werkstückanalyse

Bild 3-2: Defizite im Bereich "Ziele definieren, Lösungsansätze suchen"

projekt im Rahmen dieser Thematik wurde von [1] ein Rechenmodell für die
Bestimmung der relevanten Größen zur Abschätzung der Prozeßparameter
entwickelt. Dieses Simulationsprogramm liefert Verknüpfungen der für die
schnelle Erstarrung der Schmelze relevanten Größen und der Verformungs-
parameter beim Laseroberflächenverglasen.

Themenkomplex 2 "Prozeßtechnologie entwickeln"

Bei diesem Themenkomplex gliederten sich die Forderungen der Anwender in drei Bereiche, <u>Bild 3-3</u>.

Prozeßtechnologie entwickeln

Ideensammlung

A Vereinheitlichung der Dokumentation von
   Untersuchungen und Applikationen
   - Standardisierung der Beschreibungs-
     parameter
   - Versuchsprotokolle
   - Einheitliche Probengeometrien für
     Grundlagenuntersuchungen (Prüfwerk-
     stücke für alle Verfahren)
   - Dokumentation der wichtigsten Para-
     meter pro Verfahren sowie Angabe
     deren Bandbreite und Bedeutung für
     das Ergebnis (Veröffentlichungen)

B Optimierung der Versuchsvorbereitung
   und -durchführung
   - Parameterdatenbanken, -kataloge
   - Strukturierte Versuchsdurchführung
     (statistische Versuchsplanung)
   - verfahrensabhängige Technologie-
     prozessoren
   - Expertensystem zur Parameteropti-
     mierung
   - Schadstofftabellen

C Weiterentwicklung der Prozeßtechnologie
   - Erarbeiten weiterer theoretischer Kennt-
     nisse über die Wechselwirkungen zw.
     Bauteilkontur, Werkstoff, Prozeßpara-
     metern und dem Ergebnis ·
   - Lösung spezieller Bearbeitungsaufgaben

Ist - Zustand Industrie

A - Standard-Versuchsprotokoll

B - Optimierte Versuchsdurchführung

C - Anwenderspezifische Prozeßtechnologie
   - Neue Bearbeitungsverfahren (Laser-
     caving) ·

Ist - Zustand Forschung

C Physikalische Grundlagenuntersuchungen
   - zeitliche Entwicklung des Plasmas
   - Berechnung von Temperaturprofilen,
     Heiz- und Abschreckraten und Erstel-
     lung einer Simulationsrechnung

   Weiterentwicklung der Prozeßtechno-
   logie Schweißen
   - Steigerung der Schweißgeschwindig-
     keit
   - Prozeßparameter ermitteln
   - Nahtfestigkeit und Qualität bei ver-
     schiedenen Materialien u. Nahtformen

   Weiterentwicklung der Prozeßtechno-
   logie Schneiden
   - Untersuchung der Energieeinbringung
     und -umwandlung in der Schnittzone
   - Schneidparameter ermitteln
   - Verbesserung der Schnittqualität

   Verfahrensentwicklung
   - Laserpreßschweißen
   - Laserbohren

   Weiterentwicklung der Prozeßtechno-
   logie Oberflächenbehandlung
   - Grundlagenuntersuchungen zu:
     Plasma, Schmelze, Absorptionsver-
     halten, Energieeinkopplung
   - thermische und kinematische Grund-
     lagen beim Umschmelzvorgang
   - Verfahrenentwicklung Umschmelzen,
     Laserstrahlspritzen, Gaslegieren, Ver-
     glasen, Härten, Beschichten
   - Einfluß auf Korrosionsverhalten,
     Schwingfestigkeit und Standzeit von
     lasergehärteten Werkzeugen

Bild 3-3: Defizite im Bereich "Prozeßtechnologie entwickeln"

Der unter Punkt A aufgeführte Bedarf betrifft in erster Linie die Standardisierung der prozeßbeschreibenden Kenngrößen, Unterlagen und Probengeometrien. Dies soll vor allem der besseren Übertragbarkeit von Versuchsergebnissen aus Forschungsprojekten und Veröffentlichungen sowie der besseren Verständigung zwischen Anwendern und Anbietern von Systemen bzw. Lohnarbeitern dienen. Auf diesem Gebiet bestehen nach Aussagen der Industrie noch erhebliche Verständigungs- und Umsetzungsprobleme.

Die unter Punkt B aufgeführten Aspekte sollen dazu beitragen, den Versuchsaufwand zu reduzieren und die Versuchsdurchführung zu vereinfachen. Die Durchführung der Prozeßtechnologieentwicklung durch die Entwicklung prinzipieller Vorgehensweisen unter Berücksichtigung von statistischen Erkenntnissen würde erleichtert. Die gleiche Zielrichtung verfolgt die Forderung nach der Entwicklung von Technologieprozessoren und Expertensystemen zur Parameteroptimierung. Mit der Erstellung von Schadstofftabellen soll dagegen die Auslegung der Absaug- und Filteranlagen erleichtert werden, da hier je nach zu bearbeitenden Werkstoffen mit der Entstehung toxischer Abgase und Verbrennungsprodukte gerechnet werden muß.

Des weiteren war zu erkennen, daß ein Bedarf bezüglich der Weiterentwicklung der Prozeßtechnologie besteht. Neben weiteren Grundlagenarbeiten wurde hier häufig die Lösung spezieller Bearbeitungsaufgaben angeführt.

Die zu diesem Themenkomplex bisher durchgeführten Forschungsvorhaben beschäftigten sich mit der Entwicklung der Prozeßtechnologien Schneiden [2-6], Schweißen [7-10], Bohren und Oberflächenbehandlung [1,10,12-21] sowie mit den physikalischen Grundlagen [1,2,9,14,16], während hinsichtlich der Punkte A und B keine Ergebnisse veröffentlicht wurden. Allerdings wurden zu Punkt C sehr umfangreiche und vielfältige Untersuchungen durchgeführt, so daß hier zumindest in Teilbereichen wie der Entwicklung der Schneidtechnologie von einem relativ umfassenden Erkenntnisstand ausgegangen werden kann.

Von der Industrie wurden dagegen auch Bemühungen unternommen, die Versuchsdurchführung zu optimieren und die Dokumentation der Ergebnisse betriebsintern zu vereinheitlichen. Viele Anwender haben außerdem verfahrens- und bauteilspezifische Entwicklungen im Bereich der Prozeßtechnologie durchgeführt. Weiterhin wurden seitens der Anbieter von Laserkomponenten neue Bearbeitungsverfahren, wie z. B. das Lasercaving, entwickelt.

Themenkomplex 3 "Anlagenkonzept festlegen"

Der zu diesem Themenkomplex geäußerte Bedarf besteht einmal in der Standardisierung der Anlagen- und Komponentenbeschreibung und zum anderen in der Entwicklung von Hilfsmitteln zur Anlagenauswahl und -konfiguration, <u>Bild 3-4</u>. Bezüglich der Anlagen- und Komponentenbeschreibung wurde vor allem das Fehlen einheitlicher Bezeichnungen und Begrifflichkeiten für Anlagen-

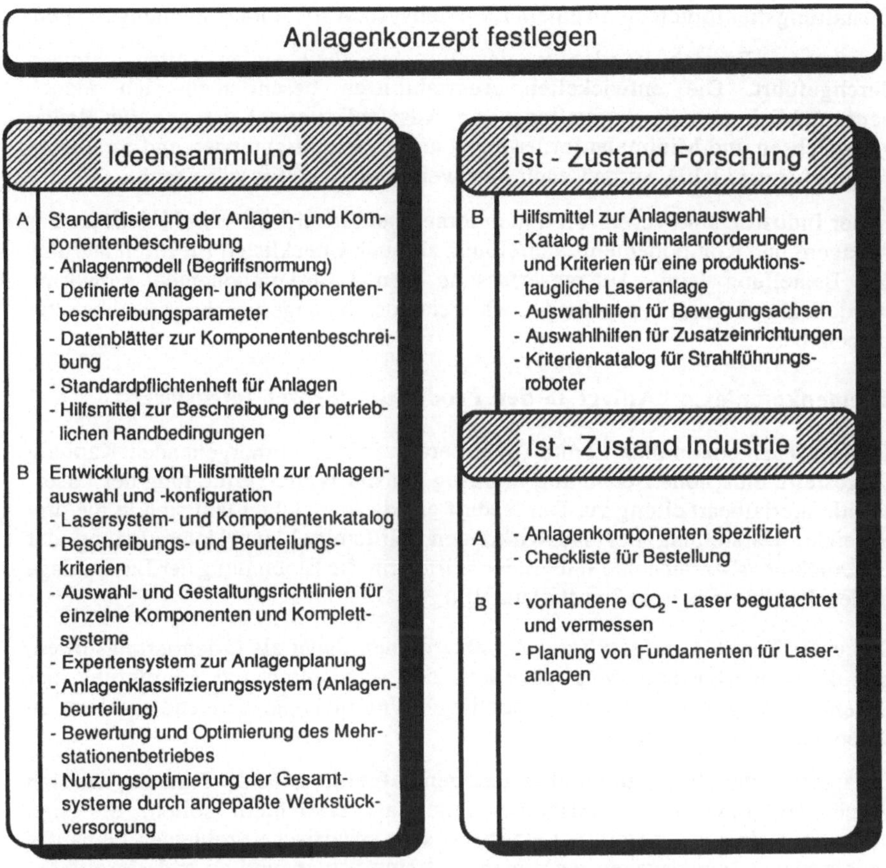

Anlagenkonzept festlegen

Ideensammlung

A Standardisierung der Anlagen- und Komponentenbeschreibung
- Anlagenmodell (Begriffsnormung)
- Definierte Anlagen- und Komponentenbeschreibungsparameter
- Datenblätter zur Komponentenbeschreibung
- Standardpflichtenheft für Anlagen
- Hilfsmittel zur Beschreibung der betrieblichen Randbedingungen

B Entwicklung von Hilfsmitteln zur Anlagenauswahl und -konfiguration
- Lasersystem- und Komponentenkatalog
- Beschreibungs- und Beurteilungskriterien
- Auswahl- und Gestaltungsrichtlinien für einzelne Komponenten und Komplettsysteme
- Expertensystem zur Anlagenplanung
- Anlagenklassifizierungssystem (Anlagenbeurteilung)
- Bewertung und Optimierung des Mehrstationenbetriebes
- Nutzungsoptimierung der Gesamtsysteme durch angepaßte Werkstückversorgung

Ist - Zustand Forschung

B Hilfsmittel zur Anlagenauswahl
- Katalog mit Minimalanforderungen und Kriterien für eine produktionstaugliche Laseranlage
- Auswahlhilfen für Bewegungsachsen
- Auswahlhilfen für Zusatzeinrichtungen
- Kriterienkatalog für Strahlführungsroboter

Ist - Zustand Industrie

A - Anlagenkomponenten spezifiziert
- Checkliste für Bestellung

B - vorhandene CO_2 - Laser begutachtet und vermessen
- Planung von Fundamenten für Laseranlagen

Bild 3-4: Defizite im Bereich "Anlagenkonzept festlegen"

komponenten einschließlich deren Beschreibungsparameter bemängelt. Häufig treten Probleme bei der Verständigung zwischen Anbieter und Anwender sowie bei der Auswahl und dem Vergleich verschiedener Komponenten auf. Zur besseren Dokumentation der Anwenderbedürfnisse wurde weiterhin die Entwicklung von Standardpflichtenheften für Anlagen und von Hilfsmitteln zur Erfassung der betrieblichen Randbedingungen angeregt.

Erheblicher Bedarf wurde auch bezüglich der Entwicklung von Planungs- und Auslegungshilfsmitteln sowie von Auswahlkriterien angemeldet. Anwenderseitig werden diese Aspekte mit dem Ziel gefordert, die Anforderungen an angepaßte Anlagen zu ermitteln und Angebote zu beurteilen. Der Grad der Komplexität solcher Hilfsmittel kann dabei vom einfachen Katalog über Auswahl- und

Gestaltungsrichtlinien bis zu einem Expertensystem zur Anlagenplanung reichen.

Zu diesem Bereich wurden in der Vergangenheit einige Untersuchungen durchgeführt. Die entwickelten Auswahlhilfen beschränken sich jedoch hauptsächlich auf die Aufstellung von Auswahlkriterienkatalogen für Bewegungsachsen und Minimalanforderungen an Zusatzeinrichtungen und Strahlführungsroboter [13,17], so daß auch hier weiterentwickelt werden muß.

In der Industrie sind vereinzelt und unternehmensspezifisch sowohl Ansätze zur Anlagen- und Komponentenbeschreibung als auch Checklisten zur Erleichterung der Bestellung bzw. Auftragserfassung von Laserkomponenten entworfen worden. Diese Ansätze reichen jedoch nicht aus, die angesprochene Problematik zu beheben.

Themenkomplex 4 "Anlage in den Produktionsprozeß integrieren"

Diesem Themenkomplex kommt, wie bereits in den vorhergehenden Kapiteln dargestellt, eine hohe Bedeutung in bezug auf die Weiterverbreitung der Laserstrahlmaterialbearbeitung zu. Der Bedarf auf diesem Gebiet läßt sich in die drei Bereiche Darstellung der Auswirkungen, Hilfsmittel zur Unterstützung der Unternehmensbereiche und Integrationshilfen für die Einbindung der Laseranlage in den Produktionsprozeß aufteilen, <u>Bild 3-5</u>.

Die unter Punkt A aufgeführten Aspekte dienen dabei als Orientierungshilfen, um die Chancen und Möglichkeiten, die sich durch die Einführung der Lasertechnologie für die unterschiedlichen Unternehmensbereiche ergeben, zu erkennen und umzusetzen.

In Punkt B sind Hilfsmittel und Unterlagen aufgeführt, die die Nutzung des sich durch den Lasereinsatz bietenden Potentials erleichtern sollen. Sie sind notwendig, da der Lasereinsatz einerseits sehr spezifische Probleme, die häufig nach neuen Lösungswegen verlangen, mit sich bringt, und da andererseits die Rentabilität der Investition in eine Laseranlage in hohem Maße von der Nutzung der "indirekten" Vorteile der Lasertechnologie abhängt. Dies erfordert z.B. lasergerechte Konstruktion und angepaßte Qualitätssicherungsstrategien sowie das Schaffen einer Qualitätsdatenbasis. Diese Aspekte gewinnen im Hinblick auf die sich deutlich verschärfende Produzentenhaftung immer mehr an Bedeutung.

Ebenfalls von großer Wichtigkeit ist die Instandhaltung, da die Laseranlage wegen ihrer hohen Maschinenstundensätze zum rentablen Arbeiten eine hohe Verfügbarkeit erreichen muß, was eine fallspezifische Instandhaltungsstrategie voraussetzt.

Die unter Punkt C aufgeführten Aspekte sollen die Integration der Laseranlage in den eigentlichen Fertigungsprozeß erleichtern. Im Bereich der Großserie wurden hier Entwicklungen auf dem Gebiet der Anlagentechnologie und der Simulationstechnik gefordert. Für die Kleinserienfertigung wurden Konzepte zur

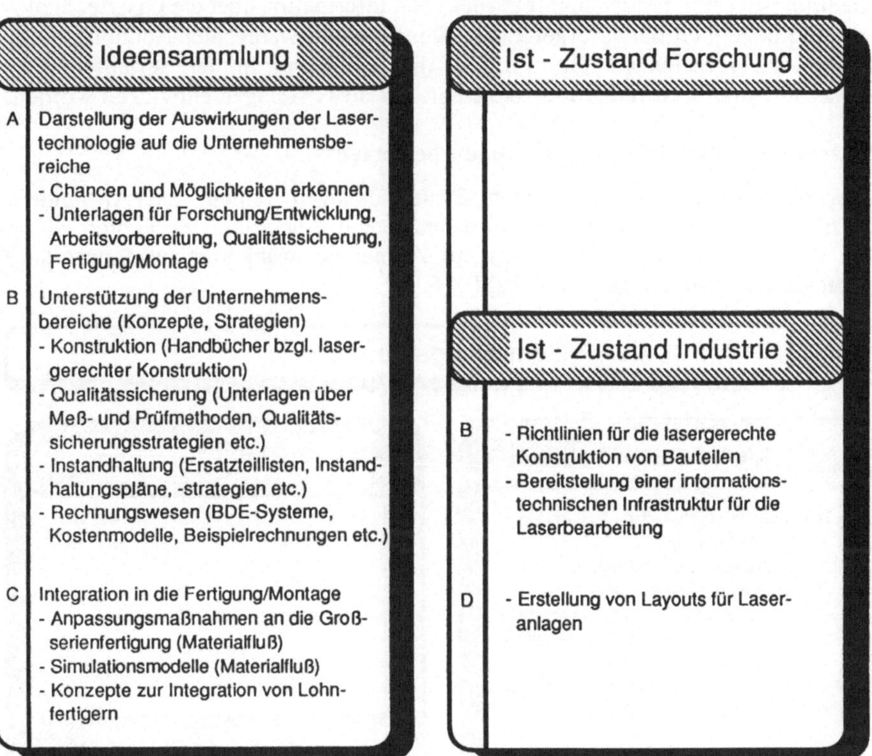

Bild 3-5: Defizite im Bereich "Anlage in den Produktionsprozeß integrieren"

Zusammenarbeit mit Lohnfertigern und anderen Unternehmen auf dem Gebiet der Laserbearbeitung gewünscht. Ihr kommt gerade in der Laserstrahlmaterialbearbeitung eine hohe Bedeutung zu, da es vielfach für einen Betrieb nicht rentabel ist, in eine eigene Lasermaterialbearbeitungsanlage zu investieren, die mit dem vorhandenen Werkstückspektrum nicht ausgelastet werden kann. Außerdem besteht durch die Einbeziehung eines Laserlohnfertigers die Möglichkeit, sich mit der Problematik der Lasertechnologie vertraut zu machen, ohne das finanzielle und technologische Risiko tragen zu müssen. Andererseits sind auch für diesen Fall Qualitätssicherungskonzepte zu erarbeiten, die dem Auftraggeber die erforderliche Produktqualität garantieren.

Zu diesem Themenkomplex wurden bisher noch keine Forschungsarbeiten durchgeführt. Allerdings sind in der Industrie schon in Teilbereichen firmenspezifische Lösungsansätze gefunden worden. Insbesondere bei der bereichs- und abteilungsübergreifenden innerbetrieblichen Information über die Lasertechnologie und bezüglich der lasergerechten Konstruktion waren hier Nennungen der Firmen zu verzeichnen. Bei Firmen, die den Laser in der Serienfertigung einsetzen, sind auch Integrationskonzepte für diese Anlagen entwickelt worden.

Themenkomplex 5 "Systemlösungen bewerten"

Zur Beurteilung der erarbeiteten Systemlösungen fehlen den Anwendern Hilfsmittel zur technischen und wirtschaftlichen Bewertung. Zusätzlich wurde ein Bedarf an allgemeinen Hilfen zur Anbieterauswahl und zur Beurteilung strategischer Aspekte geäußert, <u>Bild 3-6</u>.

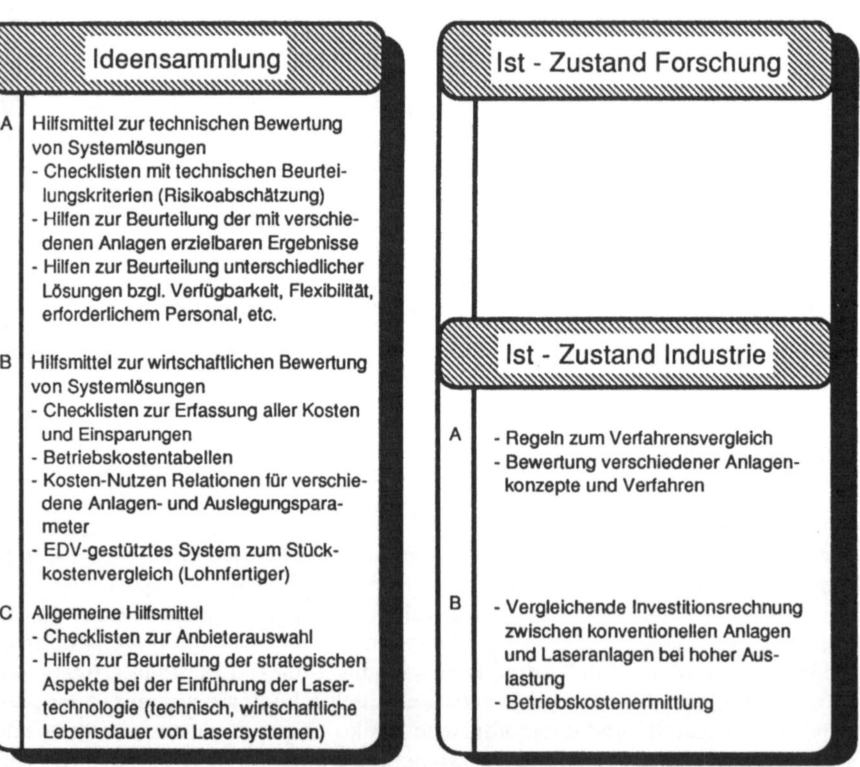

Bild 3-6: Defizite im Bereich "Systemlösungen bewerten"

Diese Hilfsmittel sollen den Anwender bei der Entscheidung für bestimmte Systemlösungen unterstützen und es ihm ermöglichen, die aus technischer und wirtschaftlicher Sicht für seine Bedürfnisse optimale Lösung auszuwählen. Dabei spielt die Abschätzung des technologischen und wirtschaftlichen Risikos eine große Rolle. Ebenfalls von Bedeutung für die richtige Systemauswahl ist die Erfassung aller durch den Lasereinsatz bedingten Kosten und Einsparungen, da nur hierdurch ein Vergleich der Systemlösungen im Sinne des ganzheitlichen Denkens, d.h. unter Beachtung der indirekten Vorteile des Lasereinsatzes, durchgeführt werden kann.

Dieser Themenkomplex wurde ebenfalls in den durchgeführten Forschungsvorhaben bisher nicht berücksichtigt. Allerdings lassen sich zumindest bei der Wirtschaftlichkeitsbetrachtung Verfahren zur Bewertung konventioneller Anlagen und Systeme auf die Bewertung eines Lasermaterialbearbeitungssystems übertragen.

Die Industrie hat dementsprechend bereits erste Schritte in dieser Richtung unternommen. Neben Verfahrensvergleichen wurden Kostenrechnungsmethoden zur Ermittlung der Betriebskosten für die Beurteilung von Laserbearbeitungssystemen entwickelt.

Themenkomplex 6 "Lösungen realisieren"

Unter diesem Themenkomplex sind alle Bereiche zusammengefaßt, die sich mit der Abnahme, der Installation, der Inbetriebnahme und dem Betrieb einer Laseranlage ergeben. Entsprechend wurden die in der Ideenfindungsaktion ermittelten Aspekte in diese Bereiche aufgeteilt, <u>Bild 3-7</u>.

In Anlehnung an die Forderungen nach Standardpflichtenheften wurden für die Anlagenabnahme einheitliche und klar definierte Abnahmekriterien gewünscht. Soweit noch nicht vorhanden, sollten die erforderlichen Meßgeräte und Meßtechniken weiter- bzw. neuentwickelt werden. Dies gilt insbesondere für Verfahren zur Beurteilung der Leistungsfähigkeit von Bewegungssystemen. Die entsprechenden Forderungen weisen jedoch auf dem Gebiet der Prozeßüberwachung Interdependenzen mit den gewünschten Entwicklungen auf.

Die unter Punkt B aufgeführten Aspekte sollen die Installation und Inbetriebnahme einer Laseranlage vereinfachen. Hier treten vielfach Schwierigkeiten auf, da ein hoher Wissensstand notwendig ist, um die Anlaufprobleme einer Anlage zu beheben. Vielfach ist die Anlage mit weiteren Komponenten zu verknüpfen, die von einem anderen Hersteller geliefert wurden oder bereits vorhanden sind.

Weiterhin sind Sicherheitsmaßnahmen durchzuführen und Gesetze und Verordnungen zu befolgen, die bei Mißachtung oder Unkenntnis bei der Abnahme der Anlage durch öffentliche Stellen, wie z.B. TÜV oder Berufsgenossenschaft, zu erheblichen Stillstandzeiten und hohen nachträglichen Kosten führen können.

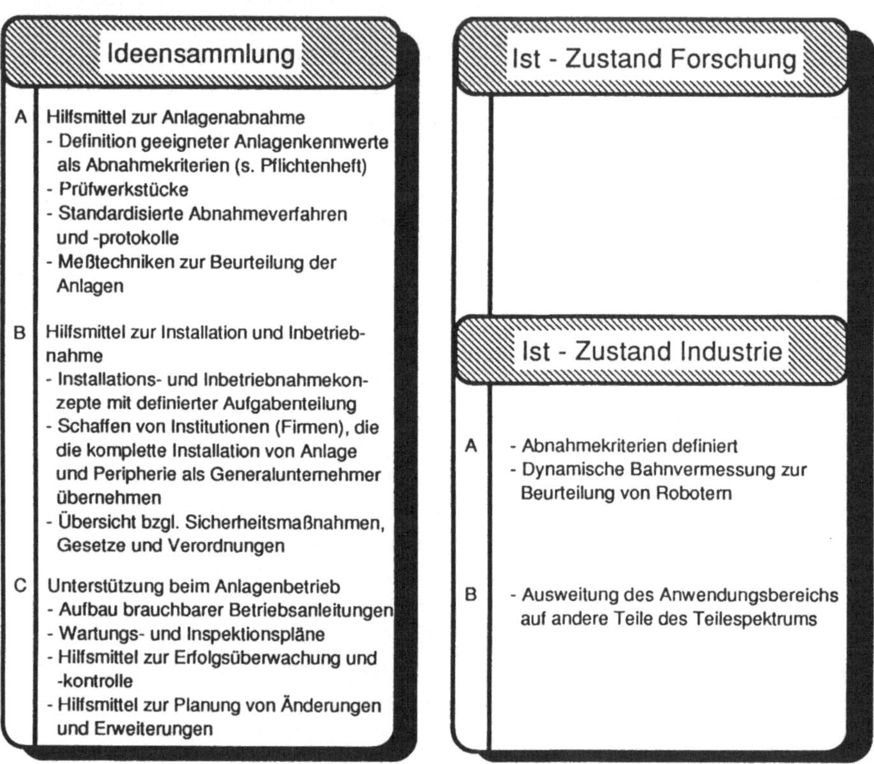

Bild 3-7: Defizite im Bereich "Lösungen realisieren"

Wenn die Installations- und Inbetriebnahmephase erfolgreich durchgeführt
worden ist, gilt es, die Verfügbarkeit und Produktivität des Lasersystems zu
optimieren und zu erhalten. Dazu dienen die unter Punkt C aufgeführten
Hilfsmittel. Sie sollen helfen, den Umgang mit der Laseranlage zu erleichtern
und Schäden sowie Stillstandzeiten durch Bedienungsfehler zu minimieren.
Außerdem muß die Zielerfüllung kontrolliert werden, um ein unrentables
Arbeiten rechtzeitig zu erkennen und zu vermeiden. Für die weiteren Lebensphasen der Anlagen werden Hilfen zur Änderungsplanung und zur Erweiterung
des zu fertigenden Teilespektrums benötigt.

Von seiten der Forschung sind zu diesem Themenkomplex bisher kaum Ergebnisse veröffentlicht worden. Allerdings wird derzeit der Versuch unternommen, mit Hilfe von Prüfwerkstücken Abnahmekriterien zu definieren. Anwenderseitig liegen ebenfalls erste Ansätze zur Lösung dieser Problemstellungen vor.

3.1.2 Defizite beim Einsatz von Lasersystemen

Der bisher ermittelte Bedarf bezog sich auf die während der Planung und Realisierung auftretenden Fragestellungen und Problembereiche. Im folgenden sollen nun die Defizite auf Basis des Suchfeldes "Anlagenmodell" beim Einsatz der einzelnen Subsysteme gezielt untersucht werden.

Themenkomplex 7 "Versorgungssystem"

Bezüglich des Themenkomplexes "Versorgungssystem" lassen sich die Anforderungen der Anwender vier Punkten zuordnen, <u>Bild 3-8</u>. Dabei ist als wichtigster Punkt die Standardisierung der Komponenten und die Normung der Schnittstellen zu nennen. Dadurch könnte die Zusammenstellung eines Laserbearbeitungssystems vereinfacht und die Anlage durch die Auswahl der jeweils optimalen Komponenten besser an die Bedürfnisse des Anwenders angepaßt werden.

Die unter Punkt B aufgeführten Anregungen stellen eine Weiterentwicklung bestehender Komponenten des Werkstückhandhabungssystems dar. Es werden Systeme benötigt, die der Laserbearbeitung besser angepaßt sind, was auf höhere Geschwindigkeiten und Genauigkeiten sowie eine Verbesserung der Robotersysteme hinausläuft. Außerdem besteht ein Bedarf an modular aufgebauten Spannmitteln und Vorrichtungen, die den hohen Genauigkeitsanforderungen beim Spannen von Werkstücken für das Laserstrahlschweißen genügen.

Insbesondere für den zunehmenden Einsatz des Lasers in der Schweißtechnik und der Oberflächenbehandlung werden Verbesserungen und auch Neuentwicklungen im Bereich der Zusatzstoffversorgung benötigt (Punkt C). Hauptproblempunkte sind hier die dreidimensionale Bearbeitung mit pulver- und drahtförmigen Zusatzwerkstoffen sowie die Bedienerfreundlichkeit der Systeme.

Den in Punkt D aufgeführten Absauganlagen kommt bei der Bearbeitung von Werkstoffen mit Laserstrahlen eine erhebliche Bedeutung unter umwelt- und sicherheitstechnischen Gesichtspunkten zu, da es unter Umständen zur Bildung von schädlichen oder sogar toxischen Gasen kommen kann. Dem steht derzeit noch eine verbesserungsbedürftige Absaug- und Reinigungstechnologie gegenüber, so daß insbesondere unter dem Gesichtspunkt der Anpassung der Absauganlage an die Laserbearbeitung noch Entwicklungsbedarf besteht. Vielfach ungenügend sind auch die Möglichkeiten, die derzeit zum Nachweis und zur Vorhersage von Schadstoffen zur Verfügung stehen.

Bild 3-8: Defizite im Bereich "Versorgungssystem"

Zu diesem Themenkomplex sind vereinzelt Forschungsergebnisse veröffentlicht worden [4,11]. Bei den zu B erwähnten Vorrichtungen handelt es sich allerdings um Nebenergebnisse eines Vorhabens. Die Entwicklung war notwendig, um die Versuche durchführen zu können und diente daher nicht gezielt zur Optimierung dieser Komponenten [11]. Bei der unter Punkt C aufgeführten Entwicklung von Schneidgasführungen wurden umfangreiche Versuche zu diesem Bereich vorgenommen und eine dreistrahlige Schneidgasdüse entwickelt und getestet [4].

Von seiten der Industrie wurden keine über das Anpassen vorhandener Komponenten hinausgehenden Aktivitäten bekundet.

Themenkomplex 8 "Produktionssystem"

Das Produktionssystem als zentraler Bestandteil eines Lasermaterialbearbeitungssystems stand erwartungsgemäß im Mittelpunkt des Interesses der Anwender. Es
wurde sowohl bezüglich der einzelnen Komponenten als auch des gesamten
Produktionssystems noch ein ganz erheblicher Entwicklungsbedarf angemeldet,
<u>Bild 3-9</u>.

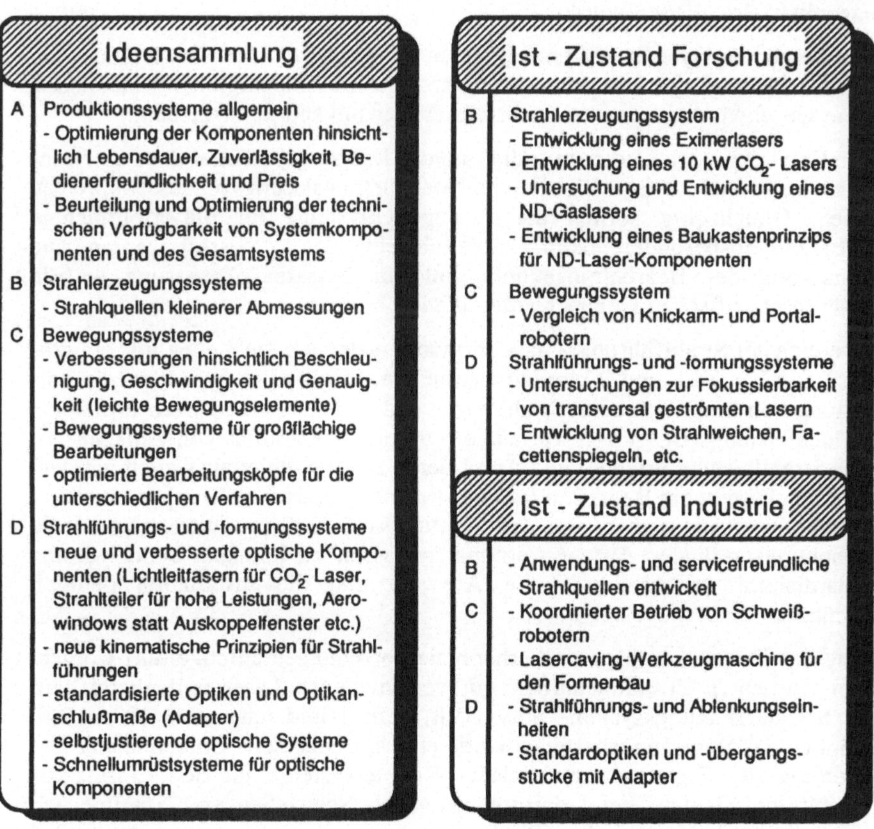

Bild 3-9: Defizite im Bereich "Produktionssystem"

Im Bereich des gesamten Produktionssystems stand die Verbesserung der
Komponenten und eine Beurteilung und Optimierung der technischen Verfüg-

barkeit im Vordergrund. Mit der Beurteilung von Systemkomponenten hinsichtlich ihrer Zuverlässigkeit sollen die Schwachstellen in einem System erkannt und dann durch technische Maßnahmen, wie z.B. konstruktive Änderungen oder Redundanz, behoben werden. Dadurch ließe sich gezielt die Verfügbarkeit des gesamten Systems mit einem optimierten Kosten-Nutzen-Verhältnis steigern.

Bei den Strahlerzeugungssystemen stand der Bedarf an Strahlquellen kleinerer Abmessungen im Vordergrund, mit deren Hilfe eventuell eine gewisse Mobilität des Lasermaterialbearbeitungssystems erreicht werden könnte, was für die Laserstrahltechnologie neue Einsatzgebiete, wie z.B. den Schiffs- und Groß-anlagenbau, erschließen würde.

Beim Bewegungssystem besteht ein Bedarf hinsichtlich der Entwicklung von leichteren Bewegungselementen, um ein besseres Beschleunigungsverhalten und höhere Geschwindigkeiten bei verbesserter Genauigkeit zu erreichen.

Diese Entwicklungen sind notwendig, um das Leistungspotential der Lasertechnologie insbesondere beim Einsatz von Hochleistungslasern voll ausschöpfen zu können. Gleichzeitig sollten die Bewegungssysteme für die großflächige Bearbeitung insbesondere beim Laserstrahlschneiden verbessert werden. Die Optimierung der Bearbeitungsköpfe soll zur besseren Anpassung an die verfahrensspezifischen Gegebenheiten dienen.

Im Bereich der Strahlführungs- und -formungssysteme besteht ebenfalls ein grö-ßerer Bedarf an Neu- und Weiterentwicklungen. Hierbei sind besonders die Entwicklung von Lichtleitfasern, Strahlteilern und neuen kinematischen Prinzipien für Hochleistungs-CO_2-Laser zu nennen, die die Flexibilität von Anlagen mit hoher Strahlleistung erhöhen und damit deren Einsatzgebiet ausweiten würden. Außerdem besteht ein Bedarf an selbstjustierenden optischen Komponenten und an Schnellumrüstsystemen, um den Wartungsaufwand zu reduzieren und die Bearbeitungsoptik der Aufgabe optimal anpassen zu können. Dabei würden standardisierte Anschlußmaße die Auswahl und die Installation deutlich erleichtern.

Zu diesem Themenkomplex sind erhebliche Forschungen durchgeführt worden. Dabei wurden in Zusammenarbeit mit verschiedenen Laserquellenherstellern neue Strahlerzeugungssysteme entwickelt, gebaut und untersucht [10,13,20]. Bezüglich des Bewegungssystems wurde eine systematische Untersuchung und Bewertung der Eignung verschiedener Robotersysteme für den Einsatz als Strahlführungselement beim dreidimensionalen Schweißen von Stahlblechen vorgenommen [13]. Bei den Strahlführungs- und Formungssystemen sind Untersuchungen bezüglich der Fokussierbarkeit von transversal geströmten Hochleistungslasern und deren Einflüsse auf das Bearbeitungsergebnis durchgeführt worden [4]. Außerdem wurden optische Komponenten für Laser zur Oberflächenbehandlung mit Leistungen bis 5 kW entwickelt [19].

Die auf seiten der Industrie durchgeführten Entwicklungen konzentrieren sich im wesentlichen auf Aktivitäten der Hersteller von Lasersystemen und -komponenten zur Weiterentwicklung der von ihnen angebotenen Produktpaletten.

Themenkomplex 9 "Steuerungs- und Überwachungssystem"

Auch zum Bereich des Steuerungs- und Überwachungssystems wurde ein erheblicher Entwicklungsbedarf seitens der Anwender bekundet. Dieser ist aufgeschlüsselt nach Komponenten in <u>Bild 3-10</u> dargestellt. Bezüglich der Maschinensteuerungen wurde vor allem das Fehlen lasergerechter Steuerungen kritisiert. Die am Markt erhältlichen Steuerungen seien vielfach den hohen Anforderungen bezüglich Geschwindigkeit und Genauigkeit beim Nachfahren komplizierter Konturen in der Ebene und besonders im dreidimensionalen Raum nicht gewachsen und ihre Bedienung zu kompliziert. Des weiteren besteht ein Bedarf in Hinsicht auf eine Standardisierung von Schnittstellen, da die Lasertechnologie mit ihrer hohen Automatisierbarkeit alle Voraussetzungen für die Integration in CAD/CAM- und CIM-Konzepte bietet und aus diesem Grund die notwendigen Schnittstellen zu übergeordneten Rechnerebenen vorhanden sein sollten.

Für die Prozeßregelung sollten Konzepte entwickelt werden, die für die verschiedenen Verfahren eine geschlossene Regelung ermöglichen. Im Themenbereich Prozeßdiagnose sind Komponenten, die zur Prozeßüberwachung, wie Strahldiagnosegeräte und Sensoren, und zur Führung des Laserstrahls dienen, zu entwickeln. Zu erwähnen ist hier insbesondere die Entwicklung von optischen Nahtsuch- und -führungssystemen, die eine berührungslose Abtastung der Naht und damit eine automatische Steuerung des Schweißprozesses realisieren könnten.

Die unter Punkt D aufgeführte Komponentenüberwachung soll es ermöglichen, durch eine gezielte Überwachung anfälliger Teile deren Versagen vorherzusagen und damit Folgeschäden und Stillstandzeiten durch ein rechtzeitiges Austauschen dieser Komponenten zu vermeiden. Da bei laserbearbeiteten Werkstücken vielfach eine Kontrolle des Bearbeitungsergebnisses nur mit Hilfe eines zerstörenden Werkstückprüfverfahrens möglich ist, kommt der Qualitätskontrolle mit Hilfe der Überwachung und Dokumentation von Bearbeitungs- und Prozeßparametern sowie der Prüfung der Ergebnisse eine besondere Bedeutung zu. Hierbei spielt auch die Verwendung der Lasertechnologie zur Bearbeitung hochbeanspruchter oder sicherheitskritischer Teile eine Rolle. Des weiteren besteht bei der Laserstrahlmaterialbearbeitung ein Bedarf an dem Entwurf und der Normung geeigneter Prüfwerkstücke, die die Qualität einer Bearbeitung überprüf-, bewert- und nachweisbar machen.

Im Hinblick auf die hohen Anschaffungskosten einer Laseranlage und die daher benötigte gute Auslastung und Verfügbarkeit wurde die Entwicklung eines an die Lasermaterialbearbeitung angepaßten Betriebsdatenerfassungssystems angeregt. Damit könnte dann der Betrieb der Laseranlage besser kontrolliert und

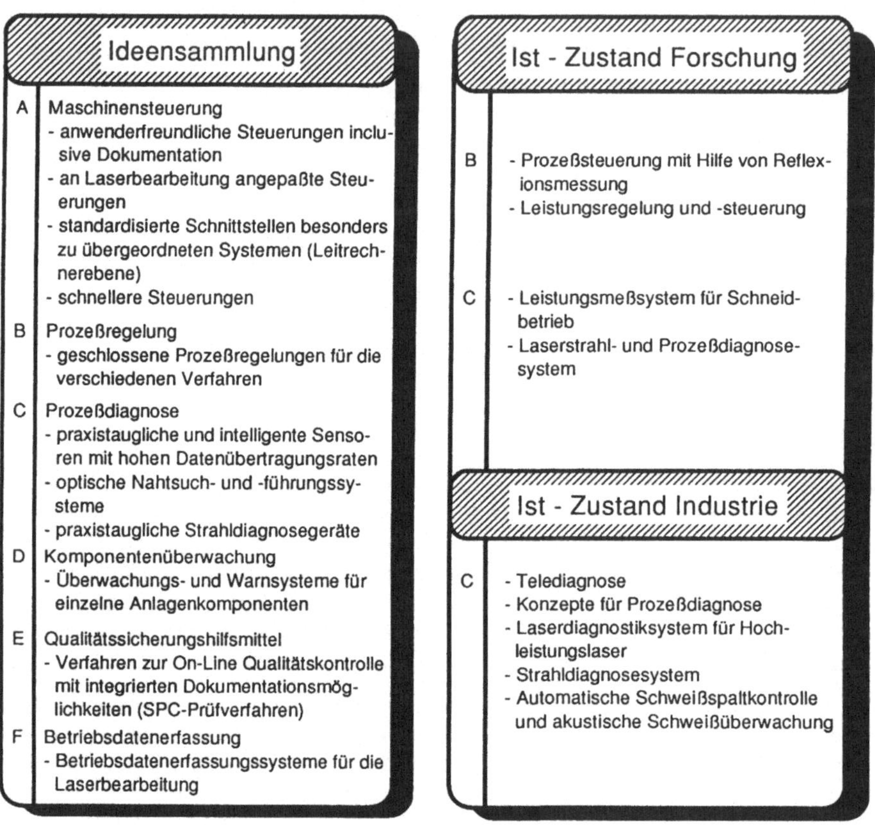

Bild 3-10: Defizite im Bereich "Steuerungs- und Überwachungssystem"

mit Hilfe der erstellten Daten optimiert werden. Gleichzeitig könnte es auch zur Weiterbearbeitung der von den vorgenannten Komponenten abgegebenen Daten und Informationen dienen.

Zur Realisierung der geschlossenen Prozeßregelung wurden in Teilbereichen bereits erste Schritte in der Forschung unternommen. Dazu wurde das Absorptionsverhalten bei der Oberflächenveredelung untersucht und mit Hilfe von bei der Reflexionsmessung gewonnenen und aufbereiteten Daten eine Prozeßregelung vorgenommen [16]. Außerdem wurde ein Leistungsmeßsystem für den

Schneidbetrieb mit CO_2-Lasern entwickelt und darauf basierend eine Leistungs-regelung und -steuerung zur Optimierung von Laserschneidsystemen entworfen [3]. Für das Laserstrahlschneiden ist im Rahmen eines Projektes zur Ver-fahrensoptimierung ein Laserstrahl- und Prozeßdiagnosesystem konzipiert worden [5].

Von seiten der Industrie wurden verschiedene Strahldiagnosesysteme entwickelt und gebaut sowie Konzepte zur Prozeßdiagnose erstellt. Außerdem hat man Versuche mit einer automatischen Schweißspaltkontrolle und einer akustischen Schweißüberwachung durchgeführt.

Themenkomplex 10 "Bediensystem"

Die zu diesem Themenkomplex festgestellten Bedürfnisse sind in <u>Bild 3-11</u> dargestellt. Dabei fehlt es hier, von wenigen Teilgebieten abgesehen, weniger an Unterlagen und Ausbildungskonzepten, sondern es wird von den Anwendern primär ein Mangel an qualifizierten Fachkräften festgestellt. Aus diesem Grund liegt der Schwerpunkt der Anforderungen auch auf den Punkten B und C.

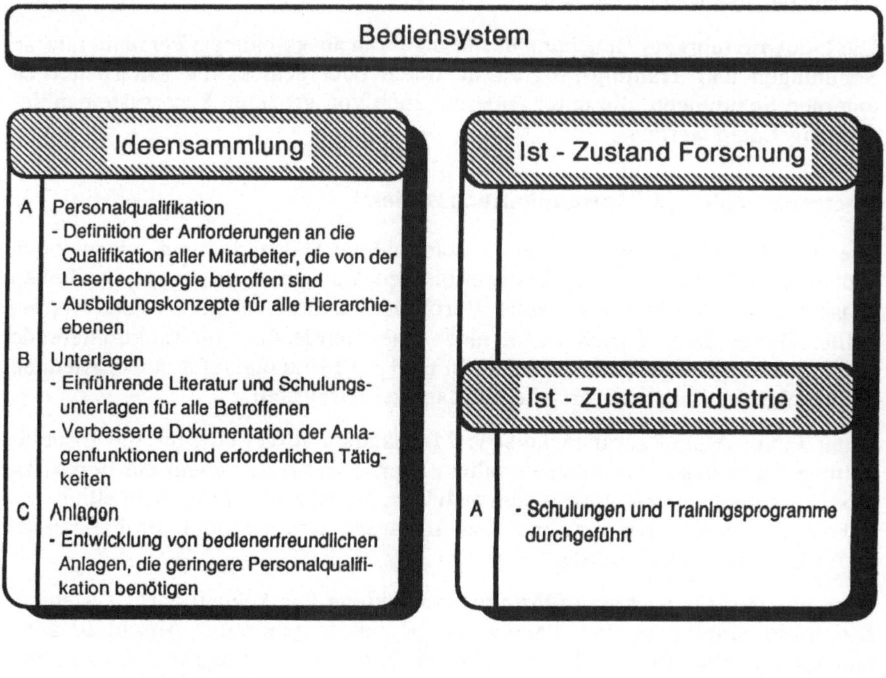

Bild 3-11: Defizite im Bereich "Bediensystem"

Hier soll durch einfachere Bedienung und bessere Dokumentation der Anlagenfunktionen einerseits eine schnellere Einarbeitung und andererseits eine geringere Qualifikation des Bedieners ermöglicht werden. Zusätzlich sollen Einsteigerliteratur den prinzipiellen Überblick in einfacher und verständlicher Form vermitteln und Schulungsunterlagen die betriebsinterne Aus- und Weiterbildung erleichtern.

Die unter Punkt A aufgeführten Hilfen sollen die Festlegung der Personalqualifikation für die unterschiedlichen, von der Lasertechnologie betroffenen Betriebsbereiche erleichtern und Realisierungshilfen bieten. Außerdem sollen hier Möglichkeiten aufgezeigt werden, wie die in verschiedenen Projekten entwickelten Qualifikationsanforderungen umgesetzt werden können.

Von seiten der Forschung lagen für diese Untersuchung im hier angesprochenen Bereich keine Untersuchungsergebnisse vor, es wird jedoch im Rahmen der vom BMFT geförderten Projekte zur Technikfolgenabschätzung der Qualifikationsbedarf in allen Ebenen und Einsatzbereichen festgestellt. Davon sollen dann Anstöße für entsprechende Maßnahmen ausgehen [22,23].

Allerdings ist die Lasertechnologie inzwischen schon vielfach Bestandteil des Lehrplanes der jeweils betroffenen Fachbereiche [24,26].

Die Industrie führt zur Behebung des Mangels an ausgebildetem Personal interne Schulungen und Trainingsprogramme durch oder schickt die Mitarbeiter zu externen Schulungen, die unter anderem auch von größeren Lasersystemanbietern angeboten werden.

Themenkomplex 11 "Instandhaltungssystem"

Die Instandhaltung hat in der Laserstrahlmaterialbearbeitung einen noch größeren Stellenwert als bei konventionellen Verfahren, da wegen der hohen Maschinenstundensätze eine hohe Verfügbarkeit der Anlage erreicht werden sollte. Dieses Defizit muß durch eine abgestimmte und gut funktionierende Instandhaltung ausgeglichen werden. In <u>Bild 3-12</u> sind die dafür zu erstellenden technischen und organisatorischen Hilfsmittel dargestellt.

Unter Punkt A sind gerätetechnische Maßnahmen aufgeführt, die die Instandhaltung der Anlage vereinfachen sollen. Hierzu wurde vor allem ein Bedarf an modular aufgebauten Komponenten geäußert, der eine wesentlich schnellere und unkompliziertere Reparatur durch den Austausch ganzer Module im Falle eines Defektes ermöglichen würde.

Ebenfalls in diese Richtung führt die Entwicklung von Schnellumrüstsystemen. Durch die Einführung von Standardkomponenten, genormten Anschlußmaßen und Schnittstellen ließe sich der Aufwand für die Beschaffung und der Umfang der Lagerhaltung von Ersatzteilen, insbesondere bei Firmen mit mehreren Lasersystemen unterschiedlicher Hersteller, deutlich reduzieren.

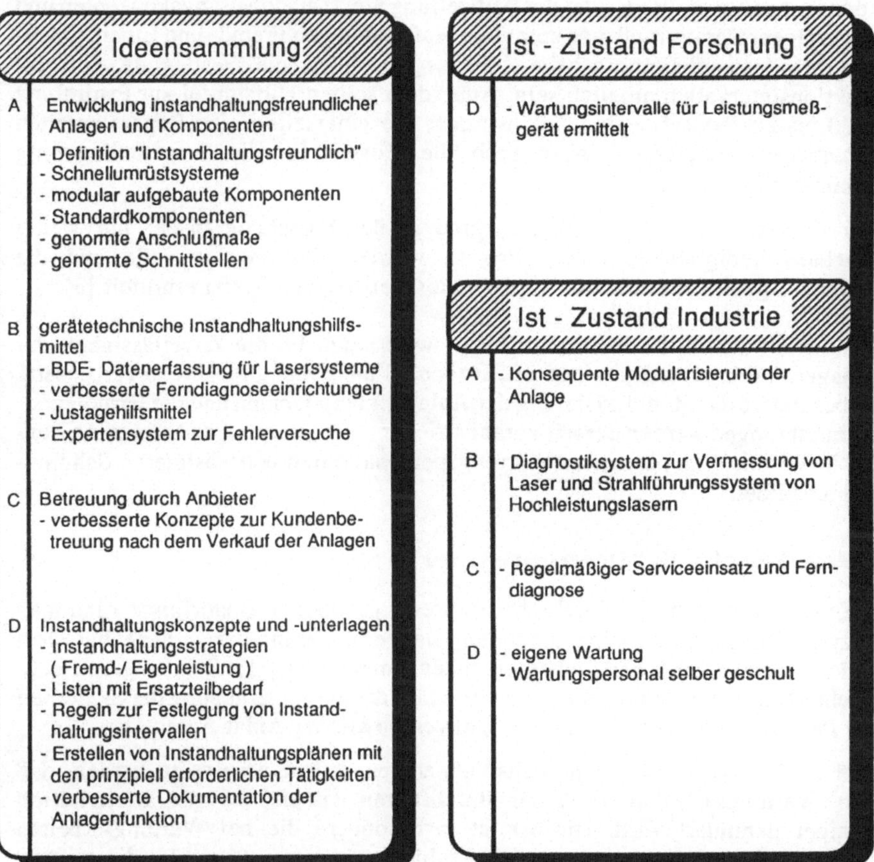

Bild 3-12: Defizite im Bereich "Instandhaltungssystem"

Bei den unter Punkt B aufgeführten Hilfen handelt es sich um zusätzliche Geräte und Komponenten eines Lasersystems, die den Aufwand für die Justierung und Reparatur vermindern könnten. Hier wurde besonders der Ausbau und die Weiterentwicklung von Ferndiagnoseeinrichtungen angeregt. Als Erweiterung dieses Punktes wird eine weitergehende und bessere Betreuung des Anwenders beispielsweise durch die Systemanbieter, auch bezüglich der Schulung des Instandhaltungspersonals, gewünscht.

Um die Instandhaltung so effektiv und kostengünstig wie möglich gestalten zu können, besteht ein Bedarf an der Aufstellung von Instandhaltungskonzepten und -unterlagen. Daraus muß eine sinnvolle Aufteilung von Fremd- und Eigenleistungen bei Instandhaltungsarbeiten hervorgehen und die Festlegung von Inspektionsintervallen möglich sein. Außerdem sollten Hilfsmittel zur Ermittlung des Ersatzteilbedarfs entwickelt werden, die einerseits kurze Reparaturzeiten garantieren, andererseits aber auch die Kosten für die Ersatzteillagerung minimieren.

Der Bereich der Instandhaltung wurde in der Forschung bisher nur wenig beachtet. Lediglich in einem Projekt wurden Wartungsintervalle und die Zuverlässigkeit für ein selbst entwickeltes Leistungsmeßgerät ermittelt [3].

Von seiten der Hersteller und Anbieter wird versucht, die Zuverlässigkeit der Anlagen weiter zu steigern und die Instandhaltungsfreundlichkeit zu verbessern. Insbesondere die Modularisierung der Anlagenkomponenten und die Ferndiagnoseeinrichtungen werden derzeit vorangetrieben. Dazu kommt, daß einige Anwender inzwischen qualifiziertes Wartungspersonal durch betriebsinterne Schulungen ausbilden.

Themenkomplex 12 "Sicherheitssystem"

Die im Themenkomplex "Sicherheitssystem" geäußerten Bedürfnisse kann man in zwei Oberpunkten zusammenfassen, die Verbesserung der gerätetechnischen und der organisatorischen Sicherheitsmaßnahmen, Bild 3-13. Bei den gerätetechnischen Sicherheitsmaßnahmen werden Maßnahmen zur Erhöhung der Sicherheit des Personals und zum Schutz der Umwelt sowie der Anlage gefordert.

Gleichzeitig sollen die Sicherheitsmaßnahmen soweit verbessert werden, daß sich Wartungsarbeiten einfacher durchführen lassen und der Materialfluß weniger behindert wird. Hierbei ist insbesondere die bei Wartungsarbeiten vielfach höhere Sicherheitsklasse ein Problem. Sie entsteht, weil für die meisten Arbeiten an der Anlage die Schutzeinrichtungen, insbesondere die Kapselungen, entfernt werden müssen und dadurch eine höhere Gefährdung des Wartungspersonals auftritt, die wiederum sicherheitstechnische Gegenmaßnahmen erfordert.

Bezüglich der organisatorischen Sicherheitsmaßnahmen und -unterlagen besteht der Bedarf vor allem in Hinsicht auf die Zusammenfassung und die verständliche Aufbereitung der bestehenden Vorschriften und Auflagen für die Installation und den Betrieb einer Laseranlage. Hier treten vielfach Probleme bei der sicherheitstechnischen Abnahme von Anlagen auf, die aus Unkenntnis in der Planung nicht berücksichtigt wurden und so zu erheblichen zusätzlichen Kosten führen können.

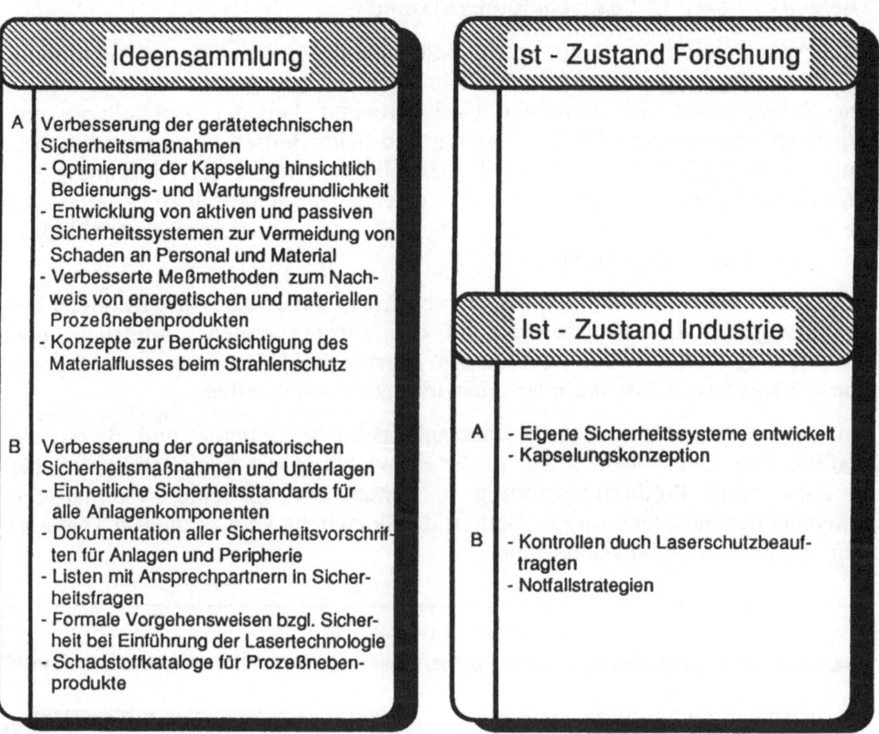

Bild 3-13: Defizite im Bereich "Sicherheitssystem"

Ein ebenfalls wesentlicher Aspekt ist die Dokumentation von Prozeßneben-
produkten in Form eines Schadstoffkataloges. Dadurch wird es möglich, das
Auftreten von schädlichen oder sogar toxischen Gasen während des Bearbeitungsprozesses vorherzusagen und so die Absaugung und die Sicherheitsmaßnahmen entsprechend auszulegen. In der Forschung wurde der Aspekt
Sicherheit bisher noch nicht in größerem Maße berücksichtigt, jedoch sind auch
hier Projekte im Rahmen der Technikfolgenabschätzung geplant [22,23].

In der Industrie wird von seiten der Systemhersteller die Entwicklung neuer und
die Verbesserung bestehender Sicherheitssysteme weiter vorangetrieben. Bei den
Anwendern wurden auf organisatorischem Gebiet einige Maßnahmen, wie die

inzwischen vorgeschriebene Kontrolle durch einen Laserschutzbeauftragten oder die Entwicklung von Notfallstrategien, entworfen.

Themenkomplex 13 "Entscheidungssystem"

Zu diesem Bereich wurde nur wenig Bedarf an der Erstellung von Hilfsmitteln geäußert, <u>Bild 3-14</u>. Dabei bildeten Konzepte zur lasergerechten Organisation den Schwerpunkt. Es bestehen Unsicherheiten bei der Aufstellung von Organisationsstrukturen für die Planung und beim Betrieb eines Laserbearbeitungssystems. Ebenfalls benötigt werden Hilfen, um bei der Einführung der Lasertechnologie die Aufgaben und Kompetenzen systematisch zu verteilen und die organisatorische Einbettung in die betriebsinternen Strukturen und Abläufe sinnvoll vornehmen zu können.

Im Rahmen einer Technologiefolgenabschätzung sollen die Auswirkungen der Einführung der Lasertechnologie auf die Betriebsbereiche untersucht und entscheidungstechnisch bewertet werden. Hierfür sind Hilfsmittel notwendig, die eine vollständige Erfassung aller Auswirkungen sicherstellen.

Um die Stillstandzeiten einer Laseranlage zu minimieren und damit die Verfügbarkeit zu erhöhen, bedarf es der Entwicklung von Ausfallstrategien, die im Falle einer Produktionsstörung in kurzer Zeit für eine systematische Behebung des Schadens sorgen. Seitens der Forschung sind zu diesem Themenkomplex keine Ergebnisse bekannt.

Bild 3-14: Defizite im Bereich "Entscheidungssystem"

Themenkomplex 14 "Informationssystem"

Um die Leistungsfähigkeit eines Laserstrahlmaterialbearbeitungssystems in vollem Umfang nutzen zu können, bedarf es vielfach der Einbindung der Anlage in ein rechnergestütztes Informationssystem. Um dies in vollem Umfang realisieren zu können, sind Entwicklungen zur Erstellung der in <u>Bild 3-15</u> dargestellten Unterlagen und Komponenten notwendig.

Sehr wesentlich ist hierbei die Standardisierung der Schnittstellen zwischen den informationsverarbeitenden Komponenten, da sonst eine Datenübertragung und eine Einbindung in übergeordnete Rechnerebenen nur mit einem erheblichen Aufwand realisierbar sind. Da solche Normungsprozesse erfahrungsgemäß schwierig und langwierig sind, kann diese Problematik durch das Erstellen von Kompatibilitätsaussagen, die eine Auswahl geeigneter Komponenten ermöglichen, verringert werden.

Als zweiter Aspekt in diesem Themenkomplex ist der Bedarf an Unterstützung bei der Programmerstellung für NC-Steuerungen zu sehen. Infolge der häufig sehr kompliziert zu bearbeitenden Geometrien, die vielfach eine dreidimensionale Bewegung des Laserstrahls relativ zum Werkstück erfordern, bedarf es der Rechnerunterstützung bei der NC-Programmerstellung. Dabei können Program-

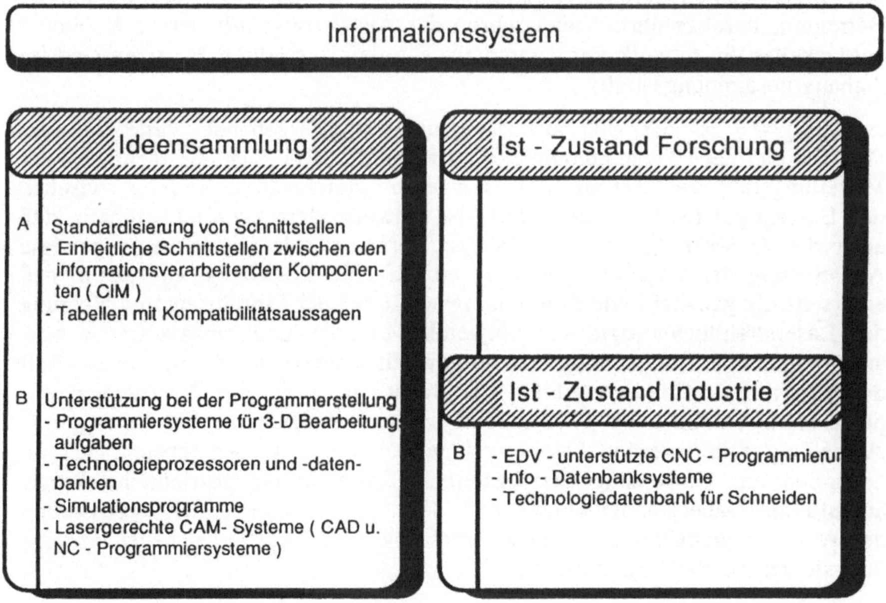

Informationssystem

Ideensammlung	**Ist - Zustand Forschung**
A Standardisierung von Schnittstellen - Einheitliche Schnittstellen zwischen den informationsverarbeitenden Komponenten (CIM) - Tabellen mit Kompatibilitätsaussagen **B** Unterstützung bei der Programmerstellung - Programmiersysteme für 3-D Bearbeitungsaufgaben - Technologieprozessoren und -datenbanken - Simulationsprogramme - Lasergerechte CAM- Systeme (CAD u. NC - Programmiersysteme)	**Ist - Zustand Industrie** **B** - EDV - unterstützte CNC - Programmierung - Info - Datenbanksysteme - Technologiedatenbank für Schneiden

Bild 3-15: Defizite im Bereich "Informationssystem"

miersysteme für 3-D Bearbeitungsaufgaben, die bisher sehr aufwendig im Teach-In programmiert werden, die Erstellung der Verfahrprogramme erleichtern, während mit Hilfe von Technologieprozessoren und -datenbanken die Bearbeitungsparameter festgelegt werden.

Zur Kontrolle des Bearbeitungsverlaufes auf Kollisionsfreiheit, insbesondere beim Einsatz von Robotern als Strahlführungs- und Handhabungskomponenten, werden Simulationssysteme benötigt, die eine Überprüfung des einwandfreien Programmablaufs ermöglichen. Außerdem bedarf es der Anpassung der verfügbaren CAD-Systeme an die laserspezifischen Probleme. Diese könnten dann durch Kopplung mit lasergerechten NC-Programmiersystemen zu CAD/CAM-Systemen ausgebaut werden.

Auch zu diesem Themenkomplex sind bisher keine Forschungsergebnisse veröffentlicht worden, jedoch hat man auf seiten der Anwender und der Anbieter von rechnergestützten Komponenten eigene Entwicklungen durchgeführt.

3.1.3 Gewichtung der Defizite

Neben der inhaltlichen Bestimmung der Defizite im Bereich der Lasermaterialbearbeitung war zur Ermittlung des Forschungsbedarfs eine Gewichtung der einzelnen Themenbereiche erforderlich. Diese Gewichtung wurde anhand der in den Fragebögen enthaltenen Dominanzmatrizen, also auf Basis der Meinung der Befragten, durchgeführt. Dabei wurde die Auswertung mit der in Kapitel 4 entwickelten Systematik vorgenommen. Die dafür erstellten Matrizen sind im Anhang zusammengestellt.

In <u>Bild 3-16</u> ist die sich aus der Auswertung ergebende Verteilung der Wichtigkeit der Themenkomplexe dargestellt. Bei der Betrachtung der Verteilung fällt zunächst auf, daß eine relativ gleichmäßige Stufung zwischen den Einzelergebnissen vorliegt. Dies ist teilweise darauf zurückzuführen, daß auch die Antwort "gleich wichtig" zugelassen wurde und so eine gewisse Angleichung der Ergebnisse eingetreten ist. Allerdings zeigt es zudem, daß einerseits die ganzheitliche Betrachtungsweise bei der Einführung und Nutzung der Laserstrahltechnologie als notwendig erkannt und befürwortet wurde, andererseits alle Themenkomplexe so gewählt wurden, daß zumindest ein Teil der Befragten sie für wichtig hielt. Die eigentliche Rangfolge der Themenkomplexe sollte jedoch unter Berücksichtigung der Zielrichtung der Befragungsaktion interpretiert werden. Die Teilnehmer der Aktion wurden gebeten, Defizite bezüglich der Umsetzung der Lasertechnologie in die betriebliche Praxis aufzuführen. Dabei standen Fragen der Produktivitätserhöhung, der Verbesserung der Wirtschaftlichkeit des Lasereinsatzes sowie das Auffinden neuer Anwendungsfelder im Vordergrund.

Entsprechend dieser Fragestellung werteten die Teilnehmer der Aktion den Bereich des Produktionssystems als besonders wichtig. Aus den Antworten im

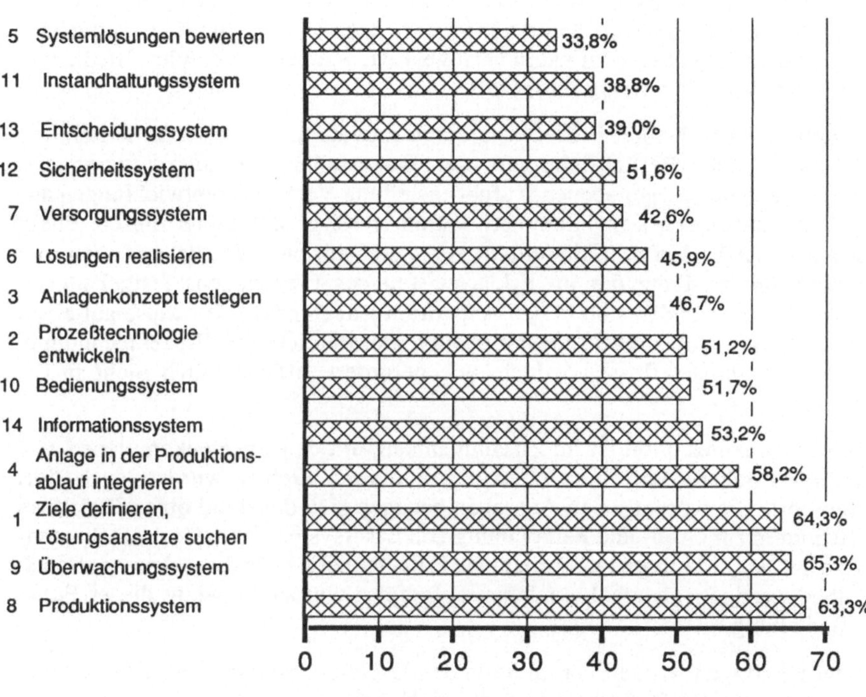

Bild 3-16: Gewichtung der Themenkomplexe durch die Befragten

inhaltlichen Teil der Ideenfindungsbögen läßt sich schließen, daß der Wunsch nach preisgünstigeren, zuverlässigeren und bedienerfreundlichen Systemen einen wesentlichen Grund für diese Wertung darstellt. Der Forschungsbedarf bezüglich des Überwachungssystems ist vornehmlich auf die Bestrebungen nach einem hohen Automatisierungsgrad der Anlagen und guter Reproduzierbarkeit der Bearbeitungsergebnisse zurückzuführen.

Im planerischen Bereich wurden vor allem die Themenkomplexe 1 und 4 hoch eingestuft. Hierin spiegelt sich zum einen der Bedarf, insbesondere seitens der Neueinsteiger in die Lasertechnologie, an Hilfsmitteln zur Abschätzung der technologischen und wirtschaftlichen Machbarkeit von Laseranwendungen wider. Zum anderen gibt dies einen Hinweis darauf, daß Anwender zunehmend zu der Erkenntnis gelangen, daß reine Insellösungen in der Regel mangelnde Wirtschaftlichkeit aufweisen.

Fehlende praxistaugliche Unterlagen sowie Probleme bei der Programmierung komplexer Bahnen führen im Betriebsalltag zu hohem Einarbeitungsaufwand sowie zu   Stillstandzeiten der Maschinen und somit zu einer relativ hohen Einstufung der Defizite im Bereich Informationssystem. Da für die Lasertechnologie qualifiziertes Personal kaum verfügbar ist, wurde der Komplex "Bediensystem" ebenfalls als wichtig eingestuft.

Speziell auf dem Gebiet Prozeßtechnologieentwicklung ist es erforderlich, die Ergebnisse unter Berücksichtigung der Fragestellung zu interpretieren. Da entsprechend der vorgegebenen Aufgabenstellung Verfahrensentwicklungen aus den Untersuchungen auszuklammern waren, verbirgt sich hinter diesem Punkt vor allem der Bedarf an Hilfsmitteln zur systematischen Versuchsplanung und Dokumentation. Trotz der im Erklärungsteil des Fragebogens festgehaltenen Einschränkung, fanden sich in den Antworten jedoch häufig Hinweise auf einen hohen Bedarf an Entwicklungstätigkeiten im Bereich der Prozeßtechnolgie. Diese Forderungen flossen jedoch, wie gefordert, offensichtlich nicht in die Bewertung ein.

Die Anlagenkonzeption ist im Zusammenhang mit den Themenkomplexen 1, 4 und 6 zu sehen. Einzelne Aspekte aus diesem Gebiet wurden auch dort aufgeführt. Die wesentlichen Aussagen bezogen sich dabei auf einen Bedarf an Hilfsmitteln zur Grob- und Feinplanung von Lasersystemen sowie zur Dokumentation der Anforderungen in Form eines Pflichtenheftes. Da diese Aussagen auch in höherwertigen Themenkomplexen aufgeführt wurden, gewinnt dieser Punkt an Bedeutung.

Sicherheitsfragen wurden vor allem in den Expertengesprächen als sehr wichtig eingestuft. Da die Sicherheitsfragen jedoch weitgehend durch Gesetzgebung, Normen und Vorschriften geregelt werden, sind sie durch den Einzelnen nur sehr begrenzt zu beeinflussen. Da die Fragestellung aber auf den individuellen Anwendungsfall abzielte, trat dieser Aspekt hier in der Bewertung etwas in den Hintergrund. Aufgrund der Begründungen für diese Einstufung sollten Sicherheitsfragen jedoch nicht vernachlässigt werden.

Vergleichend zu der von den Befragten vorgenommenen Gewichtung wurde anschließend der Umfang der bisher zu den einzelnen Themenkomplexen durchgeführten bzw. laufenden und vom BMFT geförderten Forschungsprojekte genauer untersucht. In <u>Bild 3-17</u> ist eine mengenmäßige Aufteilung der 274 untersuchten Projekte aus dem Bereich der Materialbearbeitung auf die Themenkomplexe dargestellt.

Bei der Bewertung dieser Aufstellung ist zu berücksichtigen, daß bei den laufenden Projekten aufgrund der nicht verfügbaren Abschlußberichte lediglich das Thema bekannt war, also keine Detaillierung des Projektinhaltes vorlag. Eine umfassende inhaltliche Analyse der Projekte war also nicht möglich. Da diese Aufstellung jedoch lediglich einen groben Überblick über die Schwerpunkte der abgeschlossenen und noch laufenden Forschungsaktivitäten vermitteln sollte, reichte der erzielbare Detaillierungsgrad für diese Untersuchung aus.

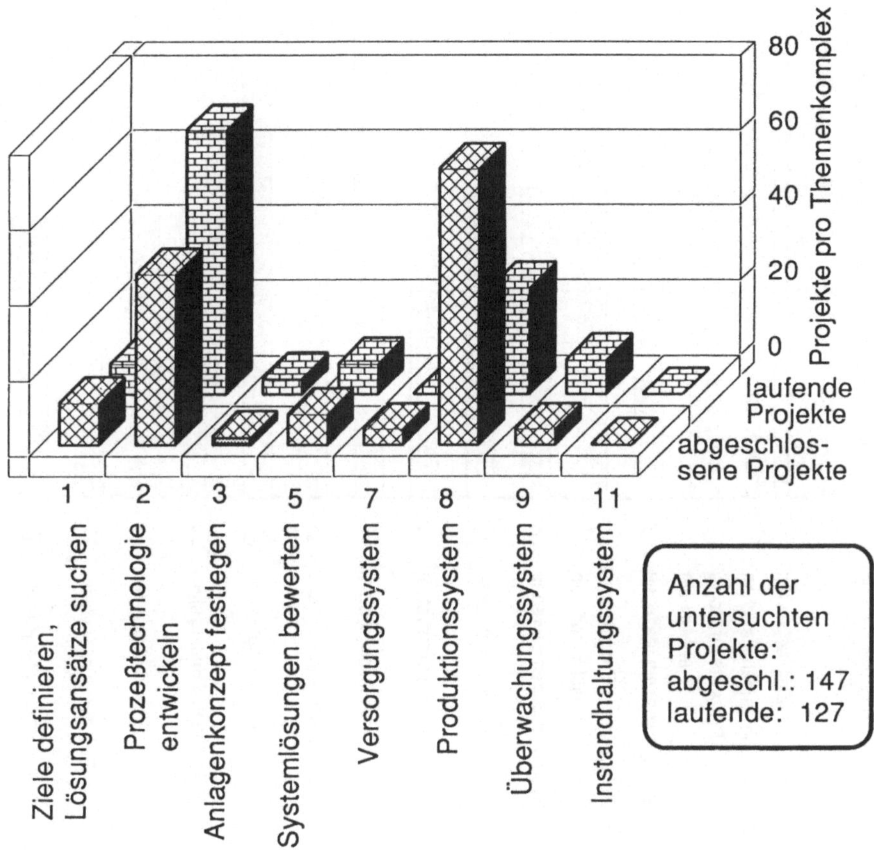

Bild 3-17:   Zuordnung von laufenden und abgeschlossenen Projekten zu den Themenkomplexen

Betrachtet man die Ergebnisse dieser Analyse, so kristallisieren sich eindeutige Schwerpunkte der bisherigen, aber auch der laufenden Projekte, in den Bereichen "Prozeßtechnologie entwickeln" und "Produktionssystem" heraus. Zu den übrigen Themenkomplexen wurden bisher nur in wesentlich geringerem Umfang Forschungsarbeiten durchgeführt. Beim Vergleich der Verteilung auf laufende und abgeschlossene Projekte fällt auf, daß die Schwerpunkte "Prozeßtechnologie entwickeln" und "Überwachungssystem" weiter ausgebaut werden, während die Anzahl der Arbeiten auf dem Gebiet "Produktionssystem" rückläufig ist.

In <u>Bild 3-18</u> ist, ergänzend zu den öffentlichen Projekten, die Anzahl der von den Befragten angegebenen Entwicklungen, aufgeführt. Hierbei wird wiederum

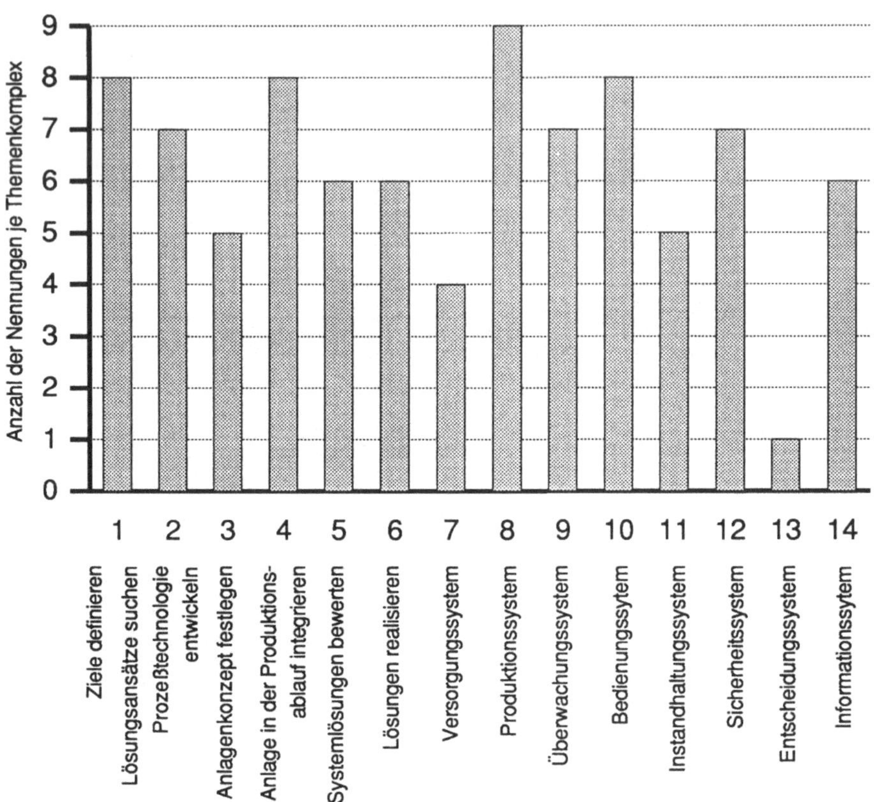

Bild 3-18:   Verteilung der in den Fragebögen erfaßten Entwicklungen auf die Themenkomplexe

deutlich, daß von seiten der Anwender ein die gesamte Thematik umfassendes Interesse besteht. Lediglich der Bereich des Entscheidungssystems hat bisher, nach Aussagen der Befragten, weniger Interesse gefunden. Bei dieser Aufstellung ist jedoch, wie bereits früher angeführt, zu berücksichtgen, daß insbesondere seitens der Industrie nicht von einer vollständigen Nennung aller Entwicklungstätigkeiten ausgegangen werden kann. Dementsprechend besitzt diese Aufstellung einen eher tendenzbeschreibenden Charakter.

Durch eine Gegenüberstellung der Gewichtung der Themenkomplexe aus der Ideenfindungsaktion mit den durchgeführten Forschungsaktivitäten wurde im nächsten Schritt ein Differenzprofil erstellt. Um die ermittelten Prozentzahlen nicht überzubewerten, wurden bei der Bewertung des Soll-Zustands die

Themenkomplexe in drei Gruppen eingeteilt, deren Wichtigkeit dann jeweils als hoch, mittel und gering interpretiert werden konnte.

Die vorliegenden Forschungsergebnisse konnten ebenfalls in drei Rubriken, von "wenige Ergebnisse" bis "viele Ergebnisse", eingeteilt werden.
Durch Subtraktion von Soll- und Ist-Zustand ergab sich das Differenzprofil. Hierbei reichte die Bewertungsskala von "++" für "hoher Forschungsbedarf" bis "--" für "geringer Forschungsbedarf".

Wie <u>Bild 3-19</u> zeigt, verschob sich aufgrund der durchgeführten Forschungsarbeiten die Rangfolge der Themenkomplexe etwas, wobei bezüglich der Interpretation der Ergebnisse die gleichen Einschränkungen gelten, wie sie bereits bei der Darstellung der Einzelwertungen angeführt wurden.

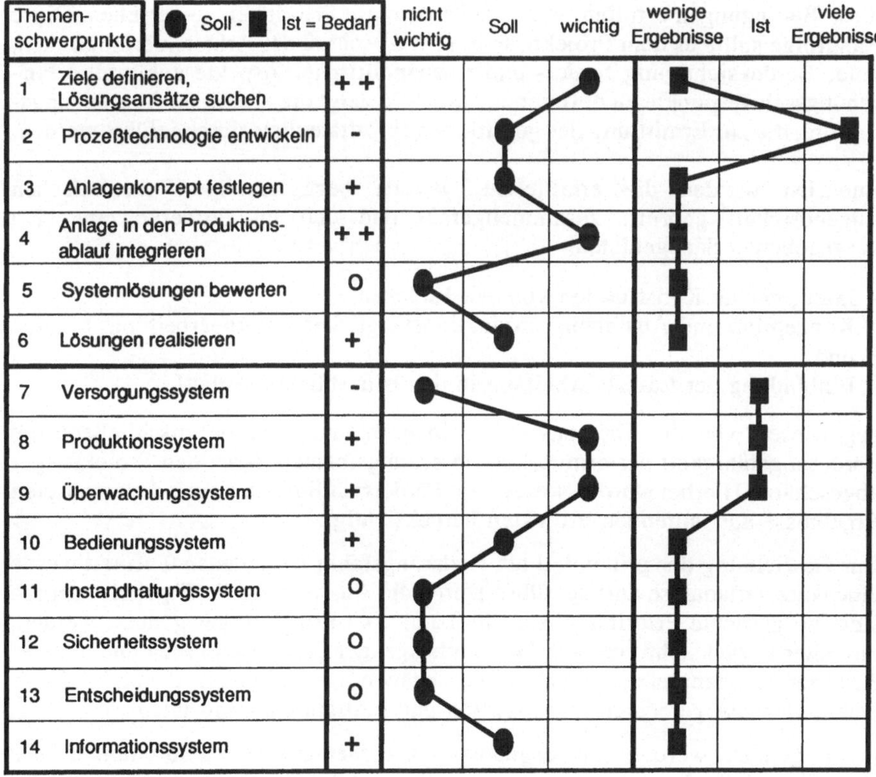

Bild 3-19: Gewichtung der Defizite

3.2 Aufzeigen des Forschungsbedarfs im Bereich "Grundlagen lasergerechter Konstruktion und Fertigung"

Im Sinne der Delphi-Strategie wurden die bisherigen Ergebnisse einem Expertenkreis vorgestellt und dort diskutiert und ergänzt. Das Expertengespräch bestätigte, daß ein großer Forschungsbedarf auf dem Gebiet der Lasermaterialbearbeitung besteht.

Die Zielsetzung der weiteren Untersuchung bestand darin, aus der Menge der ermittelten Forschungsthemen diejenigen zu eliminieren, die fachlich dem Gebiet "Grundlagen lasergerechter Konstruktion und Fertigung" zuzuordnen sind und den Förderbedingungen des BMFT entsprechen. Forschungsthemen, die diese Bedingungen erfüllen, waren außerdem mit Prioritäten zu versehen. Diese Rangfolge sollte es dem Projektträger nach Abschluß der Arbeiten ermöglichen, unter Berücksichtigung förder- und finanzpolitischer Aspekte zukünftige Forschungsschwerpunkte zu definieren. <u>Bild 3-20</u> zeigt die einzelnen Abgrenzungsschritte, die zur Ermittlung der geforderten Prioritätenliste durchgeführt wurden.

Zunächst wurden die ermittelten Defizite bezüglich ihrer thematischen Zugehörigkeit geprüft, zusammengefaßt und den im Förderkonzept [22] vorgegebenen Sachgebieten

- lasergerechte Konstruktion von Werkstücken,
- Konzeption und Auslegung produktionstauglicher Laserbearbeitungssysteme und
- Einbindung der Laserbearbeitung in den betrieblichen Ablauf

zugewiesen. Um die Themenvielfalt einzuschränken, wurde anschließend die Förderungsfähigkeit der ermittelten Forschungsthemen durch den Projektträger abgeschätzt. Hierbei wurden sowohl die Förderrichtlinien als auch die erwarteten Ergebnisse aus laufenden Projekten berücksichtigt.

Zur Gewichtung der prinzipiell als förderungsfähig befundenen Themen wurde eine Nutzwertanalyse durchgeführt. Durch die Auswertung der Ergebnisse ergab sich die gesuchte Prioritätenliste. Sie kann vom Projektträger genutzt werden, um unter Berücksichtigung der Haushaltslage, der Förderrichtlinien und anderer Kriterien in einem letzten Schritt förderungswürdige Forschungsthemen auf dem Gebiet der lasergerechten Konstruktion und Fertigung auszuwählen.

Im folgenden werden die Ergebnisse der thematischen Zuordnungen des Forschungsbedarfs zu den drei Ausschreibungsschwerpunkten, das Resultat der Prüfung der Förderungswürdigkeit durch das BMFT sowie die durch das Expertenteam ermittelte Rangfolge zur Bearbeitung der förderungswürdigen Themen vorgestellt.

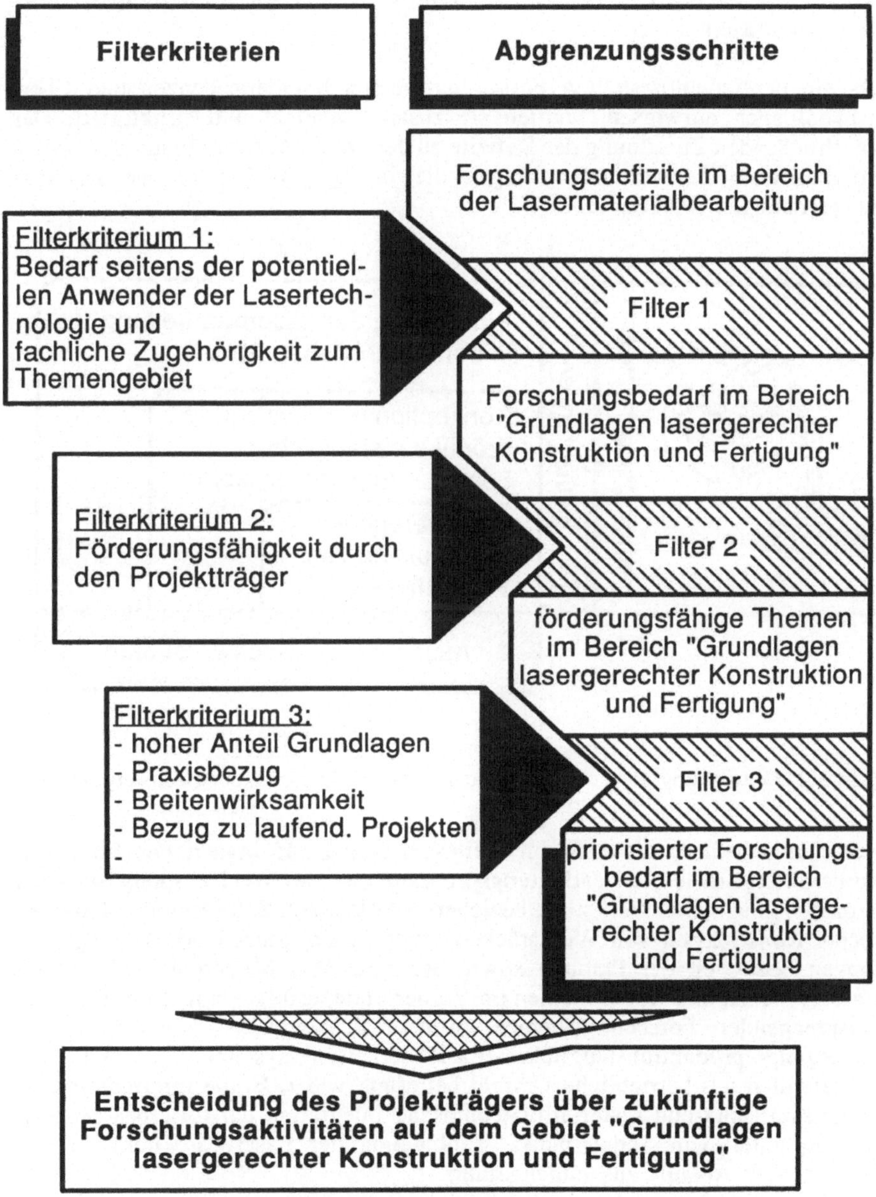

Bild 3-20: Stufenweise Abgrenzung der Forschungsschwerpunkte im Bereich "Grundlagen lasergerechter Konstruktion und Fertigung"

3.2.1 Zuordnung des Forschungsbedarfs zu den Ausschreibungsschwerpunkten

Da die bereits vorgestellten Forschungsthemen Interdependenzen und Überschneidungen aufwiesen, wurden sie zusammengefaßt und strukturiert. Der anschließenden Zuordnung der Defizite zu den in der Ausschreibung des BMFT vorgegebenen Schwerpunkten lagen die in Bild 3-21 gezeigten Betrachtungsbilanzgrenzen zugrunde.

Bild 3-21: Zuordnung der Forschungsthemen zu den Ausschreibungsschwerpunkten

Forschungsthemen, die sich im weitesten Sinne auf Fragen der Planungsvorbereitung sowie der Bearbeitungsprozesse bzw. des Wechselspiels zwischen Prozeß, Anlage und Werkstück beziehen, wurden dem Schwerpunkt "Lasergerechte Konstruktion von Werkstücken" zugewiesen. Stehen primär Fragestellungen bezüglich der Planung sowie der Neu- und Weiterentwicklung von Lasersystemen und Komponenten im Vordergrund, erfolgte eine Zuordnung der entsprechenden Forschungsthemen zu dem Schwerpunkt "Konzeption und Auslegung produktionstauglicher Laserbearbeitungssysteme". Themen, die vornehmlich das betriebliche Umfeld betreffen, wie z. B. die informatorische, organisatorische und materialflußtechnische Integration der Laserbearbeitung, wurden unter dem Schwerpunkt "Einbindung der Laserbearbeitung in den betrieblichen Ablauf" zusammengefaßt.

Im folgenden werden die Ergebnisse der Strukturierung kurz erläutert. Eine detaillierte Auflistung aller Themen befindet sich in Anhang 2.

3.2.1.1 Lasergerechte Konstruktion von Werkstücken

Mögliche Anwender der Lasertechnologie sind nach **Bild 3-22** aufgrund ihres Informationsdefizits häufig nur begrenzt in der Lage, Chancen und Nutzen eines Lasereinsatzes abzuschätzen sowie den Einsatz vorzubereiten. Es stellt sich zunächst die Frage, ob die Lasertechnologie für bestimmte Bearbeitungsaufgaben eine sinnvolle Alternative zu konventionellen Technologien darstellen kann. Es fehlen praxisgerechte Bemessungsgrundlagen, Entscheidungshilfen und Modelle zur Auslegung und Beurteilung von Bauteilen, Prozessen und Anlagen. Insbesondere sollten Vergleichsmöglichkeiten zu konventionellen Technologien geschaffen werden.

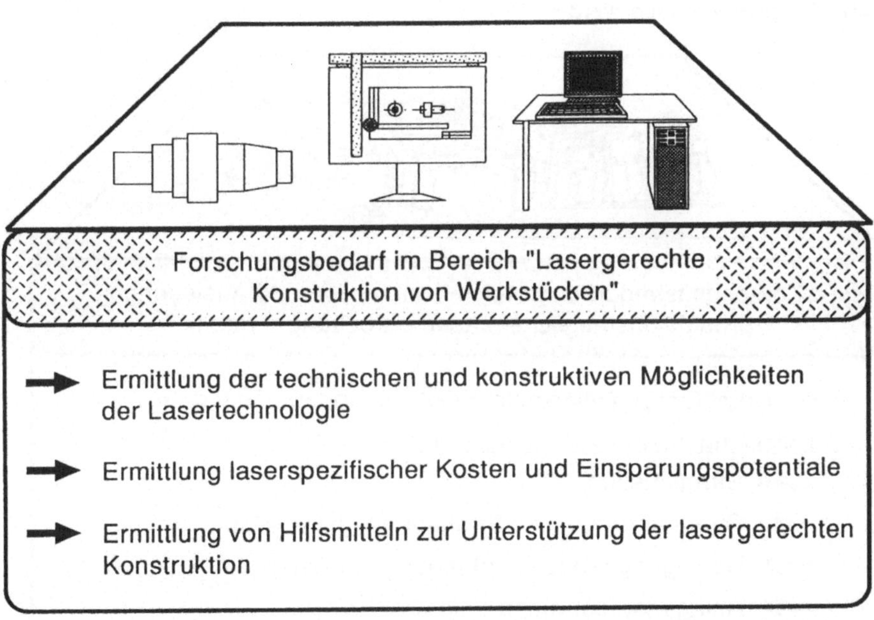

Bild 3-22: Forschungsbedarf im Bereich "Lasergerechte Konstruktion von Werkstücken"

Der Aufwand für praktische Applikationsstudien stellt einen weiteren Problemkreis dar. Durch eine systematische Versuchsplanung mit Hilfe statistischer Methoden könnte hier eine Reduzierung des zeitlichen und finanziellen Aufwandes erreicht werden.

Die Anwender benötigen weiterhin Methoden und Hilfsmittel, um die prozeßtechnischen und konstruktiven Eckdaten, die erforderliche Anlage mit den zugehörigen Investitions- und Betriebskosten sowie die erzielbaren Einsparungen abschätzen zu können. Handlungsanleitungen mit den zugehörigen Regelwerken könnten die Problemlösung vereinfachen. Insbesondere sind Normen und Richtlinien sowie allgemein zugängliche Datenbasen zur Werkstoffauswahl, Prozeßauslegung und Anlagenauswahl für die verschiedenen Laserverfahren erforderlich. Langfristig werden Simulationsmodelle und Expertensysteme zur Prozeßauslegung und -optimierung gefordert.

3.2.1.2 *Konzeption und Auslegung produktionstauglicher Laserbearbeitungssysteme*

Bezüglich der Entwicklung von Systemkomponenten müssen verschiedene Bereiche unterschieden werden, <u>Bild 3-23</u>.

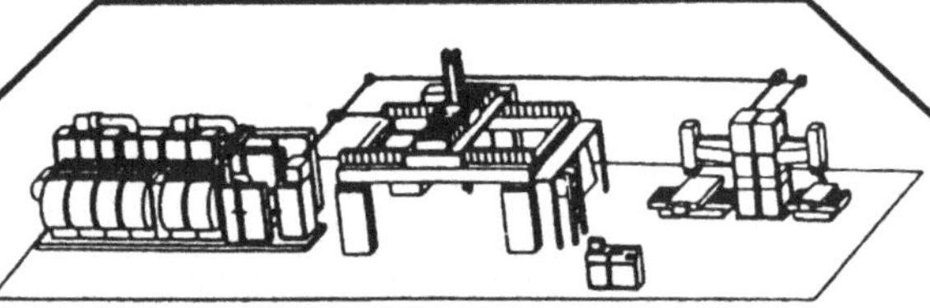

Bild 3-23:   Forschungsbedarf im Bereich "Konzeption und Auslegung produktions-
                tauglicher Laserbearbeitungssysteme"

Zum einen wurde anwenderseitig eine Verbesserung derzeit verfügbarer Komponenten mit dem Ziel der Leistungssteigerung, Zuverlässigkeitserhöhung, Preisreduktion usw. gefordert. Andererseits besteht ein Bedarf an neuen Komponenten und Systemlösungen, die zu einer effektiveren Nutzung der Laseranlagen beitragen. Durch Neuentwicklungen eröffnen sich unter Umständen Möglichkeiten, weitere Anwendungsfelder für die Lasermaterialbearbeitung zu erschließen.

Diesbezüglich wurde unter anderem die Entwicklung von neuen Strahlquellen im Bereich CO_2., Excimer-, Festkörper- und Elektronenstrahllaser, von Bewegungssystemen für großflächige Bearbeitungen, neuen kinematischen Prinzipien für Bewegungs- und Strahlführungssysteme sowie von neuen optischen Komponenten für Hochleistungslaser (Lichtleitfasern, Strahlteiler, selbstjustierende Systeme usw.) als notwendig angeführt.

Die Entwicklung und Anpassung lasergerechter Steuerungen würde nach Meinung der Anwender ebenfalls zur Steigerung der Effizienz der Laserbearbeitung beitragen. Hier wurde angemerkt, daß die mangelnde Leistungsfähigkeit der Steuerungen häufig einen Engpaß bezüglich der Leistungsfähigkeit der gesamten Maschine darstellt.

Der Forschungsbedarf im Bereich der Sensorik, Diagnose und Prozeßregelung erstreckt sich von der Entwicklung schneller Sensoren über die Entwicklung neuer Bahnführungssysteme bis zur Forderung nach verfahrensspezifischen Regelstrategien und Regelsystemen.

Für besonders verschleißbehaftete Komponenten, wie beispielsweise optische Komponenten, wurden weiterhin Störfallanalyse- und Warnsysteme gewünscht. Im Hinblick auf die Überwachung traten auch Fragen hinsichtlich der Maschinen- und Betriebsdatenerfassungssysteme auf.

Obwohl auf dem Gebiet der Sicherheitstechnik bereits in großem Umfang geforscht wurde, besteht noch immer ein Bedarf an weiteren Optimierungsmaßnahmen und Neuentwicklungen.

Neben der Verbesserung der Kapselungen bezüglich Bedienung und Materialfluß, wurden aktive und passive Sicherheitskonzepte zum verbesserten Schutz von Personal und Geräten vor Laserstrahlung gefordert. Ein besonders häufig genannter Schwerpunkt war der Bedarf an Grundlagenuntersuchungen zum Emissionsschutz.

Die bisher angeführten Themenstellungen betreffen die Komponenten- bzw. Systementwicklung. Ein weiterer Komplex bezieht sich auf die Konzeption und Abnahme anforderungsgerechter Lasersysteme. Hier besteht ein Bedarf an standardisierten Beschreibungssystemen für Anlagen und Komponenten, an Hilfsmitteln zur Anlagenauswahl und -konfiguration sowie an Verfahren zur Bewertung alternativer Systemkonzepte unter technischen und ökonomischen Gesichtspunkten. Langfristig wurde die Entwicklung von Expertensystemen zur

Gestaltung und Bewertung von Laseranlagen gefordert. Der Wunsch nach definierten Abnahmeverfahren und Abnahmekriterien ist im Zusammenhang mit der standardisierten Anlagenbeschreibung zu sehen.

3.2.1.3   Einordnung der Laserbearbeitung in den betrieblichen Ablauf

Neben der anforderungsgerechten Auswahl und Spezifikation der Anlagen ist deren Integration in die durchführenden und planenden Bereiche eines Unternehmens eine wesentliche Voraussetzung für die Wirtschaftlichkeit des Lasereinsatzes, <u>Bild 3-24</u>. Außer einer Darstellung der möglichen Auswirkung der Laserbearbeitung auf die einzelnen Produktionsbereiche werden hierzu Konzepte und Strategien benötigt, um Reibungsverluste bei Einführung und Betrieb der Systeme zu minimieren sowie alle Potentiale der Technologie freizusetzen.

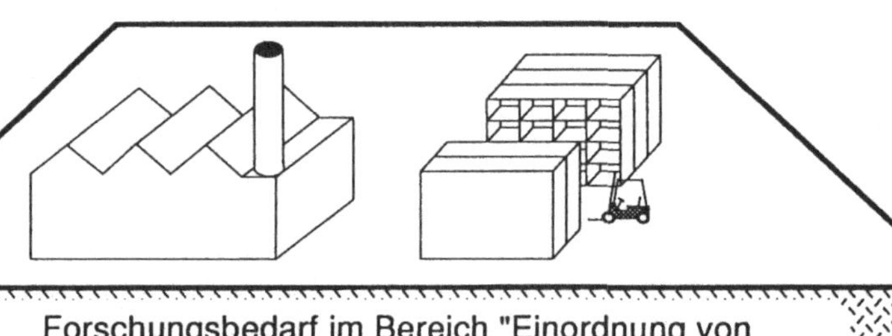

Bild 3-24:   Forschungsbedarf im Bereich "Einordnung der Laserbearbeitung in den betrieblichen Ablauf"

Da häufig mittelständische Unternehmen nicht über ein ausreichendes Werkstückspektrum verfügen, um ein Lasersystem genügend auszulasten, werden für diesen Anwenderkreis organisatorische Konzepte benötigt, die mögliche Alternativen der effizienten Zusammenarbeit mit Lohnanbietern oder anderen Unternehmen aufzeigen. Größere Unternehmen mit ausreichendem, laserrelevantem Werkstückspektrum äußerten hingegen einen Bedarf an Hilfsmitteln zur Optimierung der Material- und Informationsflußanbindung der Lasersysteme sowie an deren sicherheitstechnischen und personellen Integration.

Im Bereich der Instandhaltung fehlen nach Aussage der Anwender vor allem entsprechende Strategien, Regeln und Unterlagen bezüglich Fragen der Eigen- und Fremdinstandhaltung, der Festlegung von Instandhaltungsintervallen und der Ersatzteilhaltung. Für die Zukunft werden außerdem Systeme als sinnvoll erachtet, die eine Schadensfrüherkennung und automatisierte Fehlersuche ermöglichen.

Im Hinblick auf die anstehenden Verschärfungen der Produkthaftung sehen viele Anwender vor allem die Notwendigkeit der Entwicklung laserspezifischer Qualitätssicherungskonzepte. Im Rahmen der erforderlichen Maßnahmen stellt die Entwicklung von Qualitätssicherungstrategien eine wesentliche Forderung der Anwender dar. Neben einer Analyse möglicher Fehlerquellen sind hier z.B. verfahrens- und bauteilfunktionsabhängig die zu prüfenden Merkmale der Produkte festzulegen. Hierzu müssen zuverlässige Aussagen über die Gebrauchseigenschaften von laserbehandelten Bauteilen erarbeitet werden.

Da die derzeit eingesetzten Prüfverfahren nur begrenzt geeignet sind, die Ergebnisse der Laserbearbeitung zu erfassen, sollten diese Verfahren laserspezifisch angepaßt werden. Außerdem sind auch diejenigen Qualitätssicherungsfunktionen und -aktivitäten auf die Erfordernisse der Laserbearbeitung abzustimmen, die neben der eigentlichen Prüfung in den planenden und durchführenden Bereichen der Unternehmen anfallen. Die Strukturierung der qualitätsrelevanten Kennzahlen und Daten sowie die Einbindung von Laserbearbeitungsanlagen in Qualitätsinformationssysteme stellen in diesem Zusammenhang Forderungen dar, die in der betrieblichen Praxis die systematische Dokumentation der Prüfergebnisse erleichtern würden.

Weiterhin stellen die Nutzer und Anbieter von Lasersystemen den Komplex der Schnittstellenproblematik im Bereich der Anbindung der Maschinensteuerungen an CAM- und Leitrechnersysteme als besonders wichtig dar. Standardisierte Hardware- und Softwareschnittstellen werden von den Anwendern als sehr wünschenswert eingestuft. Die Anbindung der Laserbearbeitung an die Arbeitsplanung ließe sich durch die Entwicklung von Off-Line-Programmiersystemen und -strategien insbesondere für die 3D-Bearbeitung sowie durch Technologieprozessoren für die verschiedenen Laserverfahren verbessern.

Allgemein wird der Mangel an qualifiziertem Personal beklagt. Zur Verbesserung dieser Situation bietet sich zum einen die Umsetzung bereits entwickelter laserspezifischer Ausbildungskonzepte an. Zum anderen könnte durch weitere Entwicklung bedienerfreundlicher Lasersysteme sowie Bereitstellung übersichtlicher Unterlagen der Bedarf an speziell qualifiziertem Personal reduziert werden.

3.2.2 Prüfung der Förderungswürdigkeit

Die Vielzahl und der Umfang der ermittelten Forschungsthemen übersteigen bei weitem den Inhalt anderer vom BMFT im Förderkonzept "Laserforschung und Lasertechnik" ausgeschriebener Schwerpunkte. Außerdem muß berücksichtigt werden, daß der aufgezeigte Bedarf teilweise durch laufende bzw. initiierte Fördermaßnahmen abgedeckt wird.

Da die Inhalte laufender bzw. sich in der Antragsphase befindlicher Projekte nicht extern zugänglich sind, konnte eine Beurteilung der Förderungswürdigkeit der aufgezeigten Forschungsthemen unter Berücksichtigung der Förderrichtlinien nur durch den Projektträger bzw. das Bundesministerium für Forschung und Technologie erfolgen.

Die als förderungswürdig befundenen Themen sind im folgenden, geordnet nach den drei Ausschreibungsschwerpunkten, aufgelistet.

Schwerpunkt 1:   Lasergerechte Konstruktion von Werkstücken

1.1   Ermittlung der technischen und konstruktiven Möglichkeiten der Lasertechnologie

1.1.1   Standardisierung der Beschreibungsparameter für Bearbeitungsaufgaben und Prozeßgrößen

1.1.2   Ableitung von Berechnungs- und Entscheidungsgrundsätzen zur Auslegung und Beurteilung von laserbearbeiteten Bauteilen

1.1.3   Ableiten von Methoden, Modellen, Berechnungsgrundsätzen und Regeln für die Prozeßauslegung und Anlagenspezifikation

1.1.5   Entwicklung von Systemen zur Versuchsplanung und -auswertung mit Hilfe statistischer Methoden

1.3   Bereitstellung von Hilfsmitteln zur Unterstützung der lasergerechten Konstruktion

1.3.1   Entwicklung von technischen Kriterienkatalogen für den Lasereinsatz (verfahrensspezifisch)

1.3.2   Entwicklung von Verfahren zur Analyse von Bearbeitungsaufgaben für die Laserbearbeitung

1.3.3   Aufbau von Handbüchern für Konstrukteure und Planer

1.3.4   Entwicklung technischer Normen und Richtlinien für die Laserbehandlung

1.3.5   Entwicklung von Konstruktionsrichtlinien

1.3.6	Aufbau von Parameterkatalogen und Datenbanken für Werkstoffe, Prozesse, Anlagen und besondere Phänomene
1.3.7	Aufbau von Expertensystemen zur Parameteroptimierung
1.3.8	Entwicklung von Simulationsmodellen

Schwerpunkt 2: *Konzeption und Auslegung produktionstauglicher Laserbearbeitungssysteme*

2.6	Entwicklung neuer Prozeßdiagnose- bzw. Sensorsysteme
2.6.1	Entwicklung von praxistauglichen und intelligenten Sensoren mit hohen Datenübertragungsraten (Strahllage, Strahleigenschaften, Maschinenverhalten, usw.)
2.6.2	Entwicklung von Bahnführungs- bzw. Bahnerkennungssystemen
2.6.3	Bereitstellung von Verfahren und Geräten zur On-Line Prozeßkontrolle mit integrierter Dokumentationsmöglichkeit

2.8	Entwicklung von Systemen zur Komponentenüberwachung und -instandhaltung
2.8.1	Entwicklung von Off- und On-Line Störfallanalyse- und Warnsystemen (z.B. für optische Komponenten und andere sicherheitskritische Komponenten)

2.10	Entwicklung von Hilfsmitteln zur Anlagenkonzeption und -abnahme
2.10.4	Aufbau von Expertensystemen zur Gestaltung und Bewertung von Lasersystemen und Anwendungen

Schwerpunkt 3: *Einordnung von Laserbearbeitungssystemen in den betrieblichen Ablauf*

3.1	Ermittlung und Darstellung der Auswirkungen der Lasertechnologie auf das betriebliche Umfeld
3.1.1	Verfahrensspezifische Ermittlung der Anforderungen der Laserbearbeitung an vor- und nachgelagerte Arbeitsgänge (Werkstückvorbereitung, -nachbehandlung, Prüfung usw.)

3.2	Entwicklung lasergerechter Qualitässicherungskonzepte
3.2.1	Entwicklung laserspezifischer QS-Strategien (Analyse möglicher Fehlerquellen; Ermittlung von Prüfmerkmalen, Prüfzeitpunkten, Prüfumfängen, usw.)
3.2.2	Aufbau einer Qualitätsdatenbasis (Ermittlung und Strukturierung qualitätsrelevanter Werkstückkennzahlen und -daten; Entwicklung von Konzepten zur Einbindung der Laserbearbeitung in Qualitätsinformationssysteme)
3.2.3	Entwicklung von Abnahmekriterien und Verfahren für laserbearbeitete Bauteile
3.2.4	Entwicklung lasergerechter Meß- und Prüfmethoden
3.2.5	Bestimmung der qualitätsrelevanten Prozeß- und Maschinenkenn-

	größen
3.2.6	Durchführung von Prozeß- und Maschinenfähigkeitsuntersuchungen
3.6	Entwicklung von Hard- und Softwarekomponenten zur informatorischen Integration der Laserbearbeitungssysteme
3.6.1	Standardisierung von Schnittstellen Vereinheitlichung der Schnittstellen zwischen den informationsverarbeitenden Komponenten; Tabellen mit Kompatibilitätsaussagen
3.6.2	Verbesserte Off-line Programmiersysteme (3D-Bearbeitung)
3.6.3	Entwicklung von Technologieprozessoren und -datenbanken zur Unterstützung der Programmiertätigkeiten
3.6.4	Entwicklung von Simulationsprogrammen
3.6.5	Verknüpfung der Einzelkomponenten zu lasergerechten CAM-Systemen

3.2.3 Themenrangfolge zur Bearbeitung des Forschungsschwerpunktes "Grundlagen lasergerechter Konstruktion und Fertigung"

Gemäß der Zielsetzung der Untersuchung war in deren weiterem Verlauf die Frage nach einer geeigneten Reihenfolge zur Bearbeitung der förderungsfähigen Themen zu beantworten. Zu diesem Zweck wurde eine Nutzwertanalyse durchgeführt, <u>Bild 3-25</u>.

Zunächst waren dazu die Bewertungskriterien zu definieren, auf denen die Prioritäten basieren sollen. Da die letztendliche Entscheidung über die Förderung beim Projektträger bzw. dem Bundesministerium für Forschung und Technologie liegt, war es erforderlich, daß die Kriterien sowie deren relative Gewichtung zueinander von diesen Stellen benannt werden. Die Bewertungskriterien waren im einzelnen:

- Breitenwirksamkeit der zu erwartenden Ergebnisse,
- Anknüpfung zu laufenden Projekten,
- Praxisbezug der Ergebnisse,
- Relevanz der Ergebnisse für klein- und mittelständische Unternehmen.

Den einzelnen Kriterien wurde vom BMFT die gleiche Bedeutung beigemessen. Nachdem die Bewertungskriterien definiert waren, mußten die Teilnehmer der Nutzwertanalyse festgelegt werden. Hier bot es sich an, die ca. 25 Teilnehmer des Expertengesprächs zu bitten, die Bewertung durchzuführen.

Bei der Bewertung wurden die förderungsfähigen Forschungsthemen durch Zuweisung eines Erfüllungsgrades zwischen eins und vier pro Kriterium durch die Experten beurteilt.

Bei der Auswertung wurde, wie bereits in der in Abschn. 3.1 vorgestellten Bewertung, das arithmetische Mittel der Einzelergebnisse gebildet. Hierdurch war es möglich, auch Bewertungsbögen, bei denen nicht alle Felder ausgefüllt waren, zu berücksichtigen.

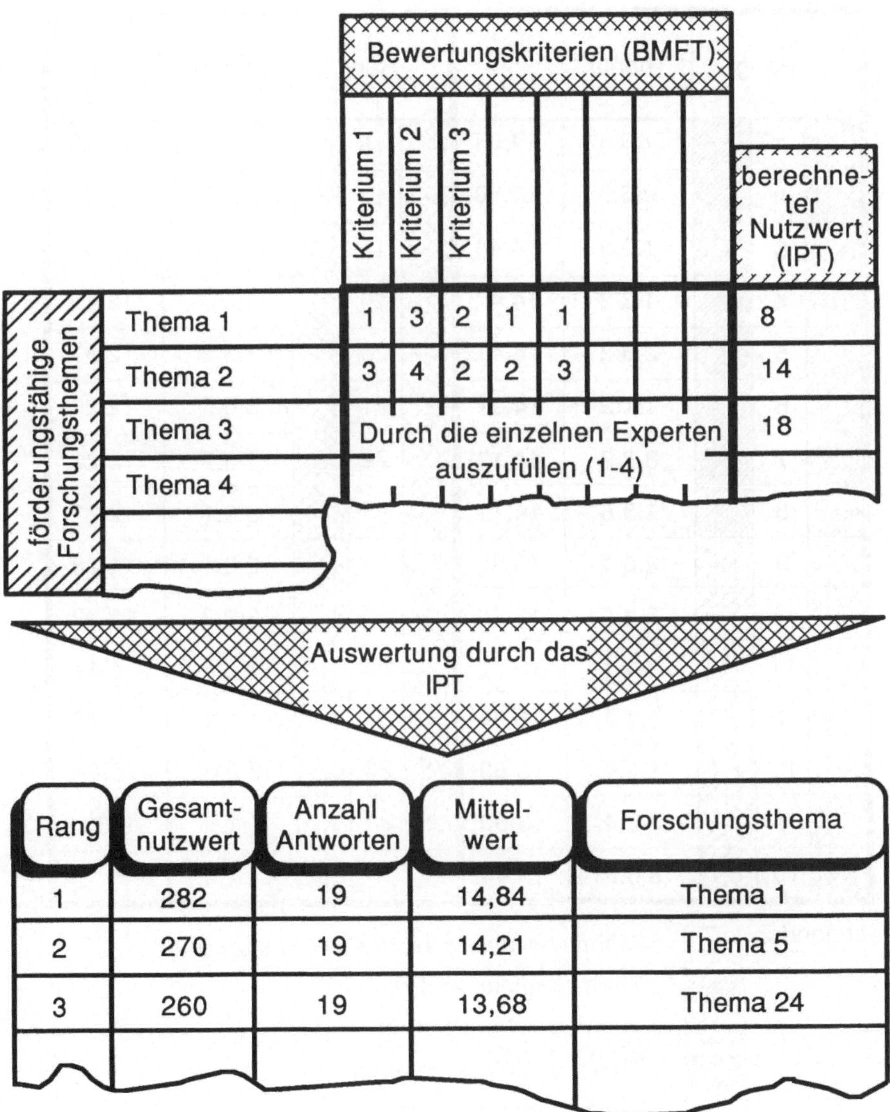

	Kriterium 1	Kriterium 2	Kriterium 3						berechneter Nutzwert (IPT)
Thema 1	1	3	2	1	1				8
Thema 2	3	4	2	2	3				14
Thema 3									18
Thema 4									

Rang	Gesamt-nutzwert	Anzahl Antworten	Mittel-wert	Forschungsthema
1	282	19	14,84	Thema 1
2	270	19	14,21	Thema 5
3	260	19	13,68	Thema 24

Bild 3-25: Durchführung einer Nutzwertanalyse zur Ermittlung der Themenrangfolge

Das Ergebnis der Bewertung ist in <u>Bild 3-26</u> dargestellt. (Die Bedeutung der einzelnen Themennummern kann aus Abschn. 3.2.2 entnommen werden.)

Rang	Thema	$\bar{N}$	Rang	Thema	$\bar{N}$
1	1.3.4	14,84	16	3.2.1	13,39
2	2.6.3	14,50	17	3.6.3	12,67
3	1.3.5	14,44	18	2.10.4	12,55
4	1.3.3	14,42	19	1.1.3	12,42
5	2.6.2	14,41	20	1.3.2	12,37
6	1.1.2	14,21	21	3.6.5	12,28
7	3.2.3	14,17	22	1.3.7	12,26
8	1.3.6	14,11	23	3.6.1	12,22
9	2.6.1	13,83	24	2.8.1	11,78
10	3.2.5	13,78	25	3.2.2	12,22
11	3.1.1	13,72	26	3.6.4	11,11
12	1.1.1	13,68	27	1.3.8	11,10
13	1.3.1	13,63	28	3.2.6	10,44
14	3.2.4	13,50	29	1.1.5	9,68
15	3.6.2	13,44			

Legende: $\bar{N}$: Arithmetisches Mittel der Einzelnutzwerte

                     : Themen höchster Priorität

                     : Themen hoher Priorität

                     : Themen mittlerer Priorität

                     : Themen niedriger Priorität

Bild 3-26:   Themenrangfolge zur Bearbeitung des Forschungsschwerpunktes "Grundlagen lasergerechter Konstruktion und Fertigung"

Die Bewertungsergebnisse liegen zwischen 14,84 für den Themenkomplex "Standardisierung der Beschreibungsgrößen für Bearbeitungsaufgaben und Prozeßgrößen" und 9,68 für den Unterpunkt "Entwicklung von Systemen zur Versuchsplanung mit Hilfe statistischer Methoden". Um die Ergebnisse nicht überzubewerten, wurde das Feld zwischen diesen beiden Extrema nach vollen Punktezahlen in vier Kategorien von "höchste Priorität bis "niedrige Priorität" untergliedert.

Als Themen höchster Priorität wurden vor allem Teilaspekte aus den Themenschwerpunkten "Bereitstellung von Hilfsmitteln zur Unterstützung der lasergerechten Konstruktion" (1.3) sowie "Entwicklung neuer Prozeßdiagnose- und Sensorsysteme" (2.6) ermittelt. Auch Forschungsaufgaben im Bereich "Entwicklung lasergerechter Qualitätssicherungsaspekte" (3.2) wurde eine sehr hohe Bedeutung zugemessen.

Mit hoher Priorität wurden unter anderem Themen aus dem Komplex 3 "Einordnung der Laserbearbeitung in den betrieblichen Ablauf" eingestuft. Neben den bereits erwähnten Qualitätssicherungskonzepten (3.2) und Sensorsystemen (2.6) wurde ein großer Forschungsbedarf zu den Themen "Ermittlung und Darstellung der Auswirkungen der Lasertechnologie auf das betriebliche Umfeld" (3.1) und "Entwicklung von Hard- und Softwarekomponenten zur informatorischen Integration von Laserbearbeitungssystemen" (3.6) identifiziert. Die anderen Komplexe betreffen wiederum Hilfsmittel zur lasergerechten Konstruktion (1.3) sowie die Ermittlung der technischen und konstruktiven Möglichkeiten der Lasertechnologie (1.1).

Im unteren Mittelfeld findet sich unter anderem der Schwerpunkt "Entwicklung von Hilfsmitteln zur Anlagenkonzeption und -abnahme" (Punkt 2.10).

Die weiteren Themen stellen eine Diversifikation der bereits erwähnten Schwerpunkte 1.1, 1.3 und 3.6 dar.

Die Einstufung in der letzten Kategorie zeigt, daß unter anderem Störfallanalysesysteme (2.8.1), der Entwicklung einer Qualitätsdatenbasis (3.2.2), Maschinenfähigkeitsuntersuchungen (3.2.6) sowie Simulationsprogrammen (1.3.8 und 3.6.4) eine relativ niedrige Bedeutung zugemessen wurde.

Zusammenfassend läßt sich feststellen, daß ein Forschungsbedarf auf allen ermittelten Themenfeldern zu verzeichnen ist. Die relativ geringen Punkteabstände zwischen den einzelnen Themen belegen dies. Weiterhin wurde deutlich, daß die Bedeutung "prozeßferner" Aufgabenstellungen, die z. B. im Bereich der Standardisierung und Normung, der Bereitstellung von Hilfsmitteln und der Qualitätssicherung angesiedelt sind, Bestätigung fand.

3.4 Literatur zu Kapitel 3

[1]   *Bergmann, H.W. Mordike, B.L.*: Abschlußbericht "Oberflächenverglasen durch Laserstrahlschmelzen". Institut für Werkstoffkunde und Werkstofftechnik, der TU Clausthal, Clausthal-Zellerfeld.

[2]   *Ruge, J., Decker, I., Han, Y.-H.*: Abschlußbericht "Energieeinbringung beim Brenn und Schmelzschneiden mit Lasersystemen verschiedener Leistung und Verfahrensparameteranpassung an Werkstoff- und Geometrieeigenschaften". Institut für Schweißtechnik der TU Braunschweig, Braunschweig.

[3]   *Wirth, P., Rothe, R., Martinen*: Abschlußbericht "Systemoptimierung beim Schneiden mit Laserstrahlen". Rofin-Sinar-Laser GmbH, Hamburg, BIAS, Bremen Ahlemann + Schlatter, Bremen.

[4]   *Knoff, M.*: Abschlußbericht "Schneiden von Metallen mit einem transversal geströmten CO_2-Laser im Leistungsbereich um 6 kW". Heraeus Industrielaser GmbH, Kleinostheim.

[5]   *Geiger, M.*: Abschlußbericht "Untersuchung der Bearbeitungsgenauigkeit beim Laserschneiden zum Herstellen von Fertigteilen". Lehrstuhl für Fertigungstechnologie der Friedrich-Alexander Universität Erlangen-Nürnberg, Erlangen.

[6]   *Sepold, G.*: Abschlußbericht "Schneiden mit CO_2-Hochleistungslasern, Optimieren der Schnittqualität beim Laserstrahlschneiden". BIAS Forschungs- und Entwicklungslabor für angewandte Strahltechnik GmbH, Bremen.

[7]   *Wolf, G.*: Abschlußbericht "Schweißen mit CO_2-Hochleistungslasern - Erarbeitung von Grundlagen mit einem 5 Kw Laser an ausgewählten Werkstoffen". MAN-Technologie GmbH, München.

[8]   *Smernos, S.*: Abschlußbericht "Schweißen und Härten metallischer Werkstoffe mit Laserstrahlung". Forschungszentrum Stuttgart der SEL, Stuttgart.

[9]   *Eichhorn, F.*: Abschlußbericht "Schweißen mit CO_2-Hochleistungslasern - Analyse der Schmelzbadbewegung und der Qualität der Schweißverbindung". Institut für Schweißtechnische Fertigungsverfahren der RWTH Aachen, Aachen.

[10]   *Seiler, P.*: Abschlußbericht "Werkzeuglaser - gepulste Festkörperlaser zum Schweißen und Abtragen". Carl Haas GmbH & Co., Geschäftsbereich Stahltechnik, Schramberg.

[11]   *Müller, R., Rothe, R.*: Abschlußbericht "Laserschweißen mit sehr hohen Geschwindigkeiten". Fried. Krupp GmbH, Krupp Forschungsinstitut, Essen.

[12]   *Amende, W.*: Abschlußbericht "Untersuchungen zur Verbesserung der Schwingfestigkeit durch Randschichthärten mit CO_2-Lasern". MAN Technologie GmbH, München.

[13]   *Amende, W.*: Abschlußbericht "Entwicklung, Bau und Erprobung eines flexiblen, serientauglichen CO_2-Hochleistungslasersystems für die Materialbearbeitung / Anlagen- und Verfahrensentwicklung". MAN Technologie GmbH, München.

[14]   *Mordike, B.L., Burchards, H.D., Kahrmann, W.*: Abschlußbericht "Laseroberflächenveredeln durch Kurzzeitschmelzen / Laserbehandlung von Hochtemperaturbeschichtungen". Institut für Werkstoffkunde und Werkstofftechnik der TU Clausthal, Clausthal-Zellerfeld.

[15]   *Amende, W.*: Abschlußbericht "Hochleistungslaser-Härten von Maschinenbauteilen". MAN - Neue Technologie, München.

[16]   *Dausinger*, u.a.: Abschlußbericht "Oberflächenveredelung von Metallen durch Laserstrahlen". Robert Bosch GmbH, Zentralabteilung Produktionstechnik, Stuttgart.

[17]   *König, W.*, u.a.: Abschlußbericht "Laserbehandlung von Werkzeugen zur Kalt- und Warmumformung". Fraunhofer-Institut für Produktionstechnologie, Aachen, Battelle-Institut e.V., Frankfurt.

[18]   *Sepold, G., Becker, R., Zuo, T.*: Abschlußbericht "Technologische Grundlagen zum Laserveredeln durch Einbringen von Hartstoffen und Gasen in lasererschmolzene Oberflächen". BIAS - Bremer Institut für angewandte Strahltechnik, Bremen.

[19]   *Amende, W.*: Abschlußbericht "Untersuchungen zur Parameterauswahl beim Laser-Oberflächenveredeln durch Beschichten bzw. Auflegieren". MAN - Neue Technologie, München.

[20]   *Proprawe, R.*: Abschlußbericht "Metallbearbeitung mit UV-Lasern". Institut für Angewandte Physik der TH Darmstadt, Darmstadt.

[21]   *Hopf, W., Knoff, M., Treusch, H.G.*: Abschlußbericht "Reproduzierbares Abtragen geometrisch definierter Werkstoffvolumen mit Laserstrahlen". Robert Bosch GmbH, Zentralabteilung Produktionstechnik, Zentralstelle Metallische Werkstoffe (ZTM), Stuttgart.

[22]   N.N.: Ausgewählte Bereiche der Laserforschung und Lasertechnik - Förderungskonzepte. Der Bundesminister für Forschung und Technologie (BMFT), Bonn.

[23]   *Gnahs, D.*: Qualifikationsaspekte zur Lasertechnik. Vortrag Laserfachtagung 1987, Gelsenkirchen. In: Lasertechnologie in mittelständischen Unternehmen. Rationalisierungs-Kuratorium der deutschen Wirtschaft (RKW) e.V., Düsseldorf, 1988.

[24]   *Weck, M.*: Werkzeugmaschinen Band. 1: Maschinenarten, Bauformen und Anwendungsbereiche. 3. Auflage. Düsseldorf: VDI-Verlag 1988.

[25]   *Weck, M.*: Werkzeugmaschinen Band 3: Automatisierung und Steuerungstechnik. 3. Auflage. Düsseldorf: VDI-Verlag 1989.

[26]   *Eichhorn, F.*: Schweißtechnische Fertigungsverfahren Band 1: Schweiß- und Schneidtechnologien. Düsseldorf: VDI-Verlag 1983.

4 Detaillierung des Forschungsbedarfs im Bereich "Grundlagen lasergerechter Konstruktion und Fertigung"

Die bisher dargestellten Ergebnisse geben einen prinzipiellen Überblick bezüglich des Forschungsbedarfs auf einem Teilgebiet der Lasermaterialbearbeitung. Im folgenden werden wichtige Aspekte aus dem Bereich "Lasergerechte Konstruktion und Fertigung" von Experten durch Fachbeiträge detailliert. Diese stellen den Ist-Zustand, die Defizite sowie den daraus abzuleitenden Forschungsbedarf auf dem jeweiligen Fachgebiet dar.

4.1 Einführung zum Expertengespräch "Grundlagen lasergerechter Konstruktion und Fertigung"

Dr.rer.nat. R. Röhrig, Bundesministerium für Forschung und Technologie (BMFT), Bonn

Im Rahmen des Förderschwerpunktes "Laserforschung und Lasertechnik" wird eine systematisch aufgebaute Teilaktivität durchgeführt, die sich mit "Verfahrensgrundlagen der Lasermaterialbearbeitung" beschäftigt. Die Themen dieser Teilaktivität wurden und werden möglichst in einer zeitlichen Reihenfolge in Angriff genommen, wie sie dem wissenschaftlich-technischen Fortschritt entsprechen.

Deshalb wurde mit dem Schneiden mittels CO_2-Lasern begonnen. Im zeitlichen Mittelfeld steht die Bearbeitung mit Festkörperlasern. Demgegenüber befassen sich die Anwendungsuntersuchungen mit dem Excimerlaser noch stark mit dem "Screening".

Die zeitliche Reihenfolge entspricht aber auch einer zunehmenden Komplexität der Aufgabenstellung und der Durchführung. Das stellt besondere Anforderungen an alle Beteiligten in allen Phasen der Projektvorbereitung und Projektdurchführung.

Ein Vorhaben dieses hohen Komplexitätsgrades ist das sich derzeit in Vorbereitung befindliche Projekt "Lasersicherheit". Hierbei wird die Einbeziehung von laserfremden Disziplinen, wie die von Toxikologen oder von Arbeitsmedizinern, aber auch die Notwendigkeit einer europäischen Zusammenarbeit in EUREKA besonderen Aufwand bedeuten.

Von einer anders gearteten Komplexität dürfte das Vorhaben sein, das heute zu diskutieren ist. Lag und liegt der wesentliche Schwerpunkt der bisherigen Verbundprojekte in der Untersuchung des Wechselwirkungsprozesses von

Laserstrahlung und Werkstück, so soll das Projekt "Lasergerechte Konstruktion und Fertigung" sozusagen die Blickrichtung auf die Umgebung des Bearbeitungsprozesses lenken. Einige Fragen dürften dabei im Vordergrund stehen:

- Welche laserspezifischen Daten und Fakten benötigt der Konstrukteur, um einen optimalen Einsatz des Lasers zu planen?
- Welche Unterstützungen bieten dem Konstrukteur computergestützte Methoden der Zeichnungserstellung oder der dreidimensionalen Modellbildung bei der lasergerechten Konstruktion?
- Welche technischen und organisatorischen Hilfsmittel stehen dem Fertigungsingenieur zur Verfügung, um den Laser in die Arbeitsprozesse zu integrieren?
- Nicht zuletzt muß auch gefragt werden, welche Rolle der in Konstruktion und Fertigung arbeitende Mensch bei der Anwendung des Lasers zu spielen hat.

Zu diesen und einer Fülle weiterer Fragestellungen wird heute das Fraunhofer-Institut für Produktionstechnologie eine Untersuchung im Sinne einer Definitionsphase für das geplante Projekt präsentieren.

Mit einem systemtheoretischen Ansatz wurde vom IPT die völlige Integration des Lasers in den gesamten betrieblichen Ablauf durchleuchtet. Dabei werden eine Fülle von Innovationshemmnissen identifiziert, die einer weiteren Verbreitung der Lasertechnik derzeit und wohl auch noch in der nahen Zukunft im Wege stehen. Es werden auch Vorschläge unterbreitet, wie durch Forschungsanstrengungen die aufgezeigten Defizite überwunden werden können.

Heute und hier stehen wir vor der Aufgabe, auf der Basis der Untersuchung des IPT, ergänzender Kurzvorträge und der Diskussionen, zu konkreten Themenvorschlägen für ein nationales Verbundprojekt zu gelangen. Dabei möchte ich von vornherein auf begrenzende Rahmenbedingungen eingehen.

- Ein oder vielleicht auch mehrere Verbundprojekte zum Thema "Lasergerechtes Konstruieren und Fertigen" müssen einen klaren Bezug zu bislang geförderten Vorhaben der Lasermaterialbearbeitung haben. Die dort erarbeitete Datenfülle muß in das geplante Projekt Eingang finden. Ein Stichwort in diesem Zusammenhang könnten Faktendatenbanken sein.

- Firmenspezifische Lösungen ohne Breitenwirksamkeit können ebensowenig förderwürdig sein wie universelle, aber wenig praxisgerechte Ansätze. Hier gilt es, einen praktikablen Mittelweg zu beschreiten.

- Nicht alles, was interessant erscheint, ist für den Staat förderwürdig. Hier gilt das Subsidiaritätsprinzip, wonach nur das vom Staat zu unterstützen ist, das nicht oder zumindest nicht im gewünschten Ausmaß zustande käme. Es ist auch nicht Sache des Staates, die ureigensten Aufgaben der Wirtschaft zu fördern. Wir wollen z.B. mit unserer Förderung eines Verbundprojektes mehr erreichen, als nur die Summe der Einzelvorhaben. Synergieeffekte sollen genutzt werden.

- Nicht zuletzt stellen die haushaltsmäßigen Randbedingungen eine nicht zu unterschätzende Begrenzung dar.

  Zu meinem Bedauern kann ich derzeit keine präzisen Aussagen machen, welche Mittel für ein derartiges Projekt vom BMFT verfügbar gemacht werden können. Wie Sie den Medien entnehmen konnten, hat der Bundesfinanzminister den Regierungsentwurf 1991 einschließlich der mittelfristigen Finanzplanung für die Jahre 1992 bis 1994 zurückgezogen.

  Deshalb wird frühestens Anfang 1991 eine Entscheidung darüber möglich sein, welche Mittel für das geplante Projekt verfügbar gemacht werden können. Das ist auch der Zeitpunkt, zu dem aus heutiger Sicht frühestens eine Bekanntmachung zu diesem Projekt im Bundesanzeiger möglich ist.

  Andererseits bin ich der festen Überzeugung, daß ein derartig komplexes Thema auch diese Zeitspanne von einigen Monaten benötigt, um zu einer optimalen Konkretisierung im Rahmen einer Bekanntmachung zu gelangen.

Zum Abschluß meiner Anmerkungen möchte ich auf einige Punkte zu sprechen kommen, von denen ich mir wünsche, daß sie in die konkrete Projektarbeit aufgenommen werden:

- Die Anwendung der Lasertechnik ist derzeit im wesentlichen noch eine Domäne der Großindustrie. Ein Verbundprojekt zum Thema "Lasergerechtes Konstruieren und Fertigen" muß aber stärker dem Bedarf kleiner und mittlerer Unternehmen angepaßt sein. Hier brauchen wir einen Durchbruch zur Breitenwirksamkeit.

- Die Behandlung des Themas "Lasergerechtes Konstruieren und Fertigen" ist m.E. nicht denkbar ohne die Behandlung der Schnittstellenproblematik z.B. in Richtung CAD oder CIM. Hier möchte ich auf die Arbeiten im BMFT-Programm "Fertigungstechnik" verweisen. Das geplante Projekt muß auch die dort gesetzten Ziele im Auge halten. Deshalb begrüße ich die Beteiligung eines Vertreters vom Projektträger Fertigungstechnik im Kernforschungszentrum Karlsruhe.

- Das Projekt ist auch nicht denkbar ohne die Integration der Frage: Welche technischen Regeln und Normen sind berührt, müssen adaptiert und womöglich völlig neu konzipiert werden?

- Eine besondere Bedeutung messe ich der Einbeziehung von arbeitsorganisatorischen Aspekten und der Berücksichtigung von menschengerechten Strategien bei. In diesem Zusammenhang begrüße ich die Mitwirkung von Vertretern der IG Metall als einer der betroffenen Einzelgewerkschaften und eines Kollegen vom BMFT-Referat "Arbeit und Technik" an diesem Expertengespräch.

Wenn dieses Projekt in eine konkrete Arbeitsphase ab etwa Anfang 1992 übergeht, dann ist die Vereinigung der beiden deutschen Staaten längst vollzogen. Deshalb freue ich mich ganz besonders, daß heute auch Vertreter der Wissenschaft aus den neuen Bundesländern anwesend sind, um sich aktiv an der Vorbereitung des geplanten Verbundprojektes zu beteiligen. Ich erwarte mir auch von den Vertretern wissenschaftlicher Einrichtungen der neuen Bundesländer konstruktive Beiträge für eine wahrlich nicht einfache Projektkonzeption zum Thema "Lasergerechtes Konstruieren und Fertigen".

Für die bevorstehende Präsentation, Diskussion und vielleicht auch Konzeption des Projektes wünsche ich Ihnen viel Erfolg.

4.2 Lasergerechte Konstruktion von Werkstücken

4.2.1 Verfahrensspezifisch orientierter Forschungsbedarf auf dem Gebiet der Lasermaterialbearbeitung

Prof. Dr.-Ing. H. Hügel, Institut für Strahlwerkzeuge (IFSW), Stuttgart

4.2.1.1 Einführung

Wenn im folgenden über Defizite und einen daraus abzuleitenden Forschungsbedarf auf dem Gebiet des "Lasergerechten Konstruierens" diskutiert wird, so ist dies vor dem Hintergrund vielfältiger Anstrengungen zu sehen, der Lasertechnik verstärkte Verbreitung im industriellen Einsatz zu verschaffen. Wie bei der Einführung einer jeden neuen Fertigungstechnologie sind dabei insbesondere zwei Faktoren von Bedeutung: zum einen der Reife- und Verfügbarkeitsgrad der Technologie selbst und zum anderen das Vermögen und die Bereitschaft der Verantwortlichen in Konstruktion und Fertigungsplanung, das Neue einzusetzen. In <u>Bild 4-1</u> ist dies stark vereinfachend auf die Begriffe von Qualität und Kosten der Anlagen sowie der damit durchführbaren Verfahren und der Wissensausübung reduziert.

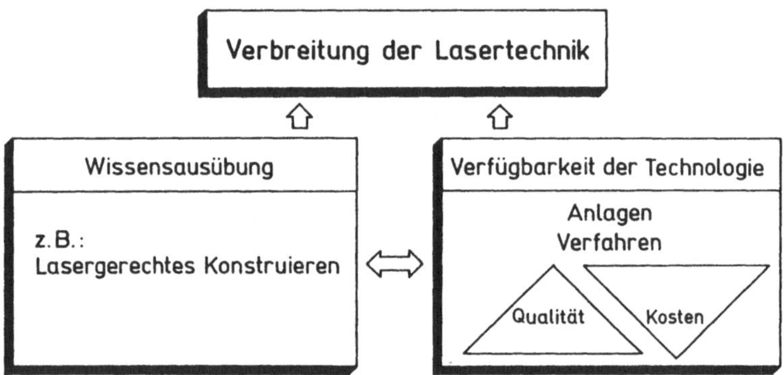

Bild 4-1: Verbreitung der Lasertechnik

Ein großzügiges und erfolgreiches Förderprogramm des BMFT insbesondere auf den Gebieten der Strahlquellen und der Verfahren der Lasermaterialbearbeitung hat der Lasertechnik in Deutschland mit zu einer - auch international gesehen - beachtlichen Position verholfen. Indessen sollen die folgenden skizzenhaften und auch nur einige Aspekte aufgreifenden Ausführungen verdeutlichen, daß wesentliche Elemente einer erfolgreichen Wissensausübung noch fehlen und die Defizite im Rahmen gezielter Programme zu beheben wären.

Wird "Lasergerechtes Konstruieren" verstanden als das Entwerfen und Gestalten eines Bauteils in der Weise, daß bei seiner Herstellung die Lasertechnik mit Vorteil gegenüber anderen Verfahren einsetzbar ist, so ist zu fragen, ob der Konstrukteur und der Fertigungsplaner über das hierfür notwendige Wissen verfügen bzw. verfügen können. Ohne auf die Problematik der Wissensvermittlung einzugehen (dazu sei auf ebenfalls vom BMFT geförderte Projekte zur "Aus- und Weiterbildung in der Lasertechnik" verwiesen) wird versucht, Antworten anhand der Schematisierung in <u>Bild 4-2</u> zu geben.

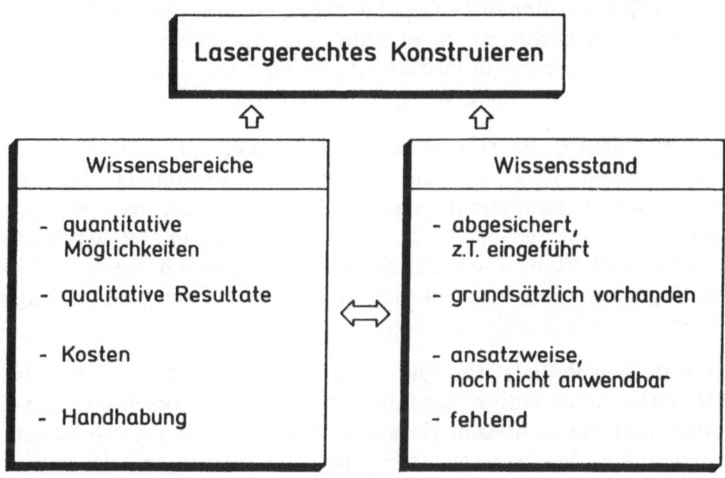

Bild 4-2: Lasergerechtes Konstruieren

Das Wissen muß in einer für Konstrukteur und Fertigungsplaner leicht zugänglichen Weise auf folgenden Gebieten verfügbar sein:

- Quantitative Möglichkeiten der Lasermaterialbearbeitung:
  Hierunter sind im wesentlichen die erzielbaren Bearbeitungsgeschwindigkeiten und -konfigurationen in Abhängigkeit von Stoff- und Geometrieeigenschaften des Werkstücks zu verstehen.

- Qualitative Resultate:
  Eng zusammenhängend mit quantitativen Daten müssen die im Werkstück auftretenden Veränderungen von Stoff- und Geometrieeigenschaften sowie des mechanischen Verhaltens unter Betriebsbeanspruchung und deren Auswirkungen auf die Funktionserfüllung des Bauteils (z.B. Ermüdungserscheinungen, Verzüge usw.) bekannt sein.

- Kosten:
  Abgeleitet aus den für die verschiedenen Verfahren erforderlichen Investitions-

und Betriebskosten sind "spezifische" Kosten (z.B. DM/mm, DM/mm^3 usw.) verfügbar zu machen.

- Handhabung:
  Insbesondere der Konstrukteur hat die Gegebenheiten von Handhabung und Zugänglichkeit (z.B. Kollisionsmöglichkeiten zwischen Werkstück und Bearbeitungskopf, Einbringung von Zusatzwerkstoffen usw.) bei seinen Entwürfen zu berücksichtigen.

Für alle angeführten Gebiete gibt es Teilaspekte, wozu ein sehr unterschiedlicher Wissensstand vorliegt. Insbesondere hinsichtlich der "qualitativen Resultate", deren Schlüsselrolle für eine breite industrielle Akzeptanz und Umsetzung immer deutlicher wird, bestehen heute noch weitgehend Defizite.

Da die Lasertechnik häufig als fest etablierte Verfahren zu substituierende Methode in Frage kommt, ist es von außerordentlicher Bedeutung, daß *vergleichende* Beurteilungen ermöglicht werden. Dies bedeutet, daß all jene Kenntnisse und Bewertungskriterien, die dort vorhanden sind, in gleicher Weise für die Lasermaterialbearbeitung erarbeitet und verfügbar gemacht werden. Dem Entwickeln von Expertensystemen ist in diesem Zusammenhang eine wichtige Rolle beizumessen.

Im folgenden soll beispielhaft für die Oberflächenbehandlung und das Schweißen der dazu notwendige verfahrensspezifische Forschungsbedarf aufgezeigt werden. Auf die in diesem Zusammenhang weiterhin notwendigen, z.B. qualitätssichernden Maßnahmen, wird nicht eingegangen, da sie in getrennten Beiträgen behandelt werden.

4.2.1.2   *Derzeitiger Stand*

4.2.1.2.1 Umwandlungshärten

Gegenwärtig sind verschiedene Verfahren des Oberflächenhärtens in der industriellen Fertigung fest etabliert, von denen vor allem das Induktions- und Einsatzhärten als zum Laserhärten konkurrierende Methoden anzusehen sind. Für diese ist die Verfügbarkeit serientauglicher Technologien und Anlagen charakteristisch. Vor allem bei großen Härteflächen sind sie preisgünstig und sehr produktiv einsetzbar. Ferner existiert eine Reihe gut handhabbarer Richtlinien und Vorschriften für das Härten und die fertigungsgerechte Konstruktion von zu härtenden Einzelteilen.

Diese Vorteile führen zu einer begünstigten Auswahl der konventionellen Verfahren für Härteaufgaben, obwohl mit ihrer Anwendung gleichzeitig verschiedene Nachteile in Kauf genommen werden müssen. Diese lassen sich in den folgenden Punkten zusammenfassen:

a) Gegenüber dem Laserstrahlhärten ist der Prozeß weniger präzise steuerbar. Daraus folgen größere Einhärttiefen als konstruktiv erforderlich; in jedem Fall tritt stärkerer Verzug und ein höherer Aufwand zur Fertigbearbeitung auf Nennmaß auf.

b) Infolge der durch die Verfahrensprinzipien bestimmten und damit nur sehr grob variierbaren wärmebeeinflußten Flächen ist das Härten nur in geringerem Maße lokalisierbar. Hierdurch werden größere Flächen als erforderlich gehärtet, mit den oben angeführten Konsequenzen. An rißempfindlichen Stellen (Bohrungen, Absätze) treten außerdem Probleme durch die unerwünschte, schwer vermeidbare thermische Beeinflussung auf.

c) Wegen der geringen Flexibilität ist die Anpassung an eine gegebene Werkstückgeometrie schwierig. Besonders bei kleinen Stückzahlen und häufig wechselndem Bauteilsortiment ergeben sich hieraus technische und wirtschaftliche Nachteile.

d) Die Zugänglichkeit ist eingeschränkt, so daß bestimmte Formelemente nicht härtbar sind. Vielfach wird aus diesem Grund ein größerer Flächenanteil gehärtet als erforderlich.

Für verschiedene Werkstoffe, insbesondere Vergütungsstähle und Gußeisen, ist das Laserhärten aus technischer und wirtschaftlicher Sicht vorteilhaft einsetzbar. Tabelle 4-1 zeigt mögliche Anwendungsbeispiele im Maschinenbau und diejenigen der oben angeführten Probleme, denen mit dem Laser am wirkungsvollsten begegnet werden kann.

Tabelle 4-1: Anwendungsgebiete für das Umwandlungshärten

Maschinen-element	Anwendungs-beispiel	Beanspruchung	Argument für Laser
Lauffläche	Nockenwellen, Kurvenscheiben	Rollend	a), b), c)
Dichtsitz	Hydraulik	Kavitation, Schlagbeanspr.	b), c), d)
Lauffläche	Kurbelwelle, Zyl.-laufbüchse	Gleitend	a), c) a), b), c), d)

4.2.1.2.2 Beschichten, Umschmelzen mit Zusatzwerkstoffen

Zum Oberflächenveredeln durch Beschichten oder Stoffwandlung in oberflächennahen Bereichen hat eine Vielzahl konventioneller Verfahren ihren festen Platz in der Fertigung gefunden. Auftragschweißverfahren (WIG, Plasma-Pulver-

AS), Thermisches Spritzen, Nitrieren oder Einsatzhärten stehen den Laserverfahren gegenüber. Allen ist gemein, daß sie bei größeren Flächen und hohen Auftragsschichtdicken sehr produktiv eingesetzt werden können. Vielfach stehen preisgünstige und technologisch sicher beherrschte Verfahren und die entsprechende Anlagentechnik zur Verfügung. Die Mehrzahl der Technologien ist industrietauglich, und es liegen langjährige Einsatzerfahrungen in der Serienfertigung vor.

Demgegenüber sind diese konventionellen Methoden prinzipiell durch eine verfahrensspezifische Inflexibilität gekennzeichnet, die die Einsatzmöglichkeiten aufgrund folgender Probleme eingrenzt:

a) Die begrenzte Steuerbarkeit des Prozesses führt zu Umschmelztiefen oder Schichtdicken, die nur wenig präzise auf das erforderliche Maß beschränkt werden können, und zu schlechteren Oberflächenqualitäten. Daraus ergeben sich ein Mehreinsatz an Zusatzmaterial und ein höherer Aufwand an Nachbearbeitung. Die Wärmeführung ist weniger gut steuerbar, und es besteht eine höhere Gefahr von Schichtfehlern (Risse, Poren, Inhomogenität) und Verzug. Das für Beschichtungen wichtige Kriterium der geringen Aufmischung mit Grundmaterial wird nur unzureichend beherrscht.

b) Ein selektives Bearbeiten ist wegen der geringen Lokalisierbarkeit nur bedingt möglich. Auch hierdurch steigt die Verzugsgefahr, und die Bearbeitung ist als Folge des höheren Zusatzwerkstoffverbrauchs und des Nacharbeitsaufwands in vielen Fällen energetisch und wirtschaftlich ungünstig.

c) Aufgrund bauteilgeometrischer und eigenschaftsbezogener Beschränkungen sind komplizierte Werkstückgeometrien nicht oder nur unzulänglich bearbeitbar. Für komplexe Beanspruchungen ist kein umfassender Oberflächenschutz möglich. Ebenso versagen die konventionellen Verfahren auch bei Aufgaben gezielter Eigenschaftsverbesserungen für extreme Werkstoffbelastungen.

Für das Oberflächenveredeln mit Lasern sind ausgewählte Anwendungsmöglichkeiten, typische Zusatzwerkstoffe und die Argumente für den Lasereinsatz, bezogen auf die Problemkreise, in <u>Tabelle 4-2</u> zusammengefaßt. Als Grundwerkstoffe kommen Stahl, Gußeisen und Nichteisenmetalle (Aluminium, Messing) in Frage.

4.2.1.2.3 Schweißen

Das Laserschweißen konkurriert vor allem mit a) Widerstands- und b) Lichtbogenschweißen auf der einen und c) Elektronenstrahlschweißen auf der anderen Seite. Während die ersten beiden Verfahren von einer in Relation zum Laserstrahl sehr preisgünstigen Wärmequelle Gebrauch machen und vergleichs-

Tabelle 4-2: Anwendungsbeispiele für das Beschichten, Umschmelzen mit Zusatzwerkstoffen

Maschinen-element	Anwendungs-beispiel	Beanspruchung	Werkstoffe	Argument für Laser
Schneidkante	technisches Messer	schlagend, abrasiv	Ni-, Co-, Fe-Legierungen, WC, TiC	a), b), c)
Lauffläche	Nockenwelle	rollend	Co-, Ni-Legierungen	a), b)
Dichtfläche	Ventil	Schlag, Erosion, Temperatur	Co-, Ni-Legierungen	a), b)
Warmarbeits-werkzeuge	Preßstempel, Schmiedege-senke	hohe Temp. u. Temp.wechsel, Druck, Abrasion	Co-, Ni-, Fe-Legierungen, Hartstoffe	a), c)
Triebwerks-elemente	Turbinen-schaufel	Erosion, hohe Temperatur u. Temp.wechsel, Schlag, Ermüdung	Metallegierun-gen, Keramik, Hartstoffe	a), b), c)

weise geringe Anforderungen an die Fügestellenvorbereitung stellen, bietet der relativ teure Elektronenstrahl die Möglichkeit, höhere Schweißtiefen und Aspektverhältnisse zu erreichen.

Allen drei Konkurrenzverfahren ist gemeinsam, daß sie ausgereift sind, weite Verbreitung gefunden haben und daß ausreichend Erfahrung vorliegt, die sich in technischen Regelwerken niedergeschlagen hat. Dagegen stellt sich das Laserstrahlschweißen immer noch als Sonderverfahren dar, für das im speziellen Anwendungsfall aufwendige Voruntersuchungen notwendig sind und dessen spezifische Vorteile nicht voll ausgeschöpft werden. Als wichtigste Vorteile sind zu nennen:

a)   Im Vergleich zu a) und b) läßt sich der Laserstrahl weitaus präziser steuern. Dadurch werden manuelle Eingriffe in das Fertigungsver-fahren vermieden. Die thermische Belastung des Bauteils ist geringer, was sich in weniger Verzug und Nacharbeit auswirkt. Schließlich führt die Zuverlässigkeit der Wärmequelle des Laserstrahls zu verringertem Prüfaufwand.

b)   Das thermische Werkzeug Laserstrahl ist verschleißfrei. Dadurch entfallen Nachstell- und Werkzeugwechselvorgänge, die wegen der

Abnutzung von Elektroden beim Widerstands- und Lichtbogenschweißen erforderlich sind.

c) Es wird ein höheres Aspektverhältnis als bei a) und b) erreicht. Mehr-
    lagiges Schweißen kann daher durch einlagiges ersetzt werden. Es tritt
    weniger Verzug auf, Nacharbeitsgänge können entfallen.

d) Im Vergleich zum Widerstandsschweißen wirkt sich die kraftfreie
    Wärmezufuhr bei verformungsempfindlichen Bauteilen als Vorteil aus.
    Andererseits kann die Punktschweißzange in vielen Anwendungen
    auch die Funktion einer Spannvorrichtung übernehmen.

e) Beim Laserstrahlschweißen werden wesentlich höhere Arbeitsge-
    schwindigkeiten als beim Lichtbogen- und Widerstandsschweißen
    erreicht.

f) Widerstandsschweißen führt zu undichten Verbindungen. Bei Korro-
    sionsgefahr sind Abdichtarbeitsgänge (Kleben, Löten) erforderlich. Mit
    dem Laserstrahlverfahren können problemlos dichte Nähte erzeugt
    werden.

Tabelle 4-3: Anwendungsbeispiele für das Schweißen

Maschinen-element	Anwen-dungs-beispiel	Beanspru-chung	Werkstoffe	Argument für Laser
Bleche, I-Naht	Karosserien, Verpackun-gen	Zug, Biegung	Kaross.blech (beschichtet, unbeschich-tet), faser-verstärkte Leichtmet.	a), b), c), d), e)
Bleche, Überlapp-naht	Karosserien, Verpackun-gen	Zug, Bie-gung, Korrosion	Kaross.blech, faserver-stärkte Leichtmet.	a), b), e), f)
Welle/Nabe, Zahnkranz	Zahnräder	Scherung, Schlagbean-spruchung	Vergütungs-stahl	a), b), c), e), g)
Behälter	Druckspei-cher, Tank	Zug, Korrosion	Baustahl, Nichteisen-met.	a), b), c), e), f), g)

g)   Im Vergleich zum Elektronenstrahlverfahren fällt vor allem der Vorteil
     ins Gewicht, daß auf eine Vakuumkammer verzichtet werden kann.
     Dies führt zu kürzeren Taktzeiten, erleichert die Mechanisierung und
     bringt zumindest im Leistungsbereich bis 5 kW niedrigere Investitions-
     kosten.

<u>Tabelle 4-3</u> nennt einige typische Anwendungsbeispiele, bei denen sich die
Vorteile des Laserstrahls besonders auswirken. Teilweise wird bei diesen
Beispielen der Laser schon industriell eingesetzt.

4.2.1.3   Forschungsbedarf

Vor dem Hintergrund des Fehlens allgemeingültiger Regeln zur Eigenschaftskon-
trolle, Bauteilgestaltung und zu den Erfordernissen des technischen Umfeldes
lassen sich zwei Schwerpunkte des Forschungsbedarfs identifizieren, die
Eigenschaftsermittlung der laserbehandelten Werkstoffe und die Bauteilgestaltung.

4.2.1.3.1   Eigenschaftsermittlung der laserbehandelten Werkstoffe

Umwandlungshärten

Im Vordergrund stehen die Eigenschaften Verschleißverhalten, Ermüdungs-
festigkeit, Rißverhalten an kritischen Stellen und die ertragbaren Flächen-
pressungen sowie eine funktionsgerechte Gestaltung des Härtebildes (Spurgeometrie, Spurlegung). Anhand der zu gewinnenden Erkenntnisse sind Aussagen
über die Belastbarkeit laserbehandelter Bauteile möglich. Sie gestatten eine
beanspruchungsgerechte Auslegung der Einzelteile bei gleichzeitig optimierten
Bedingungen für das Härten (Minimieren der Härtetiefen, Flächenanteile und
Fertigungszeiten, aber Ertragen der vorgegebenen Belastung).

Beschichten, Umschmelzen mit Zusatzwerkstoffen

Über die für das Härten beschriebenen Eigenschaften hinaus sind hier noch die
Haftfestigkeit aufgetragener Schichten, die chemische Zusammensetzung und die
Homogenität der modifizierten Werkstoffbereiche, die Oberflächenqualität, das
Beherrschen von Gefügefehlern und die nachträgliche Bearbeitbarkeit als
zusätzliche Beurteilungs- und Dimensionierungskriterien anzusehen.

Unter der Maßgabe allgemeingültigen Charakters dienen die Ergebnisse der
Eigenschaftsuntersuchungen ferner einer dem Einsatzfall entsprechenden Ver-
fahrensauswahl. Nach dem Festlegen der Grundvariante (Beschichten, Legieren,
Dispergieren) erfolgt die Bestimmung der Art des Zusatzwerkstoffs (Pulver,
Draht, Stab, Folie), seiner chemischen Zusammensetzung und schließlich der
Methode der Zufuhr (kontinuierliches Zuführen, vorheriges Deponieren). Die

wichtigsten Auswahlkriterien sind die Bauteilgeometrie, der Grundwerkstoff und das Beanspruchungskollektiv.

Schweißen

Hier ist vor allem die Ermittlung der Beanspruchungseigenschaften und -folgen repräsentativer Anwendungsfälle vonnöten. Deren Kenntnis soll die Minimierung des Querschnitts typischer Nähte und damit die Prozeßeffizienz steigern und Kosten reduzieren.

4.2.1.3.2　Bauteilgestaltung

Die Gestaltung hat unter der Maßgabe zu erfolgen, daß die laserspezifischen Vorteile zur Geltung gebracht werden und die (im ersten Schwerpunkt skizzierten) eigenschaftsbestimmenden Mechanismen wirksam werden können.

Umwandlungshärten

Wichtige Kriterien für Bearbeitungsergebnis und Prozeßeffizienz sind die Verhältnisse von Funktionsfläche zu Bauteilgröße oder von Einhärttiefe zu Bauteildicke, wobei die Wärmeableitung prozeßgerecht gesichert sein muß. Hierzu sind typische Bereiche und deren Grenzen zu ermitteln. Ein weiterer Aspekt ist die Werkstoffauswahl.

Beschichten, Umschmelzen mit Zusatzwerkstoff

Hier steht die Paarung Grund-/Zusatzwerkstoff im Vordergrund. Form und Lage der zu schaffenden Funktionsfläche und ebenfalls deren Verhältnis zum gesamten Werkstück sind weitere wichtige Kriterien. Da die umschmelzenden und beschichtenden Verfahren im wesentlichen nur in Wannenlage zu realisieren sind, müssen entsprechende Anforderungen an die geometrische Gesamtgestaltung des Einzelteils und an die Bewegungstechnik der Laseranlage gestellt werden.

Schweißen

Die Präzision des Laserstrahls führt zu hohen Anforderungen an die Fügespalttoleranz, so daß der Fügegeometrie besondere Bedeutung zukommt. Durch entsprechende Gestaltung und verfahrenstechnische Maßnahmen kann die Fehlertoleranz erhöht werden.

4.2.2 Ermittlung der technischen und konstruktiven Möglichkeiten bei Einsatz der Lasertechnologie

Prof. Dr.-Ing. M. Geiger, Lehrstuhl für Fertigungstechnologie (LFT) der Friedrich Alexander Universität Erlangen-Nürnberg, Erlangen

4.2.2.1 Derzeitige Situation

Der Hauptvorteil von Laserstrahlfertigungstechniken liegt nicht in der Substitution bekannter Technologien, sondern in der Ermöglichung neuer Prozeßtechnologien und Produkte. Der Einsatz neuer Verfahren ist nur dann wirtschaftlich, wenn ihre speziellen Vorteile gezielt ausgenutzt werden. So ist vor allem bei neuen, konventionell nicht möglichen Fertigungsverfahren und Produkten der Einsatz von Laserstrahlbearbeitungsanlagen trotz der relativ hohen Investitionskosten wirtschaftlich sehr interessant.

Entscheidende Hemmnisse bei der Umsetzung neuer Techniken in konstruktive Lösungen - und hier macht die Lasertechnik keine Ausnahme - treten immer dann auf, wenn der Konstrukteur das mit der neuen Technik Machbare nicht kennt. Die konstruktiven Vorteile von neuen Fertigungstechniken müssen dem Konstrukteur bei der Auslegung neuer Bauteile bewußt sein, um eine bloße Substitution der bisherigen Fertigungstechniken zu vermeiden.

Ein Konstrukteur muß somit in den zu berücksichtigenden Fertigungstechniken "denken" können, um

- die Bauteile fertigungsgerecht auslegen zu können, also "richtig" in Werkstoff, Haupt- und Fehlergeometrie;
- Bauteile prozeßsicher für die Fertigung auslegen zu können, um somit auch wirtschaftliche Vorteile gegenüber anderen Lösungen zu erreichen.

Der Konstrukteur trägt bei Investitionsgütern oft mehr als zweidrittel der Gesamtkostenverantwortung für ein Produkt. Dementsprechend ist es bei Einsatz von Laserstrahlfertigungstechniken unerläßlich, bereits in der Konstruktionsphase lasergerecht vorzugehen. Eine lasergerechte Konstruktion bestimmt in entscheidendem Maße den wirtschaftlichen Erfolg eines neuen, mit Laserstrahlfertigungstechnologien hergestellten Bauteils. Die eingesetzten Laserstrahlverfahren bestimmen entscheidend die erreichbare Haupt- und Fehlergeometrie der Teile, d.h. die geometrischen Abmessungen eines Bauteils und die mit natürlicher Genauigkeit möglichen Form-, Maß- und Lagetoleranzen. Diese Haupt- und Fehlergeometrie der Bauteile muß mit hoher Prozeßsicherheit und Wirtschaftlichkeit erreicht werden, wozu entsprechende Laserstrahlfertigungssysteme erforderlich sind.

Im Mittelpunkt einer konstruktiven Aufgabe steht immer, ein Bauteil in seinen geometrischen und mechanischen Eigenschaften so auszulegen, daß es den Anforderungen genügt, die an seine Funktionsfähigkeit gestellt werden. Die

Bauteilgestaltung muß dementsprechend werkstoff-, beanspruchungs- und
fertigungsgerecht sein, <u>Bild 4-3</u>. Diese verschiedenen Aspekte lassen sich aber
nicht unabhängig voneinander betrachten, da intensive Wechselbeziehungen
zwischen dem eingesetzten Werkstoff, dem Bearbeitungsprozeß und dem
Fertigungssystem mit Blick auf die gewünschten Zielgrößen bestehen.

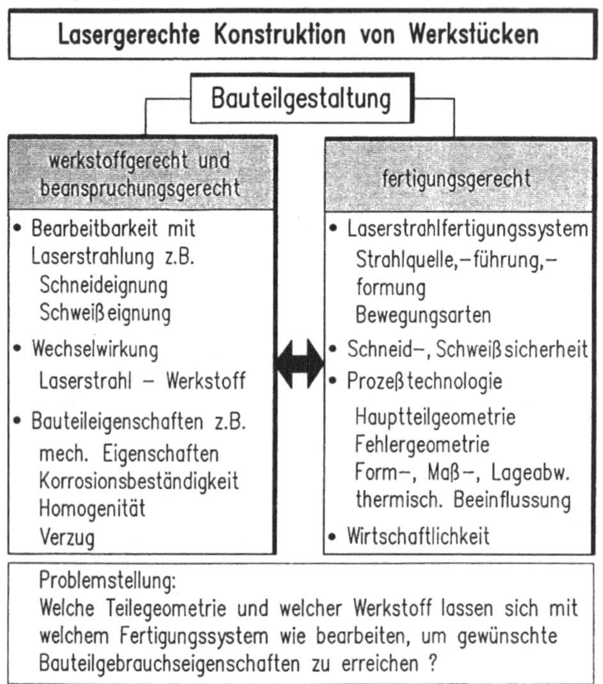

Bild 4-3: Lasergerechte Konstruktion von Bauteilen

Bei der Werkstoffauswahl muß neben den mechanischen Anforderungen an das
Bauteil auch die Bearbeitbarkeit mit Laserstrahlung sichergestellt sein, also z.B.
die Schneid- oder Schweißeignung des Werkstoffs. Die Wechselwirkung
zwischen Strahl und Werkstoff muß mit einem Übertragungswirkungsgrad
erfolgen, der die gewünschten Bauteileigenschaften sicher, aber auch wirtschaftlich erreichen läßt. Damit man in der Konstruktion die laserspezifischen
Bauteileigenschaften, wie zum Beispiel hohe Korrosionsbeständigkeit, gute
Umformarbeit oder hohe Struktursteifigkeit nach der Laserstrahlbearbeitung
vorteilhaft ausnutzen kann, müssen diese Eigenschaften mit ausreichender
Prozeßsicherheit erreicht werden können. Eine fertigungsgerechte Bauteilgestaltung muß als Grundanforderung die Laserstrahlbearbeitung überhaupt ermöglichen. Die Bearbeitungsstellen dürfen also zum Beispiel nicht an Positionen

liegen, die vom Führungssystem der Laserstrahlwerkzeugmaschine gar nicht erreicht werden können. Darüber hinaus werden durch die technologischen Randbedingungen des eingesetzten Laserstrahlfertigungsverfahrens die Möglichkeiten der Bauteilgestaltung eingeschränkt, beim Laserstrahlschneiden beispielsweise die möglichen Konturelemente. Hinter all diesen Einzelkriterien darf natürlich die übergreifende Forderung nach einer kostengerechten Konstruktion nicht vernachlässigt werden, da dieser Aspekt die Einzelkriterien verbindet bzw. gewisse Kombinationen ausschließt.

4.2.2.2 Problemfelder und Wissensdefizite

Die bisher genannten Problemfelder einer lasergerechten Konstruktion und die dabei noch vorhandenen Wissensdefizite sollen im folgenden anhand einiger ausgewählter Beispiele verdeutlicht werden.

Das erste Beispiel zeigt eine neue Prozeßtechnologie, die erst durch den Einsatz eines Lasers ermöglicht wurde. Für eine hochgenaue Verbindung von zwei Ziehteilen im Karosseriebau kommt sowohl im Prototypenbau als auch neuerdings bereits in der Serienfertigung das kombinierte Laserstrahlschneiden und -schweißen zum Einsatz. Es zeichnet sich durch minimalen Verzug und höchste Oberflächengenauigkeit aus, so daß sich zum Beispiel am Übergang von Dachhaut zum Kotflügel die bisher notwendige Zierleiste vermeiden läßt.

<u>Bild 4-4</u> zeigt Detailaufnahmen der entsprechenden Schweißnaht. Die Schweißnaht liegt im Sichtbereich der Karosserieaußenhaut und darf deshalb nach entsprechender Nacharbeit nicht mehr erkennbar sein. Erforderlich ist dazu eine porenfreie Naht mit Überhöhung an der Strahleintrittsseite (Schweißmöglichkeit!) und möglichst geringer Aufhärtung. Um die erforderliche Struktursteifigkeit zu gewährleisten, muß eine durchgehende Schweißnaht mit hoher Prozeßsicherheit gewährleistet sein. In diesem Beispiel wurde zur Erzielung der geforderten Schweißnahteigenschaften die Zuführung eines Zusatzwerkstoffs beim Laserstrahlschweißen erforderlich. Der Konstrukteur mag eine solche Erfordernis erkennen können, und er sollte Hilfsmittel zur Hand haben, um diesen erhöhten Fertigungsaufwand zum Beispiel durch eine veränderte Bauteilauslegung eventuell vermeiden zu können.

Die zwei folgenden Beispiele verdeutlichen die Abhängigkeit der Fehlergeometrie sowohl von der dynamischen und statischen Genauigkeit des Führungssystems als auch von der Hauptgeometrie des Bauteils. <u>Bild 4-5</u> zeigt das gemessene dynamische Führungsverhalten einer Laserstrahlwerkzeugmaschine beim Abfahren von Ronden. Die Messung zeigt die Abweichung des Führungssystems selbst; die tatsächlichen Auswirkungen auf die Fehlergeometrie des laserbearbeiteten Bauteils hängen vom eingesetzten Bearbeitungsverfahren ab. Eine wichtige Information, die dem Konstrukteur bereitgestellt werden muß, ist hier z.B. die Relation zwischen Sollkreisradius und maximal zulässiger Ver-

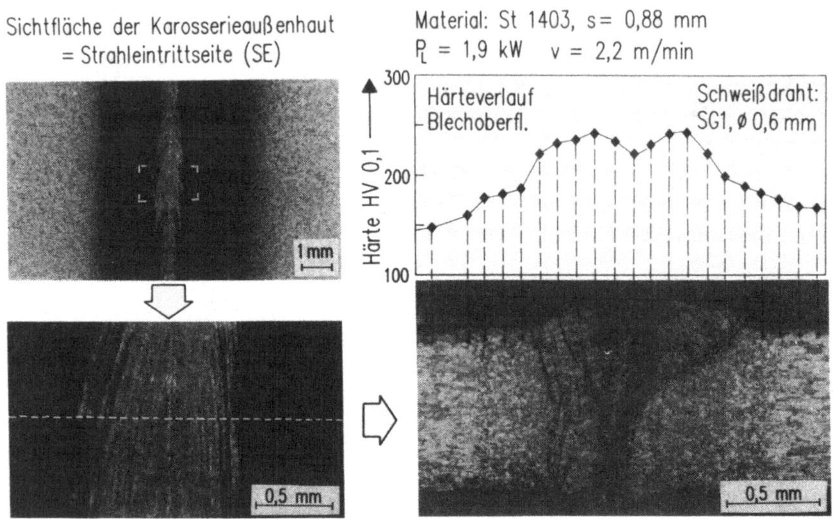

Bild 4-4:   Kombiniertes Laserstrahlschneiden und -schweißen von Karosserieteilen: Schweißen mit Zusatzstoff

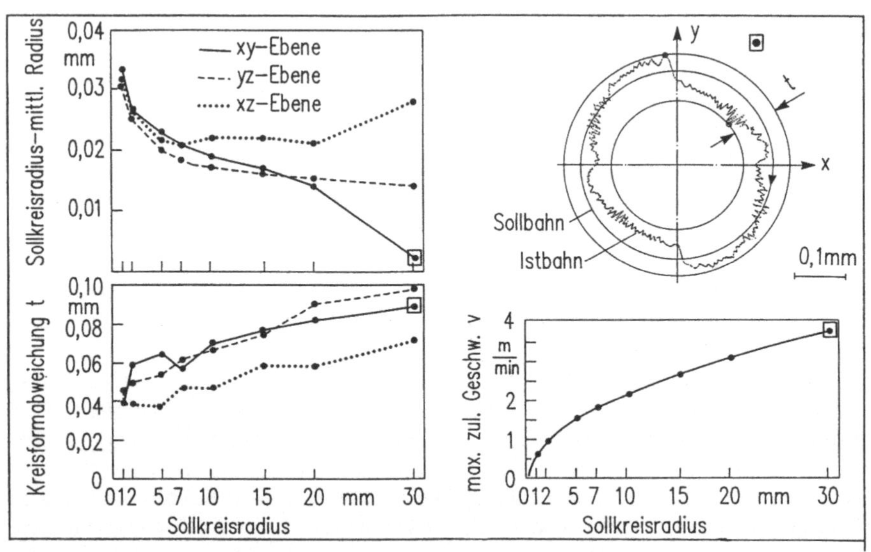

Bild 4-5:   Führungsverhalten beim Fahren von Ronden

fahrgeschwindigkeit (in Bild 4-5 rechts unten). Wird ein Bauteil mit Bearbeitungsradien konstruiert, für die die maximal zulässige Geschwindigkeit unter der für den Laserstrahlbearbeitungsprozeß erforderlichen Bahngeschwindigkeit liegt, so kann durch die unangepaßte Bahngeschwindigkeit die Prozeßsicherheit an diesen kritischen Konturelementen gefährdet sein.

Ein weiterer Zusammenhang zwischen der Haupt- und Fehlergeometrie eines Bauteils ist in <u>Bild 4-6</u> zu erkennen. Aufgrund der Strahlakustik des unfokussierten Laserstrahls hängen der Durchmesser des Laserstrahls auf der Arbeitsoptik und damit die Intensität im Fokus in typischer Weise von der Entfernung der Arbeitsoptik vom Auskoppelfenster des Lasers und damit von der Position der Bearbeitungsstelle im Arbeitsraum ab. Die um bis zu einem Faktor von 2 unterschiedlichen Laserstrahlintensitäten können dazu führen, daß die erforderliche Bearbeitungsqualität und Prozeßsicherheit nicht an allen Bearbeitungspositionen erreicht werden können.

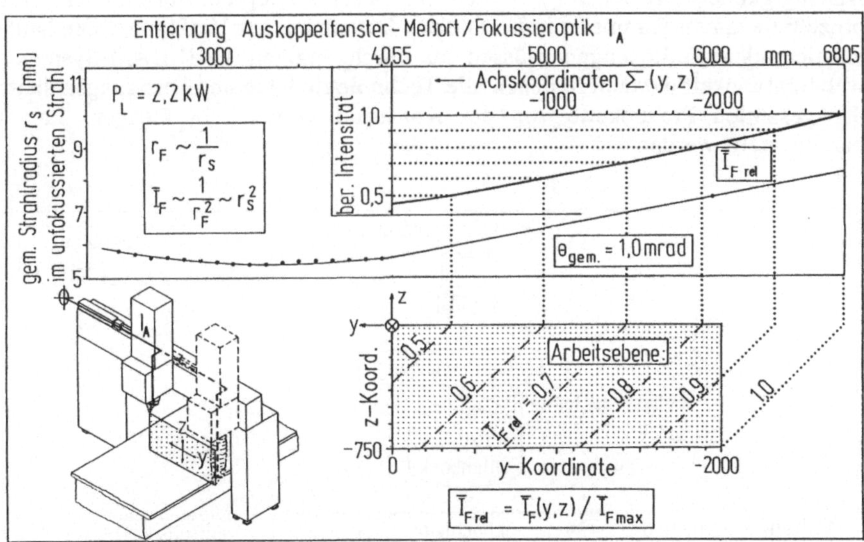

Bild 4-6:   Einfluß der Strahlakustik im unfokussierten Laserstrahl auf die Intensität im Fokus

Der Konstrukteur muß diese Zusammenhänge von Haupt- und Fehlergeometrie kennen, um entscheiden zu können, ob sich das Bauteil mit der erforderlichen Genauigkeit fertigen läßt. Diese Entscheidung ist jedoch stark von dem jeweiligen Fertigungssystem und Laserstrahlbearbeitungsprozeß abhängig. Deshalb können diese Zusammenhänge dem Konstrukteur nur über eine

Simulation des statischen und dynamischen Verhaltens einer Laserstrahl-
bearbeitungsanlage zugänglich gemacht werden. Andererseits liefert diese
Simulation gleichzeitig eine Grundvoraussetzung für eine automatisierte Off-line
Programmierung von Laserstrahlbearbeitungsanlagen, die in wirtschaftlicher
Hinsicht dringend gefordert wird. Vor allem bei der 3D-Bearbeitung erfordert
das heute übliche "Teach-In" einen zu hohen Kostenaufwand, so daß es in
Zukunft vermieden werden muß.

Die derzeitigen Möglichkeiten der automatisierten Off-line-Programmierung
einer 2D-Laserstrahlschneidanlage im Rahmen eines flexiblen Fertigungssystems
sind in <u>Bild 4-7</u> aufgezeigt. Bei der Konstruktion des Blechteils erzeugt man ein
3D-CAD-Modell, aus dem lediglich einmal interaktiv und computerunterstützt
ein ebener Zuschnitt aus der Blechteilabwicklung erzeugt und in der Blechtafel
geschachtelt wird. Die auftragspezifische Generierung der NC-Programme
erfolgt dann automatisch, wobei durch den Technologieprozessor die für den
Laserstrahlschneidprozeß notwendigen Technologieparameter und deren
Abhängigkeiten berücksichtigt werden. Der Technologieprozessor stellt dabei die
prozeßrelevanten Parameter in Form einer Datenbank zur Verfügung. Die heute
existierenden Teillösungen müssen zu durchgängigen CAD-CAM-Systemen
weiterentwickelt werden, in denen alle Technologiedaten und Fertigungsabläufe
der gesamten Prozeßkette von der Konstruktion bis zum fertigen Bauteil
bereitgestellt werden.

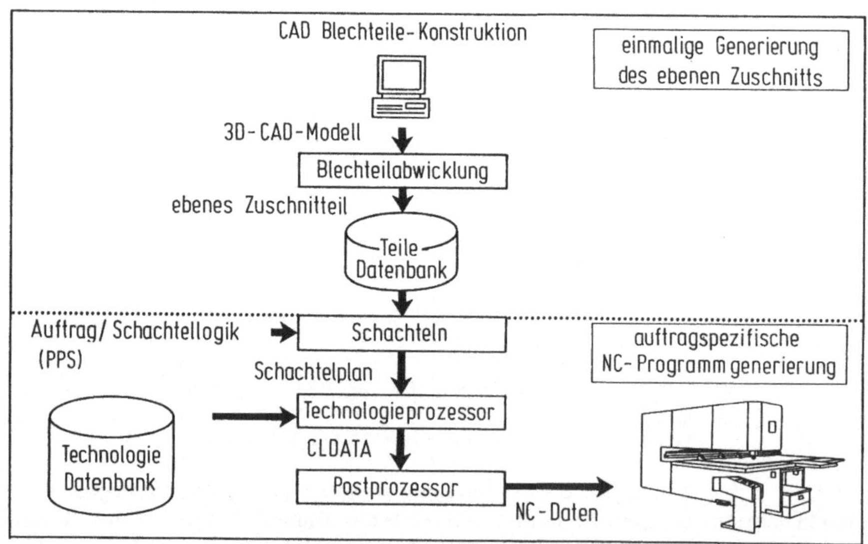

Bild 4-7: Automatisierte Off-line-Programmierung einer 2D-Laserschneidanlage

Für eine Übertragbarkeit der Ergebnisse ist es unabdingbar, standardisierte Datensätze von Technologie- und Anlagenparametern festzulegen und diese Datensätze, soweit noch nicht bekannt, experimentell zu ermitteln und in allgemein zugänglichen Datenbanken abzulegen. Einen Ansatz für eine Standardisierung von Technologiedaten bietet das in <u>Bild 4-8</u> gezeigte Musterteil Laserstrahlschneiden. Es ermöglicht es in systematischer Weise, die mit Laserstrahlschneiden erreichbaren Haupt- und Fehlergeometrien zu ermitteln und entsprechende Konstruktions- und Technologierichtwerte aufzustellen. Bei systematischer Variation der Konturform sind die in diesem Musterteil zusammengefaßten Geometrieelemente einerseits so ausgewählt, daß sie zur Charakterisierung sowohl des Schneidvorgangs als auch des Führungsverhaltens der Maschine geeignet und andererseits auch einer einfachen Auswertung zugänglich sind.

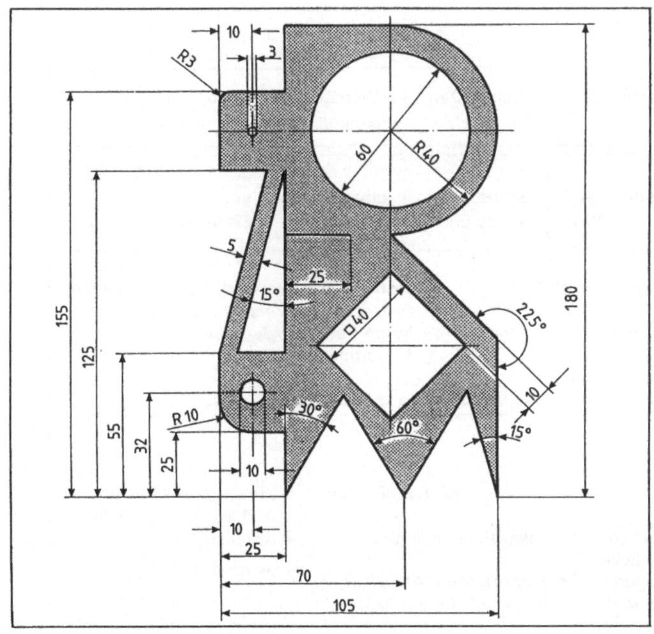

Bild 4-8: Musterteil Laserstrahlschneiden

Ein solches Musterteil ist geeignet, dem Konstrukteur sowohl die im Hinblick auf eine Fertigteilqualität wichtige Information über die erreichbare Bearbeitungsqualität zu liefern als auch die kritischen Konturelemente und die technologischen Grenzen des Laserstrahlschneidens zu verdeutlichen. Ein standardisiertes Musterteil kann sowohl zur Erstellung von Handbüchern und

Datenbanken für die Konstruktion als auch zum Vergleich verschiedener Laserstrahlbearbeitungsanlagen herangezogen werden.

In <u>Bild 4-9</u> sind der derzeitige Kenntnisstand und die Wissensdefizite für die verschiedenen Laserstrahlprozeßtechnologien noch einmal kurz zusammengefaßt. So stehen heute im Bereich des industriell eingeführten Laserstrahlschneidens leistungsfähige Fertigungssysteme zur Verfügung. Ein Konstrukteur kann meist auf firmenspezifische Beispielsammlungen zurückgreifen, die optimalen Bearbeitungsparameter für das jeweilige Bauteil müssen jedoch durch kostenintensiven Versuchsbetrieb ermittelt werden. Ausreichendes Technologiewissen ist im Konstruktionsbereich noch nicht vorhanden, ebenso fehlen geeignete Schnittstellen für die Kopplungen zwischen den CAD- und den CAM-Rechnersystemen. Bei den anderen, weniger verbreiteten Laserstrahlbearbeitungsverfahren sind die Wissensdefizite ähnlich gelagert, jedoch in Teilbereichen noch größer.

Laserstrahl-Prozeßtechnologie	Schneiden	Schweißen	Oberflächenbehandlung	Sonderverfahren (z.B. Fräsen)
Kenntnisstand	industriell eingeführt	industr. z.T. eingeführt	Einzelanwendungen	vor der industriellen Einführung

Kenntnisstand

- leistungsfähige Fertigungssysteme
- Firmenspezifische Beispielsammlungen
- kaum CAD-CAM Kopplungen
- Optimierung des werkstückabhängigen Prozesses im Versuchsbetrieb
- kaum Technologiewissen im Konstruktionsbereich

Wissendefizite

- Richtlinien, Normen
- Gebrauchseigenschaften laserbehand. Werkstücke
- Simulation des Fertigungssystems (Fehlergeometrie)
- Konstruktionshandbücher
- Beispielsammlungen
- Prozeßkette CAD-CAM (off-line Programmierung)
- Kataloge mit Prozeß- und Werkstoffkennw.
- Kriterien für Lasereinsatz
- Expertensysteme

Bild 4-9: Wissensdefizite bei der lasergerechten Konstruktion

4.2.2.3 *Zukünftiger Forschungsbedarf*

Aufgrund der hohen Kostenverantwortung bei der Konstruktion eines Bauteils ist es unerläßlich, dem Konstrukteur die speziellen technischen und konstruktiven Möglichkeiten und Erfordernisse der Laserstrahlfertigungstechnologien aufzuzeigen und in leicht anwendbarer Form verfügbar zu machen.

Dem Konstrukteur müssen geeignete Berechnungs- und Entscheidungsgrundsätze zur Auslegung und Beurteilung von laserbearbeiteten Bauteilen an die Hand gegeben werden. Bereits bei der Konstruktion eines Bauteils muß die Entscheidung getroffen werden, an welchen Bauteilelementen welche Laserstrahlfertigungsverfahren vorteilhaft eingesetzt werden können, aber auch welche Grenzen durch die Anwendung dieser Fertigungstechniken gesetzt werden. Der Konstrukteur muß in die Lage versetzt werden, ohne aufwendigen Versuchsbetrieb zu entscheiden, ob seine Auslegung des Bauteils lasergerecht ist, d.h. werkstoff-, beanspruchungs- und fertigungsgerecht für das jeweilige Laserstrahlbearbeitungsverfahren.

Die Kriterien für einen Einsatz von Laserstrahlfertigungstechniken hängen in komplexer Weise voneinander und von den anderen Randbedingungen, wie sie zum Beispiel durch den Kostenaspekt auferlegt werden, ab. Deshalb reicht es nicht aus, für die Konstruktion lediglich umfangreiche Datenbanken mit relevanten Technologiedaten zu erstellen. Vielmehr ist es nötig, dem Konstrukteur einen einfachen und zielsicheren Zugriff auf die Daten durch die Entwicklung leistungsfähiger Expertensysteme zu ermöglichen. Der Konstrukteur muß in der Lage sein, die Kriterien für einen sinnvollen Einsatz von Lasern rechtzeitig zu erkennen und die sich daraus ergebenden technologischen Randbedingungen in die Bauteilauslegung einzubeziehen.

Zur Erstellung dieser Datenbanken und Expertensysteme ist es erforderlich, standardisierte Beschreibungsparameter für die Bearbeitungsaufgaben, die Prozeßgrößen und die erreichbare Bearbeitungsqualität zu definieren, um ein einheitliches Begriffssystem zu schaffen. Die Prozeßgrößen müssen anlagenunabhängig formuliert werden, um eine Übertragbarkeit von Ergebnissen zu gewährleisten. In den Rahmen der Bereitstellung dieses Technologiewissens fällt auch die Erstellung von Konstruktionshandbüchern, Beispielsammlungen und Katalogen mit Prozeß- und Werkstoffkennwerten .

Ist nach den obigen Kriterien die Entscheidung für den Einsatz einer Laserstrahlfertigungstechnologie gefallen, benötigt der Konstrukteur im nächsten Schritt Methoden, Modelle, Berechnungsgrundsätze und Regeln für die Prozeßauslegung und Anlagenspezifikation. Dazu sind neben der einheitlichen Beschreibung der Prozeßkenngrößen auch standardisierte Spezifikationen für die jeweiligen Laserstrahlwerkzeugmaschinen erforderlich, um eine Auswahl und einen Vergleich der unterschiedlichen Anlagenkonzepte und Fertigungssventile zu ermöglichen.

Wie die obigen Beispiele zum Zusammenhang zwischen Haupt- und Fehlergeometrie gezeigt haben, reicht ein in Datenbanken abgelegtes Technologiewissen selbst bei Einsatz von Expertensystemen aufgrund der komplexen Zusammenhänge zwischen den Bauteil, Prozeß- und Anlagenparametern oftmals nicht aus. Deshalb ist es erforderlich, bereits in der Konstruktionsphase den gesamten Fertigungsablauf bis zum fertigen Bauteil durchgängig mit Hilfe von Computermodellen vorhersagbar und nachvollziehbar zu machen. Dazu müssen vor allem im CAM-Bereich Simulationsmethoden und -modelle für Laserstrahlbearbeitungsabläufe implementiert werden, um den Bearbeitungsablauf, die Bearbeitungsmöglichkeit und die Prozeßsicherheit vorherzubestimmen.

Diese Simulationsmodelle sind aber über den konstruktiven Bereich hinaus gleichzeitig ein wichtiger Schritt hin zu einer zukünftig immer wichtiger werdenden automatisierten Off-line-Programmierung von Laserwerkzeugmaschinen. Nachdem die geometrische Bauteilmodellierung heute bereits überwiegend computerunterstützt in CAD-Systemen erfolgt, ist für die Zukunft ein durchgängiger Daten- und Modelltransport im gesamten Fertigungsablauf erforderlich. Das Gesamtsystem von der CAD-Konstruktion bis zur CAM-Fertigung muß in eine übergreifende Computerumgebung integriert werden. Dazu sind standardisierte Schnittstellen für die Kopplung der bereits bestehenden CAD- und CAM-Subsysteme eine Grundvoraussetzung. Die zunehmende Forderung nach Vermeidung der heute üblichen zeit- und kostenintensiven "Teach-in-Programmierung" kann durch eine solche durchgängige Automatisierung des gesamten Fertigungsablaufs in Zukunft erfüllt werden.

4.2.3 Rechnerunterstützte Hilfsmittel für die lasergerechte Konstruktion

Prof. Dr.sc.nat. W. Pompe, Institut für Werkstoffphysik
und Schichttechnologie, Dresden

4.2.3.1 Derzeitige Situation

Im Kurzbericht zur Definitionsphase des Projektes "Grundlagen lasergerechter Konstruktion und Fertigung" sind zwei Aussagen getroffen worden, die in ihrer Aufeinanderfolge möglicherweise den Weg zum Einsatz rechnergestützter Informationssysteme für die Lasertechnologie weisen:

- "Mögliche Anwender der Lasertechnologie sind aufgrund ihres Informationsdefizits häufig nur begrenzt in der Lage, Chancen und Nutzen des Lasereinsatzes abzuschätzen sowie den Einsatz vorzubereiten. Hierfür fehlen praxisgerechte Bemessungsgrundlagen, Entscheidungshilfen sowie Darstellungen der technischen und wirtschaftlichen Möglichkeiten und Grenzen der Lasertechnologie in Form von Fallbeispielsammlungen, Katalogen und Handbüchern" (siehe Seite 3 des Kurzberichtes).

- "Durch eine allgemein zugängliche und systematische Dokumentation der bisherigen Bearbeitungsparameter und Ergebnisse sowie eine systematische Versuchsplanung könnte hier eine Reduzierung des zeitlichen und finanziellen Aufwandes erreicht werden. Die Ermittlung und Dokumentation der wesentlichen Werkstoffdaten beispielsweise in Form von Werkstoffdiagrammen, einschließlich der entsprechenden Prozeß- und Anlageneckdaten, stellen in diesem Zusammenhang eine wichtige Aufgabe dar" (siehe Seite 4 des Kurzberichtes).

Erfahrungen bei der Entwicklung der Laseroberflächenveredlung im Institut für Werkstoffphysik und Schichttechnologie Dresden veranlassen uns, prinzipiell der Anwendung einer rechnergestützten Dokumentation und Ermittlung von Werkstoffdaten sowie Prozeßeckdaten zuzustimmen, sie haben uns aber auch gezeigt, daß für eine erfolgreiche Technologieentwicklung bis hin zur lasergerechten Konstruktion ein komplexeres Herangehen erforderlich ist.

Lasergerechtes Konstruieren beinhaltet nach unserem Verständnis die folgenden vier Elemente:

- Erarbeiten von Basisinformationen für das lasergerechte Konstruieren (Kennwerte, Ursache-Wirkung-Relation in fertigungsrelevanten Parameterfeldern),
- Beanspruchungsgerechter Technologieentwurf,
- Beanspruchungs- und fertigungsgerechte Konstruktion,
- Entwurf einer qualitäts- und ökonomiegerechten Fertigung.

Wenden wir uns der Entwicklung rechnergestützter Methoden für das lasergerechte Konstruieren zu, so gilt es also zu prüfen, in welcher Weise diese für das Erarbeiten von Basisinformationen sowie den beanspruchungs- und ökonomiegerechten Fertigungsentwurf genutzt werden können. Im folgenden sollen diese Fragen im Zusammenhang mit der Laseroberflächenveredelung (LOV) an ausgewählten Beispielen diskutiert werden. Es wird sich zeigen, daß dabei eine Synthese von verallgemeinerungsfähigen Experimenten zur beanspruchungsgerechten LOV und theoretischer Durchdringung der geometrischen Optimierung des Fertigungsprozesses eine realisierbare Lösungsstrategie darstellt.

4.2.3.2 Problemfelder und Defizite

4.2.3.2.1 Das Konzept der beanspruchungsgerechten Laseroberflächenveredelung

Mit den Forderungen nach Funktionsverbesserung, Standzeiterhöhung oder Materialablösung beim Einsatz eines Bauteils oder Werkzeuges werden praktisch gleichberechtigt auch Fragen hinsichtlich der potentiellen Eigenschaftsverbesserungen von Werkstoffen sowie der Art der dominierenden Belastungen gestellt, <u>Bild 4-10</u>. Bei der Auswahl einer möglichen Laserbearbeitungstechnologie gilt es, diesem Wechselspiel optimal zu entsprechen.

In Abhängigkeit von der Spezifik des gegebenen Belastungsfalls wirken bestimmte Faktoren eigenschaftsbestimmend. Sie können mit dem Werkstoffzustand verknüpft sein, oftmals stehen sie jedoch auch mit der Geometrie von Behandlungszonen oder mit den durch die Behandlung erzeugten Eigenspannungszuständen in unmittelbarem Zusammenhang. Dementsprechend bietet sich Lösungsweg zur Entwicklung einer beanspruchungsgerechten LOV an:

- Aufklärung eigenschaftskontrollierender Faktoren für typische Beanspruchungsfälle und geeignete Typvertreter von Werkstoffgruppen

- Verallgemeinerung der Ergebnisse auf größere Werkstoffgruppen, Beanspruchungsklassen und Bauteilklassen

- Vorgabe von Behandlungszielgrößen für die spezielle Problemstellung. Hierbei handelt es sich um Angaben zur Werkstoffauswahl, zum Werkstoffzustand, zur Geometrie der Laserbehandlung und zum anzustrebenden Eigenspannungszustand. (Dieser Teilprozeß wird im folgenden auch funktionelle Optimierung genannt.)

- Festlegung des Behandlungsregimes und der optimalen Laserprozeßparameter (geometrische Optimierung der Technologie)

- Erprobung am Bauteil und Rückkopplung zu Untersuchungsschritten 1 und 2 mit dem Ziel der Erweiterung der Wissensbasis.

Betrachtet man die verfügbare Wissensbasis zur LOV, so sind vergleichsweise viele Ergebnisse zur Verbesserung des Verschleißverhaltens vorhanden.

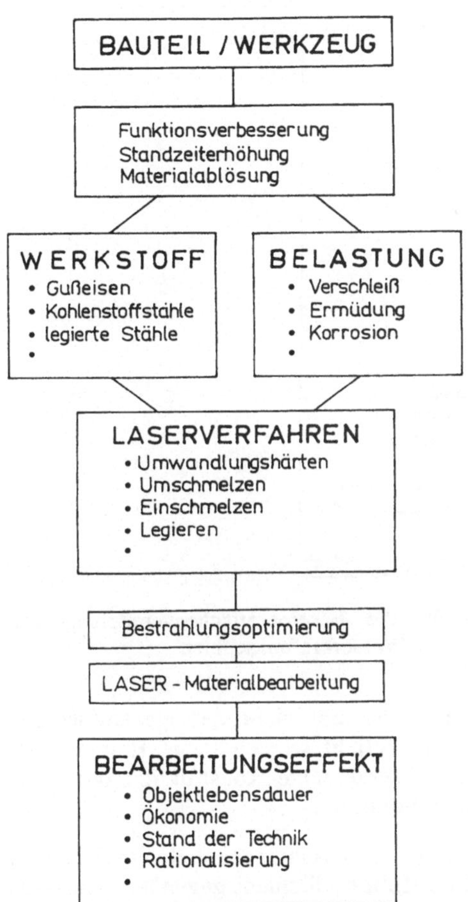

Bild 4-10:　　Wesentliche Zusammenhänge für eine bauteil- und beanspruchungs-gerechte Laseroberflächenveredelung

Differenziert man jedoch die Beanspruchungsarten beim Verschleiß, so wird in Abhängigkeit davon mit dem Schmiergleit-, dem Wälz-, dem Roll-, dem Tropfenschlag-, dem Kavitations-, dem Strahl- und dem Abrasivverschleiß ein Spektrum von Beanspruchungen deutlich, das bei weitem noch nicht ausreichend für typische Werkstoffe hinsichtlich einer LOV untersucht worden ist.

In **Bild 4-11** sind Untersuchungsergebnisse zum Kavitationsverschleiß dargestellt, die für die Beurteilung des möglichen Einsatzes der LOV für Bauteile in hydraulischen oder Wasserkraftmaschinen entscheidend sind. Bei der Bewertung der Verschleißminderung durch die konventionelle Härtung ist zu be-

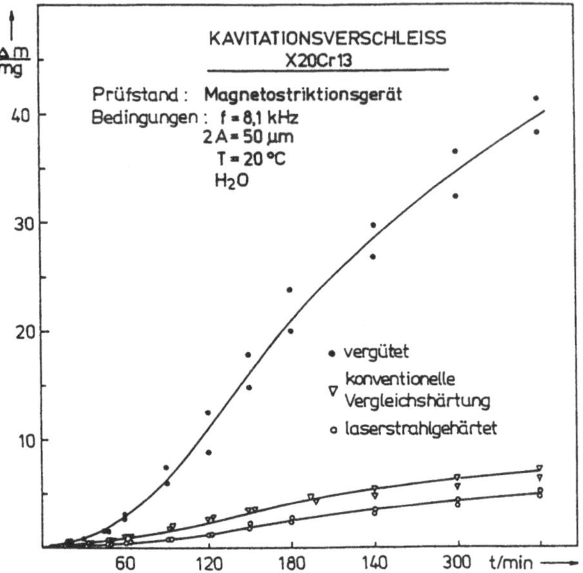

Bild 4-11:   Relevanter Verschleißtest für die Laseroberflächenveredelung von
Bauteilen in hydraulischen oder Wasserkraftmaschinen

achten, daß diese wegen der Abnahme der Zähigkeit des Gesamtbauteils
praktisch in dieser Härtestufe nicht verwirklicht werden kann. Erst auf der
Grundlage solcher Meßwerte wird eine lasergerechte Konstruktion oder eine
bauteilgerechte Technologieentwicklung möglich.

Bekanntermaßen wird das Einsatzverhalten von Maschinenbauteilen in der Regel
von dem Dauerschwingverhalten und der Empfindlichkeit gegenüber Anrissen
bestimmt. Wenn man Lasertechnologie im Maschinenbau einführen möchte,
dann sind dazu umfangreiche experimentelle und theoretische Grundlagen-
erkenntnisse zu schaffen. Wie man <u>Bild 4-12</u> entnehmen kann, ist der Zusammenhang zwischen Oberflächentemperatur, Spuranordnung und Ermüdungs-
festigkeit sehr komplex.

Die um eine Größenordnung möglichen Variationen der Bauteillebensdauer
durch unterschiedliche Spuranordnung weisen darauf hin, welche Bedeutung hier
der belastungsgerechte Entwurf der Laserbearbeitungstechnologie hat. Ebenso
bemerkenswert ist es, daß man durch die Gefügeänderung und die eingebrachten
Eigenspannungen die Ausbreitung von Rissen im Bauteil behindern oder fördern
kann, <u>Bild 4-13</u>. Dieses Phänomen sollte dem Konstrukteur eine Reihe von
interessanten Möglichkeiten für das oftmals unvermeidbare "Leben mit dem Riß"
bieten.

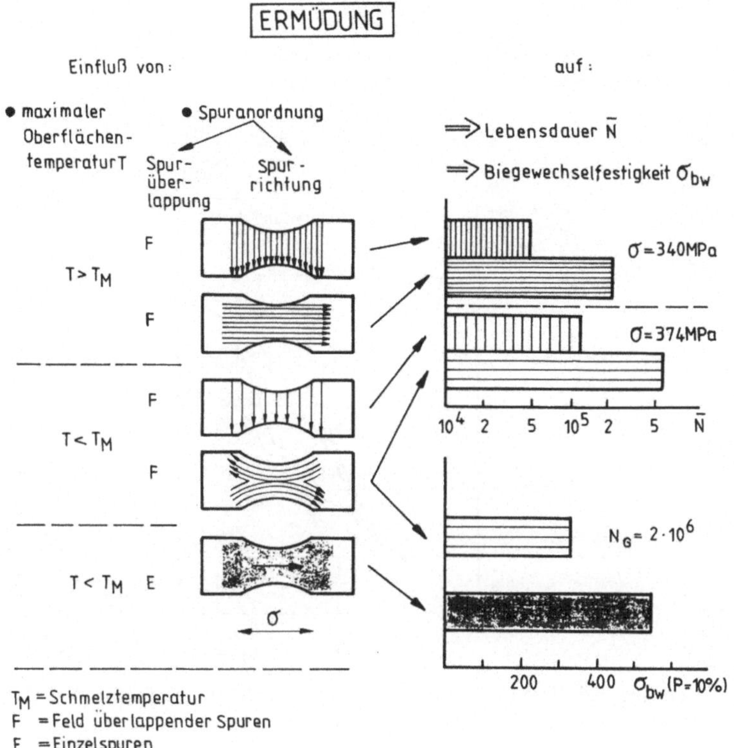

Bild 4-12: Einfluß unterschiedlicher Behandlungsregime auf die Lebensdauer und Biegewechselfestigkeit des Stahls C70W2

Die Sensibilität verschiedenster mechanischer Eigenschaften gegenüber Anlaßzonen, die durch eine Laserbehandlung in ein Bauteil eingebracht werden, zeigt qualitativ <u>Bild 4-14</u>. Solche Anlaßzonen entstehen durch Wechselwirkungseffekte benachbarter Laserspuren. Zugleich kann man sie aber auch durch eine gezielte Laseranlaßbehandlung großflächig auf einem Bauteil realisieren.

Zusammenfassend wird an den wenigen Beispielen deutlich, daß durch eine beanspruchungsgerechte Bestrahlung die metallphysikalisch gegebenen Möglichkeiten unter Berücksichtigung der verfahrensspezifischen Besonderheiten besser ausgeschöpft werden und neue Anwendungsfelder für die LOV erschlossen werden können. Eine solche funktionelle Optimierung der Lasertechnologie ist demnach ein wichtiger Schritt hin zu einer konstruktionsgerechten Bearbeitungstechnologie. In der Regel wird das der erste Schritt sein müssen, um die

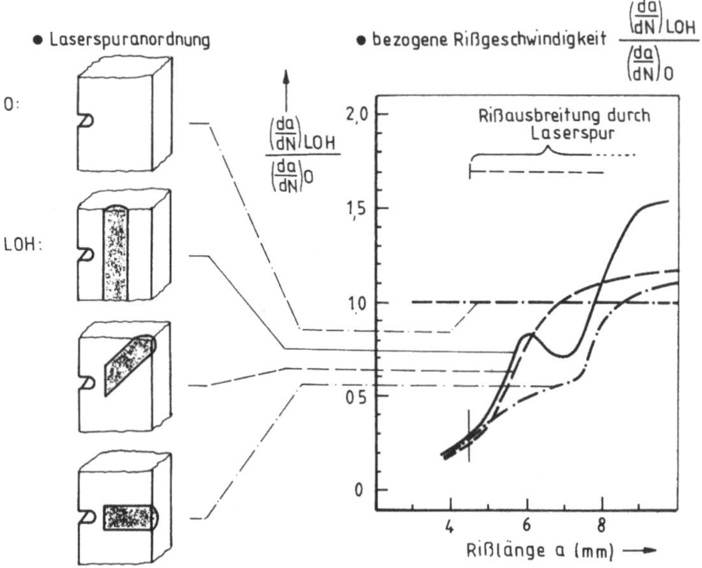

Bild 4-13:   Änderung der Ermüdungsrißausbreitungsgeschwindigkeit für den Stahl C70W2 durch verschiedene Laserspuranordnungen

Akzeptanz der LOV in der Praxis zu erhöhen. Erst darauf aufbauend ist zu erwarten, daß der Ingenieur den zweiten Schritt zur lasergerechten Konstruktion wagen wird.

4.2.3.2.2 Geometrische Optimierung der Laserbehandlung

Die oben erläuterte funktionelle Optimierung liefert z.B. einzuhaltende Maximalwerte für Oberflächentemperatur und Abkühlzeit, eine Mindestspurtiefe, oder es ergeben sich - aufgrund der Bauteilgeometrie bzw. der vorgesehenen Belastung - Forderungen nach konkreten Werten für Spurbreite oder -tiefe, nach möglichst kleinen Spurabständen ohne gegenseitiges Anlassen benachbarter Spuren und ähnliche Aussagen zum Werkstoffzustand, der Behandlungsgeometrie und dem Eigenspannungszustand.

Danach sind die so erhaltenen teils qualitativen, teils quantitativen Forderungen an Temperaturfeld und Spurgeometrie in konkrete Zahlenangaben für tatsächlich einstellbare Größen der Prozeßsteuerung (Laserleistung, Strahlradius, Strahlvorschubgeschwindigkeit und ggf. Oszillationsamplitude und Kantenabstände) um-

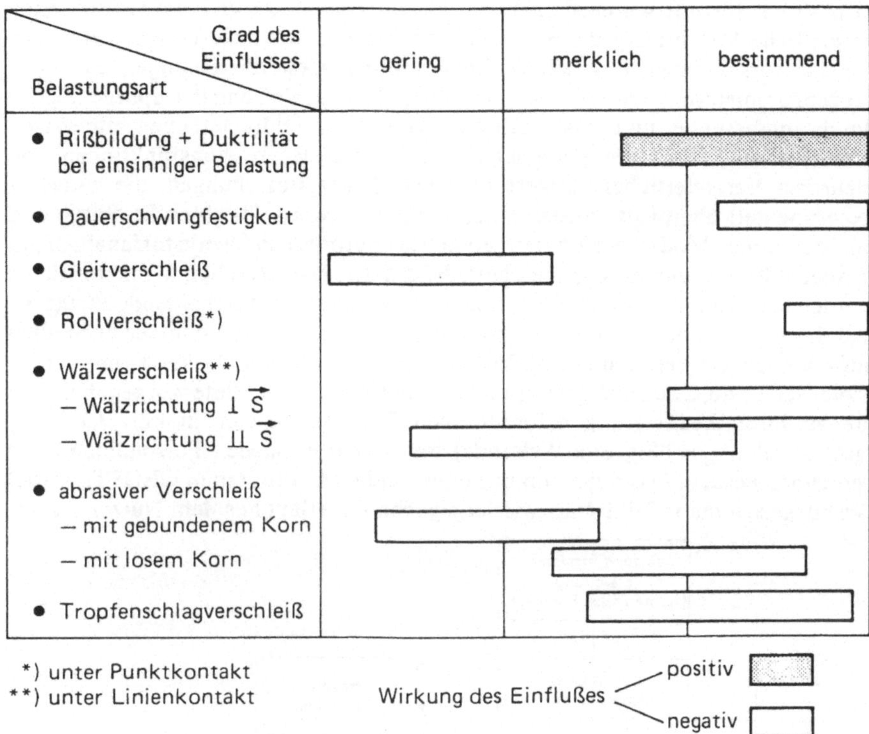

Bild 4-14: Einfluß von Anlaßzonen auf unterschiedliche Beanspruchungsbedingungen

zusetzen. Eventuell noch verbleibende Freiheitsgrade können bei dieser geometrischen Optimierung zur Minimierung des spezifischen Energieaufwandes und der Bearbeitungszeit genutzt werden.

Die geometrische Optimierung beinhaltet (neben der Untersuchung der Kinetik von Phasenumwandlungen) in erster Linie die numerische Berechnung des laserinduzierten Temperaturfeldes. Das aber ist ein relativ zeitaufwendiger Prozeß. Mehr noch, mit einem so erhaltenen Temperaturfeld kann man nur die mit einem vorgegebenen Satz von Prozeßparametern erreichbare Spurgeometrie bestimmen. Für die Praxis viel wichtiger ist jedoch die Ermittlung der zur Erzielung einer vorgegebenen oder in einem bestimmten Sinne optimalen Spurgeometrie notwendigen Prozeßparameter. Das verlangt in jedem Falle eine iterative Parameterbestimmung und somit die Berechnung einer großen Zahl von Temperaturfeldern, die mit den normalerweise verfügbaren Rechnern für die Praxis untragbare Bearbeitungszeiten erfordert.

In unserem Institut wurde hierfür ein PC-Programm GEOPT entwickelt. Eine wesentliche Verkürzung der Rechenzeiten konnten wir dadurch erreichen, daß wir für verschiedene Leistungsdichteverteilungen die Beziehungen zwischen Prozeßparametern, wichtigen Temperaturfeldkenngrößen und der Spurgeometrie durch umfassende und systematische Temperaturfeldrechnungen numerisch bestimmt und mit Hilfe geeigneter nichtlinearer Regressionsfunktionen von mehreren Veränderlichen dargestellt haben. Diese Beziehungen, die natürlich experimentell überprüft worden sind, werden - jeweils für einen Strahltyp und ein bestimmtes Modell der Bauteilgeometrie - normiert und werkstoffunabhängig in speziellen Datenbasen gespeichert, <u>Bild 4-15</u>. Die aktuellen Werkstoffdaten werden erst beim Aufruf der Funktionen eingefügt. Der entscheidende Punkt ist, daß diese Funktionssysteme die benötigten Zusammenhänge in einer nach allen auftretenden Größen schnell auflösbaren Form enthalten. Daher können auch Zielgrößen wie Oberflächentemperatur, Spurbreite oder -tiefe vorgegeben und die zu ihrer Realisierung erforderlichen Prozeßparameter in kürzester Zeit (größenordnungsmäßig eine Sekunde) mit einem einfachen Personalcomputer berechnet werden. Das dazu von uns entwickelte PC-Programm GEOPT, dessen Wirkungsschema in Bild 4-15 wiedergegeben ist, erlaubt es dem Nutzer, menü-

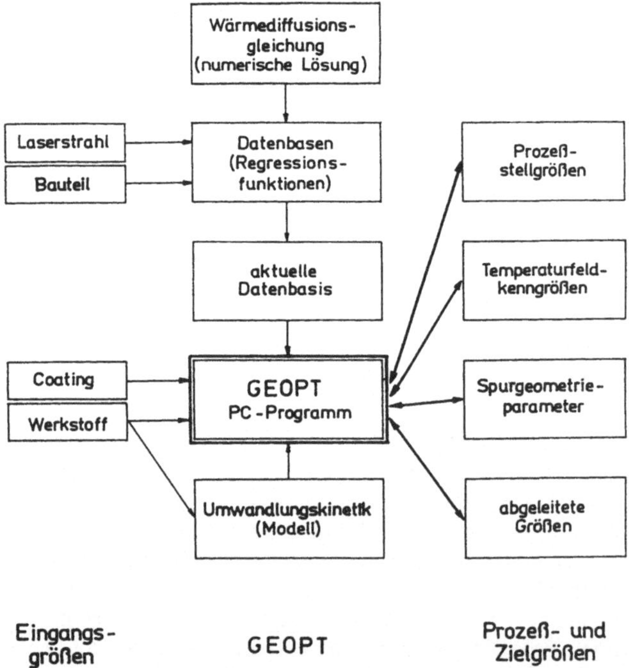

Bild 4-15:   Wirkzusammenhang des Programmsystems GEOPT zur Optimierung der Laserumwandlungshärtung

gesteuert einen Satz von Bedingungen für die systemrelevanten Größen zu formulieren und anschließend mit Hilfe eines Optimierungsalgorithmus die Prozeßparameter (und alle übrigen Systemgrößen wie Temperaturfelddaten, Spurgeometrieparameter und daraus durch arithmetische Verknüpfung oder Funktionsbildung ableitbare Größen) so zu bestimmen, daß diese Bedingungen erfüllt werden. Falls die Bedingungen nicht erfüllbar sind, wird das entsprechend angezeigt und eine Kompromißlösung angeboten, die den gestellten Forderungen möglichst nahe kommt. Diese Bedingungen können Gleichungen oder auch Beziehungen zwischen mehreren Größen, Ungleichungen oder Optimierungsforderungen zur Erzielung von Maximal- oder Minimalwerten unter Nebenbedingungen, bzw. zur bestmöglichen Annäherung an vorzugebende Werte oder Beziehungen sein. Außerdem ist es möglich, funktionale Abhängigkeiten unter Nebenbedingungen zu berechnen und graphisch darzustellen. Die erforderlichen Werkstoffdaten können über den Werkstoffnamen einer nutzereigenen Werkstoffdatei oder einer problemspezifischen Werkstoffdatenbank entnommen werden.

Das Programm GEOPT läßt somit dem Nutzer vielfältige Möglichkeiten bei der Formulierung der ihn speziell interessierenden Aufgabenstellung. Wesentliche Grundaufgaben sind insbesondere:

- Berechnung von Prozeßparameterwerten, die unter Einhaltung frei wählbarer Bedingungen eine vorgegebene oder in einem vorgebbaren Sinne optimale Spurgeometrie liefern.

- Berechnung und graphische Darstellung funktionaler Abhängigkeiten beliebiger Größen des Systems voneinander unter Berücksichtigung zusätzlicher Nebenbedingungen.

- GEOPT kann in einem Rechengang mit zwei durch unterschiedliche Grenztemperaturen definierten Strukturzonen rechnen, so z.B. Festumwandlungszone und Schmelzzone oder Festumwandlungszone und Anlaßzone. Das ermöglicht die Berechnung der thermischen Spurwechselwirkung durch Anlaßvorgänge bzw. der zu ihrer Vermeidung erforderlichen Spurabstände.

- GEOPT läßt sich demzufolge formal auf das Laser-Umschmelzen anwenden, bei dem das Temperaturfeld im Zusammenwirken von Wärmeleitung und Flüssigkeitskonvektion entsteht. Dabei können der Einfluß der Schmelzwärme und einer veränderten Absorption pauschal berücksichtigt werden. Die Schmelzbaddynamik wurde bei den Rechnungen jedoch vernachlässigt. Erste Versuche zeigen, daß GEOPT auch beim Um- oder Einschmelzen brauchbare Ergebnisse liefern kann, wenn die Flüssigkeitsbewegung durch eine hohe Viskosität der Schmelze (z.B. infolge eingebrachter Hartstoffpartikel) behindert wird und dadurch bei der Laserbearbeitung flache linsen- oder wannenförmige Spuren entstehen, wie das für die Oberflächenveredlung typisch ist. Dagegen kann GEOPT den bei hohen Leistungsdichten auftretenden Tiefschweißeffekt nicht beschreiben.

Die Herstellung einer Datenbasis, die den Zusammenhang zwischen Prozeßparametern, Temperaturfeld und Spurgeometrie beschreibt, ist relativ aufwendig. Das gilt sowohl für die zugrundeliegenden Temperaturfeldrechnungen als auch für die Bestimmung der Regressionsfunktionen, an die hohe Anforderungen bezüglich Genauigkeit und schneller Auswertbarkeit sowie ihrer Glattheit und ihres asymptotischen Verhaltens zu stellen sind. Solche Datenbasen lassen sich daher nur für eine begrenzte Zahl von Modellen für Leistungsdichteverteilung und Bauteilgeometrie aufbauen.

Der Trend geht aber dahin, die Laser-Intensitätsverteilung durch Strahlformung oder -oszillation zu optimieren, so daß für die Praxis nur relativ wenige Leistungsdichteverteilungen wirklich wichtig sind. Außerdem vermindert die ausgleichende Wirkung der Wärmeleistung den Einfluß der Feinstruktur des Laserstrahls. Schließlich erlaubt der lokale Charakter der Laserstrahleinwirkung in gleicher Weise eine Anwendung auf verschiedenartige Modelle der Bauteilgeometrie wie Halbraum, dünne Platte, Kante oder Keil.

4.2.3.3 Zukünftiger Forschungsbedarf

Mit den oben dargestellten Beispielen sollte deutlich gemacht werden, daß die lasergerechte Konstruktion der erfolgreiche Schlußstein in einem Gewölbe ist, was auf den Säulen einer beanspruchungsgerechten Ursache-Wirkungs-Analyse der Laserbehandlung von Werkstoffen und Bauteilen ruht. Deshalb ist es nicht sinnvoll, das Gewölbe ohne die Säulen errichten zu wollen.

Aus der Sicht des Entwicklungsstandes der LOV scheint es notwendig zu sein,

- nach Auswahl verallgemeinerungsfähiger Werkstoffklassen und Bauteilgruppen die bisher vorhandene Wissensbasis für die funktionelle Optimierung durch experimentelle Forschung zu erweitern,

- vorhandene Programmsysteme für die geometrische Optimierung der LOV hinsichtlich weiterer Behandlungsregime, Strahlprofile und Bauteilgeometrien zu erweitern,

- die funktionelle Optimierung und die geometrische Optimierung in einem wissensbasierten Beratungssystem zusammenzufassen.

Während in einer ersten Projektphase die schnelle Diffusion von Expertenwissen in die Anwendungspraxis im Vordergrund stehen sollte, könnte für eine zweite Projektphase die unmittelbare Einbindung des wissensbasierten Beratungssystems in die On-line-Prozeßüberwachung und -steuerung integriert werden. Grundanliegen des gesamten Projektes sollte es sein, in der Einheit von experimenteller und theoretischer Forschung zunächst den Schritt zu einer konstruktions- und beanspruchungsgerechten Bearbeitungstechnologie zu vollziehen, um somit die Voraussetzungen für ein lasergerechtes Konstruieren zu schaffen. Ein zweckmäßiger Einsatz rechentechnischer Hilfsmittel wird die notwendige Zeit zum Bewältigen der Gesamtwegstrecke entscheidend verkürzen.

Den Herren Dr. *W. Reitzenstein* und Dr. *B. Brenner* möchte ich für anregende Diskussionen bei der Fertigstellung des Manuskriptes danken.

4.2.4 Entwicklung technischer Richtlinien und Normen für die Lasertechnologie

Dipl.-Phys. J. Lüdtke, Deutsches Institut für Normung e.V. (DIN), Berlin

4.2.4.1 Einleitung

In allen Industrieländern beginnt die Lasertechnik, eine Schlüsseltechnologie mit hoher Breitenwirkung für bedeutende Industriezweige zu werden. Auch für die Wirtschaft der Bundesrepublik Deutschland ist die Beherrschung dieser neuen Technologie und ihrer zahlreichen industriellen Anwendungen von grundlegender Bedeutung.

Die Lasertechnik weist nicht nur in einer Vielzahl von Anwendungsbereichen gegenüber konventionellen Technologien technische Vorteile auf, sie ist darüber hinaus auch eine Basis für völlig neue Prozesse und Produktinnovationen.

Die Erfolge dieses Wirtschaftszweiges im Innovationswettbewerb der Gegenwart sind mitentscheidend für die Position im Absatzwettbewerb der Zukunft. Für Schlüsseltechnologien ist dieser Zusammenhang bedeutsam, denn das Anwendungspotential der Lasertechnik reicht in weite Bereiche der Wirtschaft hinein.

Die Entwicklung in den letzten 20 Jahren hat gezeigt, daß noch keine Erschöpfung der Innovationsprozesse auf diesem Gebiet sichtbar ist und daß potentielle Anwendungsmöglichkeiten in den verschiedensten Bereichen der Technik ständig hinzukommen. Besondere Bedeutung wird die Integration des Lasers in industrielle Produktionsverfahren erlangen.

Materialbearbeitungsprozesse mit dem Laser ermöglichen eine enorme Steigerung der Produktivität, wenn die großen Rationalisierungsreserven in der industriellen Fertigung in zukünftigen Fabriken voll genutzt werden, indem die Laser von vornherein in die Fertigungsstraßen integriert werden.

Darüber hinaus läßt sich der Laser als berührungsloses, flexibles und abnutzungsfreies Bearbeitungswerkzeug ideal mit rechnergestützten Anlagen kombinieren und kann somit im Prinzip die Arbeitsgeschwindigkeit eines Computers erreichen.

Diese sich abzeichnenden technischen Entwicklungsmöglichkeiten bleiben natürlich nicht ohne Einfluß auf die Normung. Um eine schnelle Einführung und breite Anwendung neuer technologischer Entwicklungen zu ermöglichen, sind die frühzeitige Festlegung technischer Strukturbedingungen durch technische Regeln einerseits und die dynamische Anpassung bereits bestehender Regelwerke an neue Entwicklungstrends andererseits unabdingbare Voraussetzungen.

4.2.4.2   Entwicklungsbegleitende Normung als Beitrag zur technischen und wirtschaftlichen Entfaltung der Lasertechnik

Um ihre Wettbewerbsfähigkeit zu erhalten, werden in zunehmendem Maße kleine und mittlere Unternehmen (KMU), aber auch Handwerksbetriebe mit der Notwendigkeit konfrontiert, neue Technologien im Fertigungsbereich einzusetzen.

Die Lasertechnik gehört zu den Schlüsseltechnologien, die Fertigungstechnik hinsichtlich der Zielsetzung der Erhöhung des Automatisierungsgrades, der Fertigungsqualität und der Flexibilität der Produktion sowie in der Verringerung der Durchlaufzeiten und in der Kostensenkung voranbringen.

Neben seinem produktionsorientierten Nutzen wird das Innovationspotential des Lasers besonders durch die Entwicklung neuer Produkte und Verfahrenstechniken charakterisiert, die ohne Lasereinsatz nur schwer oder gar nicht herstellbar wären. Insbesondere die KMU's haben in der Vergangenheit neue Dienstleistungs- und Produktideen durch den Laser entwickelt.

Bestehende Defizite bezüglich der Umsetzung der Lasertechnik in die industrielle Praxis bzw. eine noch nicht erreichte breitenwirksame Diffusion der Lasertechnik, ist im wesentlichen auf fehlende Wirtschaftlichkeitsanalysen sowie auf Informationsdefizite und mangelnde Qualifikation zurückzuführen. Mögliche Anwender der Lasertechnologie sind häufig nur begrenzt in der Lage, Chancen und Nutzen des Lasereinsatzes abzuschätzen.

Zum erfolgreichen Einsatz ist die anforderungsgerechte Auswahl und Spezifikation der Anlage ebenso notwendig wie die lasergerechte Bauteilauslegung und die Integration der Laserverfahren in den Fertigungsablauf. Damit werden wirtschaftliche und technische Fragen aufgeworfen, deren Beantwortung aufgrund fehlender Entscheidungshilfen in Form von Handbüchern, Merkblättern, technischen Regeln und Normen schwierig ist.

Um die positiven Auswirkungen der Lasertechnologie auf Konstruktion, Arbeitsvorbereitung, rechnerunterstützte Fertigung, Produktionsplanung und -steuerung und Qualitätssicherung schnell zu erfassen, müssen deshalb auch für die Normung neue Konzeptionen erarbeitet werden. Der sich rasch entwickelnden Lasertechnik kann nur ein Normungskonzept gerecht werden, das frühzeitig eine größtmögliche Nutzung der Entwicklungsergebnisse erlaubt.

Das für diese spezielle Problemstellung konzipierte Arbeitsverfahren wird als entwicklungsbegleitende Normung bezeichnet. Sie ermöglicht als Strukturelement der modernen Technik und Volkswirtschaft eine wirtschaftlich optimale Übertragung von Forschungs- und Entwicklungsergebnissen in die praktische Anwendung und stellt somit ein Mittel des Technologietransfers dar.

4.2.4.3   Bedarfsanalyse für entwicklungsbegleitende Normung

Normung bedeutet im einfachsten Sinne eine Sprachregelung zu finden, um gewonnene Daten und Erkenntnisse zu nutzen, zu verarbeiten oder zu strukturieren. Das heißt, aus dem hier diskutierten Förderprogramm sollen Verabredungen resultieren, die unter Abwägung verschiedener Interessenlagen, ein bestimmtes technisches Wissen vereinheitlichen.

Darauf kann z.B. der Konstrukteur zurückgreifen, um ein bestimmtes Bauteil nach dem z.Z. vorhandenen Wissen anzufertigen. Normen sind somit Voraussetzung für die Lösung vieler technischer und wirtschaftlicher Aufgaben. Sie stellen ein eindeutiges Verständigungsmittel für alle Beteiligten aus Industrie, Forschung und Anwenderkreisen dar.

Wie kommt man zu solchen Absprachen bzw. Normen?

Zunächst muß festgestellt werden, welche Daten in den verschiedenen Regelwerken bereits verfügbar sind. Dazu gehören Richtlinien und Merkblätter der Verbände, DIN-Normen, Datenbanken usw. Ergibt sich daraus ein Defizit, müssen unter anderem benötigte Daten über F&E-Arbeiten ermittelt werden. Nach erfolgreichem Abschluß können diese Ergebnisse, nach entsprechender Aufbereitung, in Zusammenarbeit mit dem DIN, in dem geeigneten Normenausschuß beraten werden. Wird dort der Vorschlag als normungsrelevant erachtet, kann er als Normungsvorhaben angenommen und entsprechend "formalisiert" werden.

4.2.4.4   Normungsbedarf zum lasergerechten Konstruieren und Fertigen

Das Laserschneiden im Dünnblechbereich ist zu einer für die industrielle Anwendung etablierten Technik herangereift. Von den zahlreichen anderen Bearbeitungsverfahren, die mit dem Laser möglich sind, ist ein Großteil aber erst als Sonderentwicklung in die industrielle Praxis eingeführt. Ursache hierfür sind das Fehlen von technischen Richtlinien und Normen für Werkstoffauswahl, Prozeßauslegung, lasergerechte Bauteilkonstruktion, Verfahrensauswahl und Anlagenauswahl.

Im folgenden werden einige Anregungen zum notwendigen Normungsbedarf vorgestellt.

4.2.4.4.1 Terminologie

Das Problem der Begriffsvielfalt und -diskrepanz, vor allem bezüglich der Prozeß-, Strahl- und Anlagenkenngrößen muß durch die Festlegung einer einheitlichen Terminologie gelöst werden. Festgelegte Begriffe und Definitionen sind die Basis für die Vergleichbarkeit von Datenblättern und Veröffentlichungen und erleichtern die Kommunikation innerhalb der Fachwelt z. B. bei Vorträgen und Fachdiskussionen. Darüber hinaus bilden die getroffenen Definitionen die Grundlage für die Normung von Prüfverfahren.

4.2.4.4.2 Kennzeichnung von Prozeßdaten

Eine einheitliche Dokumentation von Versuchsergebnissen, einschließlich der entsprechenden Anlagenkenngrößen, muß durch einen vollständigen Parametersatz belegt werden. Ohne einen solchen vollständigen Parametersatz sind sämtliche veröffentlichten Ergebnisse für den Anwender nutzlos. Es mangelt an einer systematischen Dokumentation der benutzten Bearbeitungsparameter, so daß z.B. häufig Literaturwerte nicht eindeutig nachvollziehbar sind.

4.2.4.4.3 Qualitätssicherung

Die Entwicklung von laserspezifischen Qualitätssicherungsstrategien stellt eine wesentliche Forderung der Anwender dar und bildet die Voraussetzung zur industriellen Umsetzung der verschiedenen Laserbearbeitungsverfahren.

Im Gegensatz zum Laserstrahlschneiden, wo die Beurteilung eines Schnittergebnisses unmittelbar nach dem Trennvorgang möglich ist und nur in Ausnahmefällen einer weiteren Untersuchung bedarf, erfordern z.B. Qualitätsaussagen zu einer Schweißnaht umfangreichere Prüfungen. Normen über Qualitätsaussagen von Laserschweißnähten können in Anlehnung an die Beurteilung der konventionellen Schweißtechniken bzw. aufbauend auf die DVS Merkblätter

3203
Teil 1:   Qualitätssicherung von CO_2-Laserstrahl-Schweißarbeiten, Verfahren und Laserstrahl-Schweißanlagen
Teil 2:   Prüfen von Schweißparametern
Teil 3:   Laserstrahl-Schweißeignung von metallischen Werkstoffen

erarbeitet werden.

4.2.4.4.4 Grundsätze für das Konstruieren laserstrahlgeschweißter Bauteile

Es existiert bereits das DVS Merkblatt
3201: Grundsätze für das Konstruieren elektronenstrahlgeschweißter Bauteile.

Da das Elektronenstrahlschweißen und das Laserstrahlschweißen in vielen Bereichen Gemeinsamkeiten aufweisen, ist zu überprüfen, ob eine Überarbeitung mit laserspezifischen Ergänzungen möglich ist.

Im DVS Merkblatt
3203
Teil 4:   Qualitätssicherung von CO_2-Laserstrahl-Schweißarbeiten, Nahtvorbereitung und konstruktive Hinweise

sind einige laserspezifische Ergänzungen notwendig:

- laserspezifische Stoßgeometrien, die mit anderen Schweißverfahren nicht zu bearbeiten sind, wie z.B. Stoßgeometrie, die mit Punktschweißzangen nicht gespannt werden kann;

- mit dem Laserstrahl bearbeitbare Geometrien z.B. minimale Krümmungsradien an 3D-Bauteilen;
- Schweißnahtfestigkeit: Zugfestigkeit, Biegewechselfestigkeit, Zugschwellfestigkeit. Laserstrahlgeschweißte Verbindungen zeigen aufgrund der hohen Aufheiz- und Abkühlgeschwindigkeit Gefügestrukturen, die sich von denen konventionell erstellter Schweißnähte unterscheiden.
- Laserstrahlschweißnahtverbindungen, die mit anderen Schweißverfahren nicht realisierbar sind, z.B. Steppnaht, Punktnaht oder Durchschweißen im T-Stoß.

4.2.4.4.5 Prüfverfahren

Die derzeit eingesetzten Prüfverfahren sind nur begrenzt geeignet, die Ergebnisse der Laserbearbeitungen zu erfassen. Da der Laserstrahl völlig andere Schweißnahtgeometrien erzeugt als herkömmliche Schweißverfahren, gibt es noch keine allgemein anerkannten Regeln für die Abnahme sicherheitsrelevanter Bauteile, die mit dem Laserstrahl geschweißt sind. Dies wiederum bedeutet, daß z.B. Technische Überwachungsvereine unter Umständen erhebliche Schwierigkeiten haben, Schweißnähte von überwachungsbedürftigen Bauteilen zu überprüfen.

Deshalb sollten die bereits vorhandenen Normen laserspezifisch angepaßt oder ergänzt werden.

4.2.4.4.6 Abnahmeprüfungen

Für CO_2-Laserstrahl-Schweißmaschinen ist zur Zeit eine ähnliche Norm wie DIN 32 505 "Abnahmeprüfungen für Elektronenstrahl-Schweißmaschinen, Grundlagen, Abnahmebedingungen" in Arbeit. Auch hier geht es in erster Linie um das Messen bestimmter Parameter auf Konstanz und Reproduzierbarkeit. Die physikalischen Zusammenhänge bei der Laserstrahlerzeugung und -formung erfordern teilweise jedoch Meßverfahren, die erst noch entwickelt und erprobt werden müssen.

In der Industrie ist die Nachfrage nach genormten Prüfungen für das Bestellen, Liefern und für die Inbetriebnahme von Laserstrahl-Schweißmaschinen sehr groß, da man ähnlich gute Erfahrungen wie bei der Prüfung von Elektronenstrahl-Schweißmaschinen erwartet.

4.2.4.4.7 Lasersicherheit

Aufgrund der wachsenden Bedeutung der Lasertechnologie besteht ein starkes Interesse an einer angemessenen Arbeitsplatzsicherheit.

Besondere Aufmerksamkeit verlangt bei der Anwendung des Lasers in der Materialbearbeitung die Beachtung freigesetzter Stoffe, die z.T. schädlich sein können. Vor allem bei der Bearbeitung von Kunst- und Verbundwerkstoffen entstehen z.T. gesundheitsschädliche Stoffe, über deren komplexe Wirkungsweise und umfangreiche Abhängigkeiten bisher wenig bekannt ist.

Deshalb müssen zunächst die entstehenden Emissionen qualifiziert und quantifiziert werden. Darüber hinaus muß untersucht werden, inwieweit die Verfahrensparameter des Bearbeitungsprozesses die Schadstoffemission beeinflussen.

Die Ergebnisse sollen Hinweise für die Auslegung technischer Schutzeinrichtungen wie z.B. Filter und Absauganlagen geben und schrittweise in entwicklungsbegleitende Vornormen umgesetzt werden.

Die bisher getroffenen Sicherheitsvorkehrungen und Schutzmaßnahmen sind im wesentlichen aus anderen Fertigungs- und Produktionsbereichen übertragen worden. Notwendige laserspezifische Anpassungen bzw. Entwicklungen hat man nur im Einzelfall durchgeführt.

4.2.5 Ermittlung laserspezifischer Kosten und Einsparungspotentiale

Prof. Dr.-Ing. H.K. Tönshoff, Dipl.-Ing. C. Emmelmann,
Dipl.-Ing. D. Hesse, Dipl.-Ing. M. Gonschior,
Laser Zentrum Hannover (LZH), Hannover

4.2.5.1 Derzeitige Situation, Stand der Technik

Der Laser als Werkzeug für die Materialbearbeitung bietet in fertigungstechnischer Hinsicht eine Reihe von positiven Eigenschaften. Die Bezeichnung als "universelles Werkzeug" ist ursächlich auf seine Verfahrensflexibilität zurückzuführen. So kann er für die Fertigungsverfahren Trennen, Fügen, Stoffeigenschaft ändern, Beschichten, Urformen und Umformen eingesetzt werden. Die verfügbaren unterschiedlichen Wellenlängen von CO_2-Laser und Excimerlaser ermöglichen die Bearbeitung nahezu aller Werkstoffe (z.B. Metalle, Keramiken, Kunststoffe, Gläser, Verbundwerkstoffe usw.) [1].

Weiterhin ist der Laser durch eine hohe Geometrieflexibilität gekennzeichnet. Dies ergibt sich durch den sehr geringen Laserstrahldurchmesser an der Bearbeitungsstelle, der die Herstellung bzw. Bearbeitung nahezu beliebig komplexer Bauteilgeometrien ermöglicht. Einschränkungen der zu fertigenden Kontur durch die Werkzeugform bestehen hier im Gegensatz zu anderen Verfahren nur in sehr geringem Maß.

Neben der Geometrieflexibilität qualifiziert den Laser insbesondere seine Losgrößenflexibilität als zukunftsorientiertes Werkzeug, da die Entwicklung zu größerer Typen- und Variantenvielfalt bei gleichzeitiger Verringerung der Lose bis hin zur Losgröße 1 tendiert [2].

In Verbindung mit technologischen Vorteilen ergeben sich eine Vielzahl von Anwendungen in den verschiedensten Industriezweigen [3].

Potentiellen Anwendern stehen zur Erprobung der prozeßtechnischen Eignung des Lasers für eine Bearbeitungsaufgabe umfangreiche Informationsquellen (Fachzeitschriften, Lehrgänge, Applikationslabore und Beratungszentren) zur Verfügung. Nach erfolgreichem Verlauf einer derartigen Untersuchung ergibt sich in der Regel die Prüfung der Wirtschaftlichkeit des Verfahrens [4].

Die Anwendungen in der Praxis zeigen, daß die Entscheidung für den Lasereinsatz nur dann getroffen wird, wenn er sich dabei aufgrund von konventionellen Wirtschaftlichkeitsbetrachtungen als ökonomisch vorteilhaft erweist oder weil er technologisch überlegen bzw. konkurrenzlos ist.

Diese Vorgehensweise führt dazu, daß nur ein Bruchteil des durch den Laser bereitgestellten Innovationspotentials genutzt wird. Viele Anwendungsmöglichkeiten bleiben unberücksichtigt, da die laserspezifischen Kosten- und Einsparungspotentiale derzeit nicht ausreichend genau erfaßt und berechnet werden können. Fundierte Informationen über Eckdaten, deren Größenordnung und Anwendungsbereiche sind nicht verfügbar. Dies führt in Verbindung mit den hohen Investitionssummen zu einer nur langsam verlaufenden weiteren Verbreitung des Lasers in der Fertigung. Erhebliche technische und ökonomische Potentiale bleiben somit volkswirtschaftlich ungenutzt.

4.2.5.2　Problemfelder und Defizite

4.2.5.2.1 Wirtschaftliche Rahmenbedingungen für den Lasereinsatz in der Fertigung

Ausgangsbasis für Investitionen in Laserwerkzeugmaschinen ist in vielen Fällen eine neue Bearbeitungsmöglichkeit, für die bisher keine Fertigungstechnik oder -verfahren zur Verfügung standen. Die mit solchen fertigungstechnischen Innovationen verbundenen hohen Kosten werden akzeptiert, wenn sie für das Endprodukt entscheidende Vorteile bringen.

Ein weiterer Ansatzpunkt ist der Ersatz eines konventionellen Verfahrens, zu dem der Laser bei vergleichbaren technologischen Eigenschaften in Konkurrenz tritt. Diese wirtschaftliche Substitution wird bisher durch konventionelle Kostenrechnungsverfahren begründet. Vielfach treten Mischformen aus den beiden Ansätzen auf.

Probleme bereitet in der Praxis die Abgrenzung der wirtschaftlichen Einsatzgebiete des Lasers gegen konkurrierende Verfahren. Im Vorfeld einer Investitionsentscheidung werden vielfach nur die reinen Investitionssummen und ihre Auswirkungen auf die Werkstückkosten betrachtet. Die Besonderheiten der Lasermaterialbearbeitung werden dabei nur ungenügend oder gar nicht berücksichtigt. Problemfelder sind die Ermittlung des Rüstaufwandes, die entfallende Werkzeuglogistik und der laserspezifische Wartungs- und Instandhaltungsaufwand.

Die Verrechnung dieser Kosten über einheitliche Gemeinkostensätze führt auch bei konventionellen Bearbeitungsanlagen zu Ungenauigkeiten. Die Größenordnung dieser Differenz ist dabei aber bekannt und wird mit Blick auf den Kostenrechnungsaufwand akzeptiert. Für die Lasermaterialbearbeitung sind die Abweichungen in den o.g. Bereichen erheblich größer und entscheiden über den wirtschaftlichen Einsatz des Verfahrens. Darüber hinaus besteht auch in den weiteren Einflußbereichen des Lasers Unsicherheit über die Unterschiede zwischen den tatsächlichen Kosten und den durch die Wirtschaftlichkeitsrechnung berücksichtigten Größen. Eine genaue Analyse der laserspezifischen Kosten und Einsparungspotentiale ist die Voraussetzung für die Anpassung oder die Entwicklung einer lasergerechten Wirtschaftlichkeitsrechnung.

Für eine Fertigungsaufgabe stehen vielfach verschiedene Laserwerkzeugmaschinenkonzepte zur Verfügung. Neben technischen Kriterien sind bei der Maschinenauswahl auch ökonomische Gesichtspunkte zu beachten. Auch in diesem Fall bietet ein laserspezifisches Wirtschaftlichkeitsrechnungsverfahren sinnvolle Unterstützung.

4.2.5.2.2 Laserspezifische Kosten

Neben den generellen Unsicherheiten über die laserspezifischen Kosten gibt es diesbezüglich eine Reihe von besonders relevanten Bereichen und Einflußfaktoren, die in <u>Bild 4-16</u> dargestellt sind.

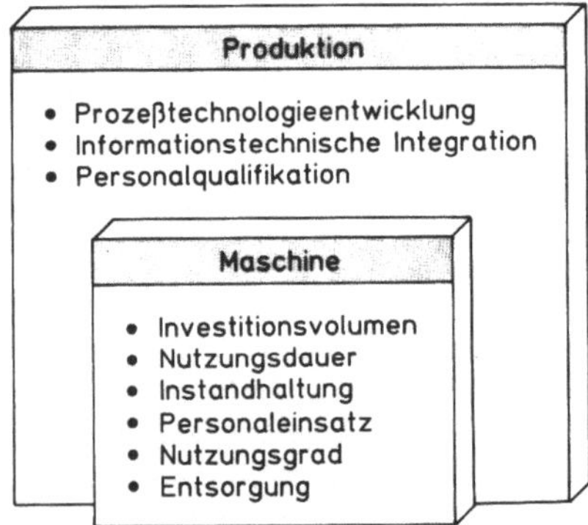

Bild 4-16: Einflußfaktoren auf laserspezifische Kosten

Den größten Kostenanteil bei der Lasernutzung machen die kalkulatorischen Abschreibungen der Investition aus. Probleme bereitet vielfach die vollständige Bestimmung des Investitionsvolumens während der Planungsphase. Peripheriegeräte, wie z.B. Absaug- und Filteranlagen, Gasversorgung, Kühlaggregate und Sicherheitsvorrichtungen, werden oft nicht einkalkuliert und müssen nachträglich beschafft oder ergänzt werden [5]. Gleiches gilt für Maßnahmen zur informationstechnischen Integration und die Entwicklung der erforderlichen Prozeßtechnologie. Kataloge mit realisierten Maschinenkonzepten können in der Planungsphase helfen, Fehleinschätzungen zu vermeiden.

Die Verrechnung der Investitionssummen setzt eine möglichst genaue Kenntnis der Nutzungsdauer voraus. Diese Zeitspanne weicht von den bei Werkzeugmaschinen ermittelten Werten teilweise erheblich ab. Besonders die Lebensdauer der Strahlquelle und der Strahlführung müssen dabei näher untersucht werden, wobei genaue und verläßliche Angaben nicht vorliegen.

In unmittelbarem Zusammenhang damit steht die Frage nach den Instandhaltungskosten. Sie stellen einen großen Anteil der Betriebskosten dar und zeigen durch überproportionales Ansteigen das Ende der Nutzungsdauer an. Der Instandhaltungsaufwand ist eine Kerngröße bei der wirtschaftlichen Bewertung von Fertigungsprozessen. Problemfelder sind die Kalkulation der mittleren Instandhaltungskosten und der zeitliche Verlauf zu Beginn und am Ende der Nutzungsdauer [6].

In der Anfangsphase der Lasernutzung sind hohe Instandhaltungskosten infolge von Anlaufproblemen und Fehlbedienungen zu erwarten. Nach Überwinden der Anfangsperiode stellen sich niedrigere Kosten ein, die aber laserspezifisch von den Betriebsverhältnissen, wie z.B. der Anzahl der Einstechvorgänge, abhängen. Ein deutliches Ansteigen der Instandhaltungskosten zeigt das Ende der wirtschaftlichen Nutzungsdauer an. Dieser charakteristische Verlauf ist für die Lasermaterialbearbeitung nicht quantitativ bekannt. Eine Untersuchung sollte die verschiedenen Strahlquellen und Maschinentypen berücksichtigen.

Laserwerkzeugmaschinen sind derzeit für einen automatischen Betrieb wenig geeignet, da sie für die Parametereinstellung und -überwachung einen qualifizierten Bediener benötigen. Sowohl hinsichtlich der Personalqualifikation als auch des Umfangs herrscht Unsicherheit, die zur Unterschätzung der Personalkosten führt.

Unklarheit herrscht auch über den Nutzungsgrad von Laserwerkzeugmaschinen. Dieser hat sich mit der fortschreitenden Entwicklung ständig verbessert, so daß das Niveau konventioneller Fertigungsanlagen nahezu erreicht ist. In der Industrie steht die Lasertechnik teilweise noch in dem Ruf, eingeschränkte Zuverlässigkeit und damit auch niedrige Nutzungsgrade zu bieten. Betriebsuntersuchungen an Laserwerkzeugmaschinen neuester Bauart können da Abhilfe schaffen und wichtige Daten für die Investitionsplanung liefern.

Ein weiterer wesentlicher Punkt sind die Kosten für die Entsorgung. Während des Prozesses entstehende Abfallprodukte, im wesentlichen Gase und Stäube, müssen abgesaugt, gefiltert und die Filter entsorgt werden. In Abhängigkeit der Bearbeitungsaufgabe kann dies ein erheblicher, bisher kaum untersuchter Kostenfaktor sein.

4.2.5.2.3 Laserspezifische Einsparungspotentiale

Neben den laserspezifischen Kosten besteht auch bei Ort und Umfang der Einsparungspotentiale Unklarheit. Einer der entscheidenden Vorteile des Lasers ist in der Produktflexibilität begründet. Sie ermöglicht auf der technischen Seite die Fertigung nahezu beliebiger Geometrien. Einsparungen ergeben sich aus dem geringen Rüstaufwand an der Maschine, <u>Bild 4-17</u>.

Eine umfassende Bewertung darf nicht nur die unmittelbaren Effekte der minimierten unproduktiven Maschinenrüstzeit betrachten, sondern muß auch den Bereich der Werkzeuglogistik und damit den Einfluß auf die gesamte Produktion mit einbeziehen. Beispielsweise sind das in der Blechteilefertigung im einzelnen Bestellung, Lagerung, Bereitstellung und Nachschliff von Stanzwerkzeugen. Die

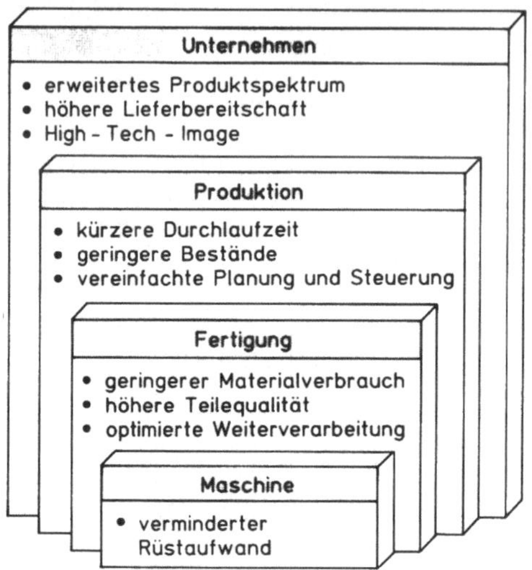

Bild 4-17: Zuordnung laserspezifischer Einsparungspotentiale im Unternehmen

Verrechnung der Werkzeuglogistik über generell angewendete Gemeinkostensätze belastet die Lasermaterialbearbeitung mit Kosten, die sie nicht verursacht. Die tatsächlichen Einsparungspotentiale sind bisher nicht quantitativ untersucht worden.

Weitere Rationalisierungseffekte ergeben sich aus dem geringeren Materialverbrauch. Im Bereich des Lasertrennens ermöglichen beispielsweise optimale Gestaltungs- und Schachtelmöglichkeiten in Verbindung mit geringen Schnittspaltbreiten Einsparungen, die bisher nicht näher quantifiziert werden können. Durch die höhere Werkstückqualität, die mit der Lasermaterialbearbeitung vielfach erreicht wird, kann eine verbesserte Weiterverarbeitung erfolgen. Die daraus resultierenden monetären Auswirkungen können bisher nur geschätzt werden.

In der gesamten Produktion treten laserinduzierte sekundäre Rationalisierungseffekte ein. Die hohe Geometrie- und Losgrößenflexibilität ermöglicht kleine Fertigungslose und damit kurze Durchlaufzeiten und geringe Bestände. Das in Form von Rohmaterial und angearbeiteten Werkstücken gebundene Kapital kann erheblich reduziert werden [7].

Darüber hinaus ergeben sich durch höhere Lieferbereitschaft und weitere Effekte Vorteile für das Unternehmen im außerbetrieblichen Bereich, die unter dem Begriff "ökonomische Außenwirkungen" zusammengefaßt werden. Die Bestimmung dieser Einsparungen scheitert bisher an fehlenden Berechnungsmethoden und einer unzureichenden Datenbasis.

Diese Auswirkungen runden das positive Bild der Lasermaterialbearbeitung ab, zeigen aber auch sehr deutlich die Defizite im Bereich der lasergerechten Wirtschaftlichkeitsrechnung auf.

4.2.5.3   Zukünftiger Forschungsbedarf

Für die Beseitigung der aufgezeigten Defizite sind eine Reihe von Forschungsarbeiten notwendig, die in <u>Bild 4-18</u> zusammengefaßt sind.

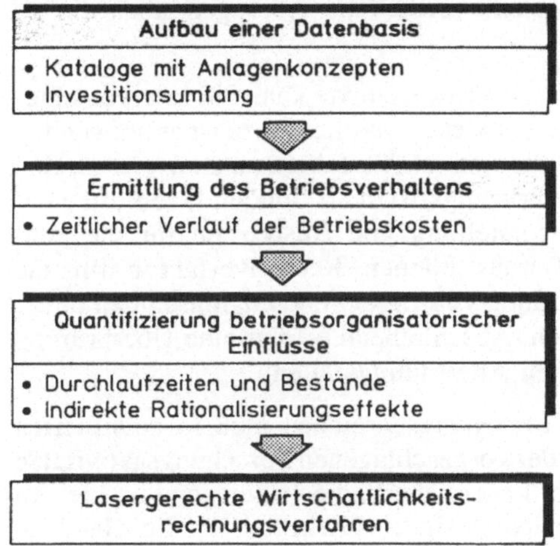

Bild 4-18: Forschungsbedarf zu laserspezifischen Kosten und Einsparungspotentialen

Wesentlicher Bedarf besteht an der Bereitstellung von Katalogen mit realisierten Anlagen- bzw. Maschinenkonzepten und den damit verbundenen Kosten und Einsparungspotentialen. Dem möglichen Anwender von Lasertechnik wird so ein Hilfsmittel für strategische Vorüberlegungen sowie für konkrete Planungen an die Hand gegeben. Neben der Bereitstellung von Informationen zu technologischen Möglichkeiten müssen insbesondere die wirtschaftlichen Auswirkungen der Lasereinführung anhand von Beispielen transparent gemacht werden. Zur Erstellung der Kataloge müssen die Maschinenkonzepte analysiert und anschließend strukturiert werden. Für jede Maschinenklasse sind technische Merkmale und wirtschaftliche Auswirkungen aufzustellen. Die wirtschaftlichen Aspekte beinhalten unter anderem die Investitionsvolumina, notwendige periphere Einrichtungen und optionale Merkmale.

Ein weiterer wichtiger Forschungsbereich ist das Betriebsverhalten von Laserwerkzeugmaschinen. Ausgehend von der Analyse der laserspezifischen Instandhaltung können die mittleren Instandhaltungskosten und der zeitliche Verlauf bestimmt werden. Durch die zeitliche Auswertung der Instandhaltungsvorgänge lassen sich prinzipielle Aussagen über den Nutzungsgrad treffen. Die

Ermittlung des Betriebsverhaltens und der daraus resultierenden Kosten erfordert technisches und betriebswirtschaftliches Wissen in gleichem Maße.

Die betriebsorganisatorischen Auswirkungen des Lasereinsatzes in der Fertigung erzwingen die Analyse der Durchlaufzeiten und Bestände sowie der sekundären Rationalisierungseffekte durch die verbesserte Weiterverarbeitung. Aufbauend darauf kann ein Modell entwickelt werden, das die betriebswirtschaftlichen Auswirkungen abbildet. Nach der Definition von technischen und wirtschaftlichen Randbedingungen muß das Modell verläßliche Aussagen über die zu erwartenden Einsparpotentiale liefern.

Auf der Basis der zuvor genannten Arbeitsschwerpunkte kann ein lasergerechtes Wirtschaftlichkeitsrechnungsverfahren entwickelt werden. Dazu ist es notwendig, neben der Laserbearbeitung auch die alternativen Verfahren zu analysieren. Ziel ist unter anderem die Erfassung der Werkzeugkosten als Sondereinzelkosten der Fertigung. Ebenso muß die Gegenüberstellung von Rüstkosten für die konkurrierenden Verfahren erfolgen. Daraus können Rechenverfahren für die Betriebs- und Investitionskostenermittlung von Laserwerkzeugmaschinen in der Materialbearbeitung entwickelt werden. Abschließend erfolgt eine Überprüfung der entwickelten Verfahren an diversen Anwendungsfällen.

Die genaue Vorgehensweise in den Forschungsbereichen muß in detaillierten Projektbeschreibungen erfolgen. Ziel der vorgeschlagenen Forschungsaktivitäten ist es, den potentiellen Anwendern der Lasertechnik, die vorwiegend im kleinen und mittelständischen Bereich angesiedelt sind, Hilfsmittel an die Hand zu geben, die eine schnelle und umfassende Bewertung geplanter Investitionen einschließlich der Betriebskosten ermöglichen.

4.2.5.4   Literatur zu Abschnitt 4.2.5

[1]   *Tönshoff, H.K., Semrau, H.*: Laser Beam Machining in New Fields of Application. Proc. ASME-Symposium, Chicago/USA, Dec.1988.

[2]   *Tönshoff, H.K., Emmelmann, C.*: Lasereinsatz in kleinen und mittelständischen Unternehmen. Broschüre zur Sonderschau Laser der ME-TAV'90, Hrsg. VDW.

[3]   *Tönshoff, H.K., Emmelmann, C.*: Einsatzmöglichkeiten von Lasern in der Materialbearbeitung. Im: Seminar Praxis der Laserbearbeitung. VDI-Bildungswerk, Hannover, Okt. 1989.

[4]   *Semrau, H.*: Lasereinsatz richtig planen. Industrie-Anzeiger (1987)77.

[5]   *Balbach, J.*: Der Laser als Werkzeug. Wirtschaftliche Einsatzbereiche von Laserbearbeitungsanlagen. Werkzeuge Aug.1990.

[6]   *Hesse, D.*: Wirtschaftlichkeitsbetrachtung beim Laser-Schneiden. Anwenderseminar des LZH, Hannover, Okt. 1989.

[7]   *Wiendahl, H.-P.*: Betriebsorganisation für Ingenieure. München, Wien: Hanser-Verlag 1986.

4.3 Konzeption und Auslegung produktionstauglicher Laserbearbeitungssysteme

4.3.1 Entwicklung neuer Lasersysteme und -komponenten

Prof. Dr.-Ing. G. Sepold, Dipl.-Ing. M. Zierau, Forschungs- und Entwicklungslabor für angewandte Strahltechnik GmbH (BIAS), Bremen

4.3.1.1 Einleitung

Die Lasermaterialbearbeitung hat sich in den letzten Jahren in den Fertigungsbereichen vieler Produktionsbetriebe etabliert. Sie ist dabei in immer neue Anwendungsgebiete vorgedrungen. Zunächst nur auf die Feinwerktechnik und Elektrotechnik beschränkt, fand sie in den siebziger Jahren mit der Entwicklung von leistungsfähigen CO_2-Lasern auch in der metallverarbeitenden Industrie Einzug. Inzwischen werden allein in der Bundesrepublik Deutschland in ca. 2200 Betrieben Laser vorwiegend zum Schneiden eingesetzt [1].

Andere Anwendungen, wie Schweißen oder Oberflächenveredeln, sind in den meisten Fällen auf relativ einfache Bearbeitungsvorgänge beschränkt, bei denen ein unkritisches Verhalten von Werkstoff und Bauteil vorliegt. Wesentliche Gründe hierfür sind oftmals fehlende produktionstaugliche Komponenten für eine Laseranlage, wie z.B. Spannvorrichtungen für Karosseriebauteile oder Nahtfolgesysteme zur automatischen Nachführung eines Laserschweißadapters, sowie fehlende systemtechnische Ansätze zur Verknüpfung der einzelnen Komponenten zu einer fehlertoleranten Laseranlage, die den Erfordernissen an eine "rauhe" Fertigungsumgebung genügen. Diese Defizite müssen im Rahmen zukünftiger Arbeiten beseitigt werden, damit der zunehmende Bedarf an wirtschaftlichen Anlagen für die laserstrahlgerechte Fertigung gedeckt werden kann.

Ein erster Schritt zur Verwirklichung des genannten Ziels besteht in der Klärung des Forschungs- und Entwicklungsbedarfs. Er wird in dem folgenden Beitrag aufgezeigt. Ausgangspunkt sind hierbei die im systemtechnischen Planungsprozeß zu berücksichtigenden Anforderungen an eine Laseranlage und die daraus abgeleiteten Defizite beim derzeitigen Stand der Technik. Im Gegensatz zur DIN V 18730 [7] bezieht sich hierbei der Begriff Lasersystem auf eine Strahlquelle mit Strahlführung und -formung in Verbindung mit Handhabungs-, Meß-, Regel- und Sicherheitsvorrichtungen.

4.3.1.2 Systemtechnische Planung einer Laseranlage

Der wirtschaftliche Einsatz des Laserstrahls, besonders zum Schweißen und Oberflächenbehandeln, ist in vielen Fällen mit der Verwirklichung hoher Anforderungen verbunden, die aus den Bereichen Fertigungspalette, Fertigungstechnologie, Qualitätssicherung und Fertigungsumgebung kommen, <u>Bild 4-19</u>. Das Lasersystem soll z.B. höchste Produktivität und Flexibilität mit größtmöglicher Automatisation des Fertigungsablaufs verbinden. Es muß darüber hinaus einfach in die Fertigungsumgebung einer Firma integriert werden können. Die Bearbeitungsparameter müssen optimiert werden. Mit Blick auf eine gleichbleibende Fertigungsqualität sind Entscheidungen zu treffen, welche Maßnahmen zur Qualitätssicherung während des Prozesses, z.B. Sensoren zur Beobachtung des Schneidvorganges, oder aber auch nach erfolgter Fertigung, z.B. Ultraschallprüfung am Bauteil, zu ergreifen sind.

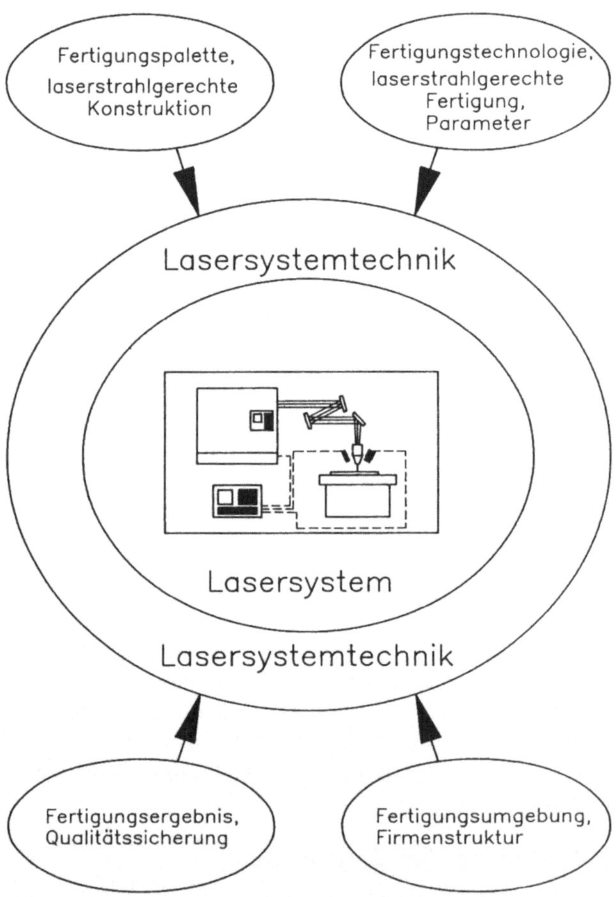

Bild 4-19: Anforderungsbereiche eines Lasersystems

Als Folge der Vielfalt unterschiedlicher Anforderungen und Randbedingungen stellt die Planung, Projektierung und Entwicklung eines Lasersystems einen komplexen Vorgang dar. Es ist die Aufgabe der Lasersystemtechnik, systemtechnische Planungskonzepte [4,5] und laserspezifische Kenntnisse bei der Planung von Lasersystemen zu verbinden, damit zuverlässige Voraussagen über das Verhalten des Lasersystems und über das Zusammenspiel seiner Komponenten gemacht werden können. In Bild 4-20 ist die Ablaufstruktur eines systemtechnischen Planungsprozesses dargestellt.

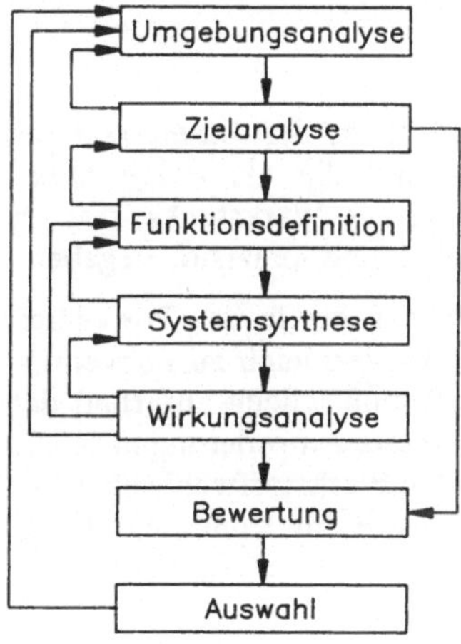

Bild 4-20: Systemtechnischer Planungsprozeß (nach [6])

Er teilt sich auf in die Systemkonzeption mit den Schritten Umgebungsanalyse, Zielanalyse, Problemdefinition, Systemsynthese und Wirkungsanalyse sowie in die Präferenzsynthese, die Bewertung und Auswahl [6] umfaßt. Im Rahmen der Systemsynthese und Wirkungsanalyse können z.B. Programme zur Simulation des Verhaltens eines Laserroboters eingesetzt werden, um die räumliche Anordnung von Hilfsachsen für die Werkstückhandhabung zu untersuchen. Wesentliches Merkmal des systemtechnischen Planungsprozesses ist die schrittweise Problemlösung unter ständiger Rückkopplung zu vorangegangenen Schritten, damit neue Annahmen und Anforderungen zur Überprüfung und zur Modifikation des bisherigen Projektstandes herangezogen werden können.

Die an ein Lasersystem zu stellenden Anforderungen werden nachfolgend in Übereinstimmung mit den in Bild 4-19 aufgeführten Einflußfeldern skizziert. Sie müssen im wesentlichen in den Planungsschritten Problemdefinition und Systemsynthese berücksichtigt werden.

4.3.1.2.1 Anforderungen aus der Fertigungspalette

Die mechanische Struktur eines Lasersystems wird im wesentlichen von dem Spektrum der zu bearbeitenden Bauteile bestimmt. Bauteildimensionen, Werkstückgewichte und Bearbeitungswege entscheiden hierbei über den erforderlichen Arbeitsraum der Laseranlage, über die Art der Bauteilhandhabung und der Strahlführung und über die Anzahl der Bewegungsachsen des Handhabungssystems. Ein modularer Aufbau der Anlage ermöglicht es, die Laserstrahlbearbeitung flexibel einzusetzen und eventuell mit weiteren Fertigungsverfahren zu kombinieren.

4.3.1.2.2 Anforderungen aus der Fertigungstechnologie

Die effektive Nutzung des Laserstrahls - hierzu zählen der Laserstrahl als berührungsloses, flexibel einsetzbares Werkzeug und die als Folge hoher Leistungskonzentration geringe Wärmebeeinflussung des Werkstücks - ist im allgemeinen nur bei hoher Bearbeitungsgeschwindigkeit und -präzision gegeben.

Am Beispiel des Laserstrahlschweißens zeigt sich, daß die in das Werkstück eingebrachte Wärme und damit der Bauteilverzug im Vergleich zu konventionellen Fügeverfahren gering sind. Der Schweißstoß muß jedoch aufgrund der schmalen Nahtgeometrie genau getroffen werden. Weitere Anforderungen an das Lasersystem lassen sich aus der nahezu unbeschränkten Werkstoffwahl sowie der Flexibilität in der Bearbeitung mit dem Laserstrahl, so z.B. die Kombination von Laserstrahlschneiden und -schweißen, ableiten.

4.3.1.2.3 Anforderungen aus dem Fertigungsergebnis

Die Bearbeitung mit dem Laserstrahl erfolgt mit hoher Präzision. In vielen Fällen werden endbearbeitete Teile zu Baugruppen gefügt oder aber getrennt, eine Nachbearbeitung entfällt. Hieraus ergeben sich an das Lasersystem zu stellende Anforderungen im Hinblick auf die Integration qualitätssichernder Komponenten, um eine "On-line"-Überwachung des Fertigungsprozesses und des Fertigungsergebnisses durchführen zu können. Die Verknüpfung dieser Komponenten und der Aufbau von Entscheidungsstrategien zur Reaktion des Lasersystems auf Abweichungen vom normalen Prozeßablauf erfolgt am günstigsten durch eine einheitliche Steuerungsarchitektur.

4.3.1.2.4 Anforderungen aus der Firmenstruktur

Die Bewertung und Auswahl eines Lasersystems wird wesentlich durch die Firmenstruktur eines potentiellen Anwenders beeinflußt. Kurze Produktlebens- und Innovationszyklen und eine ständig wachsende Zahl von Varianten erfordern auch in der Materialbearbeitung eine große Flexibilität der Produkte, der Verfahren (z.B. kombiniertes Laserschweißen und -schneiden) und der Menge. Neben dem Werkzeug Laser muß folglich das gesamte System die notwendige

Flexibilität aufweisen, um schnell auf wechselnde Anforderungen des Marktes reagieren und funktionsgerechte Produkte herstellen zu können.

Der heutige Stand der Technik in der Entwicklung von Lasersystemen genügt den genannten Anforderungen in toto nur in wenigen Fällen. Defizite bestehen zum einen in der Bereitstellung von geeigneten Komponenten, z.B. zuverlässigen Sensorsystemen zur Prozeßkontrolle, zum anderen in der Verknüpfung der Anlagenkomponenten zu einem funktionierenden Ganzen. Sie müssen durch zukünftige Aktivitäten beseitigt werden und spiegeln sich deshalb in dem im folgenden Abschnitt aufgezeigten Forschungs- und Entwicklungsbedarf wider.

4.3.1.3   *Zukünftige erforderliche Aktivitäten*

Zukünftige Forschungs- und Entwicklungstätigkeiten im Bereich Lasersysteme sind auf den Ebenen Anlagenkomponenten und Lasersystemtechnik notwendig. Die Komponenten eines Lasersystems lassen sich hierbei nach [2] grob in die Laserstrahlquelle, das System zur Strahlführung und -formung, die Komponenten zur Werkstückhandhabung, die Steuerungs- und Überwachungselemente und schließlich in die Sicherheitseinrichtungen, <u>Bild 4-21</u> unterteilen. Der Forschungsbedarf läßt sich hieran orientiert wie folgt zusammenfassen.

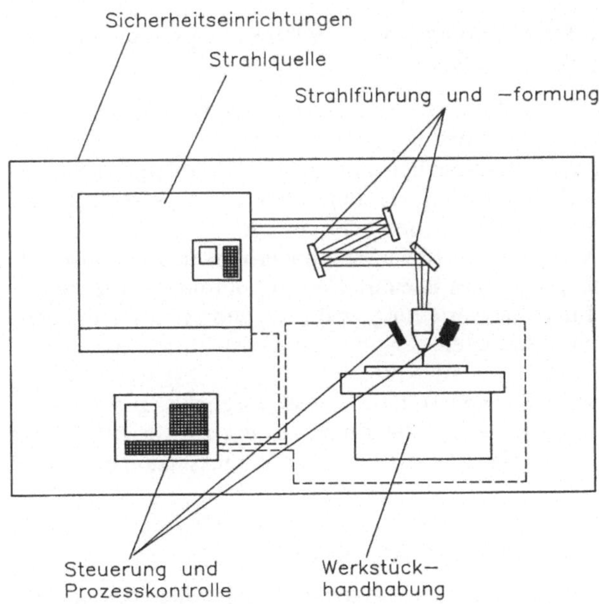

Bild 4-21: Komponenten eines Lasersystems

4.3.1.3.1 Laserstrahlquellen

Die Entwicklung neuer Strahlquellen muß auf einen umfassenden Qualitäts-
sprung in den Lasereigenschaften hinzielen. Dabei müssen für alle Lasertypen
die Verbesserung

- des Wirkungsgrades und der Zuverlässigkeit bei robuster und einfacher
  Bauweise und
- gute Strahleigenschaften unter Einschluß der örtlichen und zeitlichen
  Modulierbarkeit als Voraussetzung für eine höhere Bearbeitungsqualität mit
  präventiver Qualitätssicherung [3]

angestrebt werden. Ganz allgemein kann von diesen Maßnahmen erwartet
werden, daß das Anwendungsspektrum wesentlich erweitert und aufgrund der
verbesserten Strahleigenschaften die Präzision und Qualität der Bearbeitung
heraufgesetzt wird. Daneben werden die Entsorgungskosten bei Trenn- und
Ablationsverfahren reduziert, da die Menge des abzutragenden Materials im
allgemeinen umgekehrt proportional zur Strahlqualität ist. Ein günstigerer
Nutzungswirkungsgrad, wie er z.B. bei diodengepumpten Nd:YAG-Lasern
erwartet wird, ermöglicht es, eine vorgegebene Applikation mit geringerer
elektrischer Leistungsaufnahme zu verwirklichen.

4.3.1.3.2 Strahlführungs- und Strahlformungssysteme

Die Weiterentwicklung von Strahlführungs- bzw. Strahlformungssystemen muß
unter folgenden Gesichtspunkten erfolgen:

- Die von der Strahlquelle gelieferten Strahleigenschaften müssen ohne
  Qualitätseinbuße zum Ort der Bearbeitung geleitet werden.
- Neben der Entwicklung von Strahlquellen mit stabilen Strahleigenschaften
  (Abschn. 4.3.1.3.1) sind Arbeiten zur Entwicklung adaptiver Regelsysteme für
  die Überwachung von Strahllage und -form erforderlich.
- Im Bereich der Strahlformung besteht Bedarf an Sonderoptiken und optischen
  Spezialsystemen zur Erzeugung eines Brennfleckes mit definierter Fleckgeo-
  metrie und angepaßter Intensitätsverteilung, z.B. zur geometrieabhängigen
  Oberflächenbehandlung von Bauteilen.

Die Abmessungen der Strahlführungen sollten hierbei möglichst gering sein,
damit auch die Handhabungssysteme und die Komponenten zur Strahlführung
und -formung kompakt gebaut werden können. Günstige Voraussetzungen bieten
z.B. Lichtwellenleiter.

4.3.1.3.3 Komponenten für die Werkstückhandhabung

Die Komponenten zur Werkstückhandhabung ähneln in vielen Fällen denjenigen
vergleichbarer Schneide- und Fügeverfahren. Mit Blick auf die in der Lasermaterialbearbeitung möglichen hohen Bearbeitungsgeschwindigkeiten und -präzisio-

nen sind jedoch Bewegungssysteme mit erhöhter dynamischer Genauigkeit für die Werkstückhandhabung und den Strahltransport zu entwickeln. Beispielhaft seien Knickarmroboter mit mechanischem Nullspiel und erhöhter Steifigkeit aufgeführt. Eine kinematische Kette mit mehr als den unbedingt erforderlichen Freiheitsgraden, z.B. zwei zusätzlichen Achsen für die Bauteilhandhabung im Arbeitsbereich eines 6-Achsen-Knickarmroboters, kann die Beweglichkeit des Handhabungssystems und die Zugänglichkeit zum Bauteil wesentlich verbessern. Die in diesem Bereich durchzuführenden Forschungsarbeiten schließen die Entwicklung leistungsfähiger Spannvorrichtungen für die Werkstücke und Systeme zur Ver- und Entsorgung mit ein. Sie stehen im engem Zusammenhang mit der Bereitstellung von passenden Steuerungskomponenten.

4.3.1.3.4 Steuerungs- und Überwachungselemente

Die Steuerungs- und Überwachungselemente eines Lasersystems umfassen z.B. die Bahnsteuerungssysteme für Bewegungsachsen und Systeme zur Qualitätssicherung, d.h. Einrichtungen zur Prozeßkontrolle und Laserstrahldiagnostik. Eine wesentliche Aufgabe in der Weiterentwicklung dieser Komponenten besteht darin, sie einfach, robust und bedienerfreundlich auszuführen und mit offenen Schnittstellen zur unkomplizierten Integration in die Steuerungshierarchie des gesamten Lasersystems einzubetten.

4.3.1.3.5 Sicherheitseinrichtungen

Die Weiterentwicklung von Sicherheitssystemen muß mit der Verbesserung und der zunehmenden Komplexität eines Lasersystems Schritt halten. Ein Schwerpunkt liegt in der gründlichen Absaugung und Aufbereitung der in der Wechselwirkungszone zwischen Laserstrahl und Werkstück entstehenden Partikel, Dämpfe und Reaktionsprodukte. Die zugehörigen Grenzwerte (MAK-Werte) müssen durch geeignete Sensoren überwacht und im Fall ihrer Überschreitung durch angepaßte Maßnahmen, z.B. durch die automatische Erhöhung der Absaugleistung, kompensiert werden können. Ein wichtiger Schritt zur Klärung der Fragen ist das vom BMFT geförderte Projekt "Sicherheitstechnische und medizinische Aspekte bei der Lasermaterialbearbeitung".

Die in den Abschn. 4.3.1.3.2 bis 4.3.1.3.5 genannte Laserperipherie erhält für den Anwender immer größere Bedeutung, da Qualität und Kosten des Lasereinsatzes entscheidend von der Wahl der peripheren Geräte eines Lasersystems abhängen. Der Entwicklungstrend geht zur Integration des Lasers in komplette Fertigungssysteme mit sensorgesteuerter Prozeßführung und integrierter Qualitätssicherung. Wirtschaftlich ausschlaggebend ist hierbei die Tatsache, daß zur Zeit in einer Fertigungsanlage der Wert der Laserperipherie den Wert des Lasers um ein Mehrfaches übersteigen kann. Die damit verbundenen hohen Investitionskosten machen hohe Stückzahlen oder besondere Flexibilität zur Amortisation der Lasersysteme erforderlich. Soll die Lasertechnik in breitem

Maßstab in der klein- und mittelständischen Industrie Einzug halten, so müssen die Bestrebungen auf einfache, modular und kompakt aufgebaute und flexibel arbeitende Lasersysteme gerichtet sein. Hierbei kommt der Lasersystemtechnik zunehmende Bedeutung zu.

4.3.1.3.6 Lasersystemtechnik

Eine wichtige Aufgabe der Lasersystemtechnik ist es, die Verknüpfung einzelner Komponenten eines Lasersystems zu einer funktionierenden Einheit unter Berücksichtigung der in Bild 4-19 dargestellten Anforderungsbereiche herzustellen. Hiernach sind einige wesentliche Gesichtspunkte für die Anlagenkonzeption:

- hoher angestrebter Automatisierungsgrad der Anlage, Reduktion der Nebenzeiten,
- Vernetzung mit der Fertigungsstruktur des Unternehmens,
- Flexibilität der Anlage, offene Struktur zur Fertigung neuartiger Produkte und zur Integration von weiteren Fertigungsverfahren,
- fehlertolerante Anlage durch Strategien zur Fehlerdiagnose, zur Fehlerbeseitigung und zur Kompensation von Maschinenausfällen im Fertigungsablauf,
- Ferndiagnose des Anlagenstatus,
- Bedienerfreundlichkeit des Lasersystems.

Unter Nutzung der bereits genannten offenen Schnittstellen zur Verknüpfung von Steuerungs- und Überwachungsfunktionen in dem Lasersystem sind Entwicklungsarbeiten zur Vernetzung der Komponenten durchzuführen. Hierbei ist zwischen unstrukturierten und strukturierten Vernetzungsarten zu unterscheiden. Eine unstrukturierte Vernetzung der Komponenten eines Lasersystems führt zu einem hohen Datenfluß innerhalb des Systems und daraus folgend zu zeitraubenden Rechenoperationen. In vielen Fällen sind hierbei die Komponenten um einen zentralen Rechner gruppiert, der den Gesamtstatus der Anlage aufnimmt, auswertet und die Anweisungen für die Steuerungsvorgänge an die entsprechenden Komponenten leitet, um die gewünschten Soll-Werte des Bearbeitungsprozesses zu erreichen. Eine derartige Struktur erfordert Computer, welche die anfallenden hohen Datenmengen in einer kurzen Zeit verarbeiten können, um so die angestrebten Prozeßgeschwindigkeiten verwirklichen zu können. Der hohe Datenverarbeitungsaufwand ist darüber hinaus mit einem hohen Programmieraufwand in der Entwicklungsphase verknüpft. Die Komplexität der Programme und die damit verbundene Fehleranfälligkeit während der Programmerstellung führt zu einem hohen Entwicklungsaufwand.

In einem Lasersystem mit strukturiertem Vernetzungsgrad laufen Teilprozesse, wie z.B. die Nahtverfolgung und automatische Abstandshaltung beim Laserstrahlschweißen, Bild 4-22, auf einer untergeordneten Hierarchieebene in einem selbst organisierten Zustand ab. Hier genügt die Vorgabe von relevanten Größen durch die Zentraleinheit, um den Fertigungsablauf als Ganzes organisch ablaufen zu lassen. Ein weiterer Vorteil der strukturierten Vernetzung der Anlagenkomponenten ist, daß unter Umständen die Steuerungsarchitektur aus kleinen Computern mit vergleichsweise niedriger Rechenleistung zusammengesetzt werden kann. Diese kleinen Computer sind billig, lassen sich gegeneinander auswechseln und damit leichter warten, und sie können den verschiedenen Funktionsbereichen der Lasersysteme räumlich zugeordnet werden. Zum Teil können diese Computer miteinander identisch, zum Teil aber auch für speziellere Aufgaben ausgerüstet sein, so daß einer etwa den Prozeß überwacht, ein anderer eine Bewegungsachse ansteuert usw.

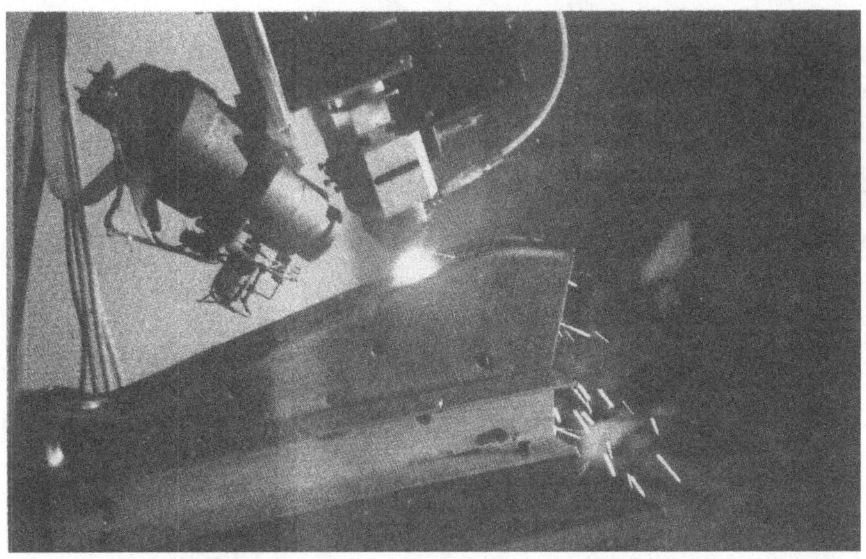

Bild 4-22: Sensor-Aktor-System zur untergeordneten Bahnverfolgung und Abstandsregelung beim Laserschweißen

Zwei Beispiele für die Verknüpfung der unter 4.3.1.3.1 bis 4.3.1.3.5 angesprochenen Komponenten zu einem Lasersystem sind in <u>Bild 4-23 und 4-24</u> dargestellt. Die in Bild 4-23 gezeigte Anlage ist zum Trennen großflächiger Bleche in der schiffbaulichen Fertigung bestimmt. Schwerpunkte der Entwicklungsarbeit sind die Konstruktion eines schnellen Großportals mit 8,5 m Spurweite, die Beherrschung der Strahlführung bei Strahlwegen von über 20 m sowie die Modifikation und Anpassung des Lasers für den sicheren Betrieb unter Werftbedingungen. Der Laser ist in eine hermetisch abgeschlossene Gehäuseeinheit eingebaut und kann dort klimatisiert und schwingungsentkoppelt betrieben werden.

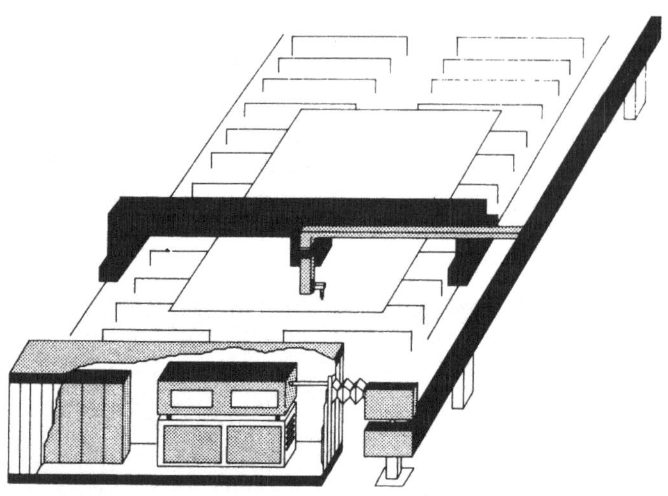

Bild 4-23:   Laseranlage zum Schweißen und Schneiden von Blechen großer Abmessungen

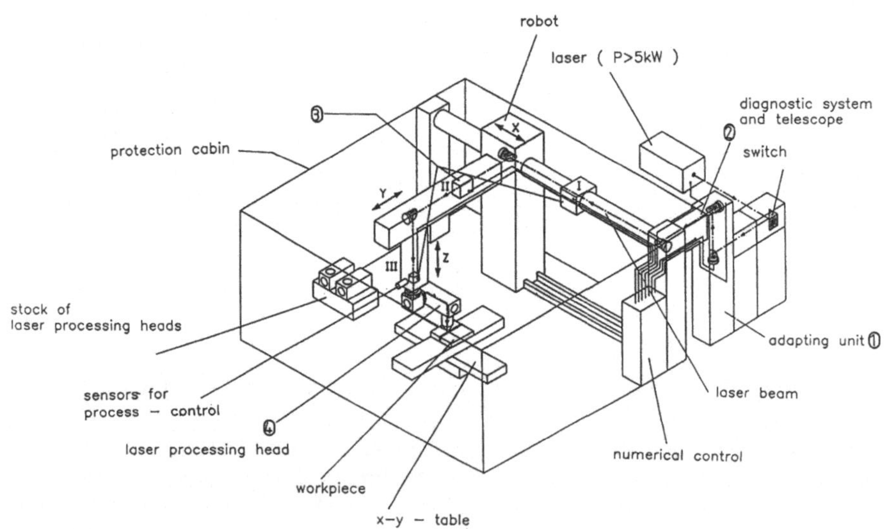

Bild 4-24:   Lasersystem für die Oberflächenbehandlung komplexer dreidimensionaler Werkstückkonturen

Das in Bild 4-24 dargestellte Lasersystem mit einem 5-Achsen-Portalroboter wird für die Laserstrahlbehandlung komplexer dreidimensionaler Oberflächen, z.B. von Gesenken für große Pressen oder große Turbinenschaufeln eingesetzt. Für die Oberflächenbehandlung mit einem Hochleistungslaser mit Leistungen zwischen 5 und 15 kW wird der optische Strahlengang des Roboters modifiziert. Darüber hinaus ist die Integration eines automatischen Wechselsystems für unterschiedliche Bearbeitungsadapter vorgesehen, so daß in der Fertigungszelle verschiedene Bearbeitungsverfahren, so zum Beispiel auch Laserstrahlschweißen und -schneiden, kombiniert werden können.

4.3.1.4   Zusammenfassung

In dem vorliegenden Bericht wurden Anforderungen für den Bereich Lasersysteme und -komponenten definiert und daraus einige zukünftige Schwerpunkte der Entwicklung im Bereich der industriellen Lasermaterialbearbeitung abgeleitet. Dieser Bedarf besteht zum einen auf der Ebene der Komponenten eines Lasersystems, zum anderen jedoch auch auf der Ebene der Lasersystemtechnik. Ein wesentlicher Schwerpunkt liegt hierbei in der Konzeption einfach und modular aufgebauter, fehlertoleranter und zugleich bedienerfreundlicher Anlagen. Ziel der durchzuführenden Forschungs- und Entwicklungsarbeiten sollte es sein, die erforderlichen Investitionskosten für eine Anlage soweit wie möglich zu reduzieren, benutzerfreundliche Systeme bereitzustellen und zugleich eine problemlose Integration in automatisierte Fertigungsabläufe zu ermöglichen.

4.3.1.5   Literatur zu Abschnitt 4.3.1

[1]   *G. Habig*: Strukturcharakteristiken des deutschen und internationalen Lasermarktes. Beitrag zur Sonderschau "Laser" der METAV 90.

[2]   Merkblatt DVS 3203: Qualitätssicherung von CO_2-Laserstrahl-Schweißanlagen, Teil 1-4. Düsseldorf: DVS-Verlag 1989.

[3]   *G. Sepold*: Stand und Entwicklungstendenzen in der Laser-Materialbearbeitung. Beitrag zum AGA Lasersymposium Düsseldorf 1991.

[4]   *Ropohl, G.*: Systemtechnik-Grundlagen und Anwendung. Carl Hanser Verlag 1975

[5]   *Jewell, T.K.*: A Systems Approach to Civil Engineering Planning and Design. New York: Harper+Row Publishers 1986.

[6]   Grundlagen und Anwendungen der Systemtechnik. In: VDI-Berichte 262. Düsseldorf: VDI-Verlag 1976.

[7]   DIN V 18730: Grundbegriffe der Lasertechnik. Berlin: Beuth Verlag 1991.

4.3.2 Lasergerechte Konstruktion und Fertigung unter Berücksichtigung der Möglichkeiten der Qualitätssicherung durch Prozeßüberwachung und Regelung

Prof. Dr.-Ing. G. Herziger, Dr.-Ing. E. Beyer,
Fraunhofer Institut für Lasertechnik (ILT), Aachen

4.3.2.1 Einleitung

Für einen verstärkten Einsatz der Lasertechnik in der Fertigung ist es erforderlich, daß den Konstruktions- und Fertigungsingenieuren umfassendes Informationsmaterial über die Möglichkeiten der Lasertechnik zur Verfügung steht. Hierzu gehören unter anderem:

- die Besonderheiten der Laserstrahlung, also die Eigenschaften, wodurch er sich von anderen Energieträgern unterscheidet, und
- die Möglichkeiten, welche sich hierdurch für die Qualitätserzeugung und Qualitätssicherung ergeben, sowie
- die daraus folgenden Konsequenzen für die Konstruktion und Fertigungsplanung.

4.3.2.2 Besonderheiten der Laserstrahlung

Bei den Eigenschaften der Laserstrahlung sind zwei Besonderheiten hervorzuheben:

- Die geometrischen Eigenschaften des Laserstrahls.
  Die Strahlung kann präzise gebündelt werden, wodurch extreme Leistungsdichten erreichbar sind. Weiterhin kann die Strahlgeometrie nahezu beliebig geformt und dabei exakt definiert werden. Dies erlaubt eine optimale Anpassung der Laserstrahlung an die Bauteilgeometrie und den Bearbeitungsprozeß.

Aufgrund dieser Eigenschaften ist eine präzise Handhabung des Werkstücks sowie des Strahles erforderlich. Dies bedingt wiederum den Einsatz von Sensoren zur Prozeßführung.

- Die zeitlichen Eigenschaften des Laserstrahls.
  Der Laserstrahl kann bis in den Mikrosekundenbereich moduliert, gesteuert und geregelt werden. Hierdurch ergibt sich die Möglichkeit, die Energiequelle an die Wechselwirkungsphänomene des Bearbeitungsprozesses anzupassen und diesen somit zu regeln.

Für eine Präzisionsbearbeitung ist oftmals eine sensorgesteuerte Prozeßführung bei gleichzeitiger Regelung des Bearbeitungsprozesses zwingend erforderlich. <u>Bild 4-25</u> zeigt ein Blockschaltbild mit einer zentralen Steuereinheit für einen kontrollierten Bearbeitungsablauf. Ein optimaler Einsatz des Lasers ist jedoch nur möglich, wenn neben dem angepaßten Fertigungsablauf auch Werkstoff und Bauteileigenschaften auf die Besonderheiten des Laserstrahls abgestimmt sind.

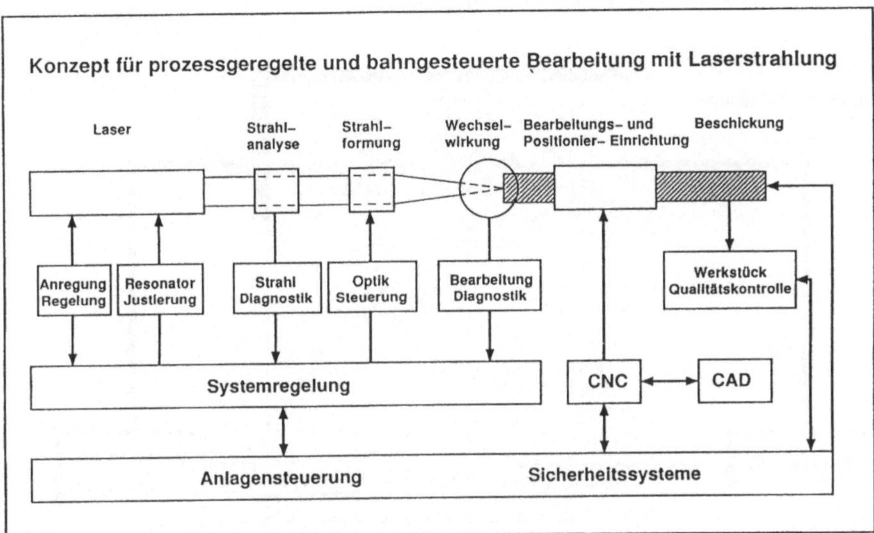

Bild 4-25:   Sensorgesteuerte Laserstrahlbearbeitung. Bei diesem Blockschaltbild einer sensorgesteuerten Laserbearbeitungsanlage werden alle Überwachungseinrichtungen und Regelkreise von einer zentralen Systemregelung koordiniert.

4.3.2.3   Möglichkeiten der Qualitätssicherung

Im Sinne der Qualitätssicherung muß man bereits in der Planungsphase des Bauteils und des folgenden Fertigungsablaufes die Möglichkeiten der Lasertechnik berücksichtigen. Beim Einsatz qualitätssichernder Maßnahmen und Methoden wird immer weniger von der klassischen Endkontrolle Gebrauch gemacht. Präventive Maßnahmen bzw. qualitätserzeugende Methoden erlangen immer mehr Bedeutung. Dies sind speziell die Qualitätssicherung durch prozeßintegrierte Regelung und Überwachung. Bild 4-26 zeigt die qualitätssichernden Maßnahmen. Die Kostenwirksamkeit zur Vermeidung bzw. Beseitigung von Fehlern liegt in der Entwicklungs- und Planungsphase in Größenordnungen höher als die Wirksamkeit in der Nutzungsphase. Bei konsequenter Einbeziehung der gesteuerten Prozeßführung in die Konstruktions- und Fertigungsplanung bedeutet dies für die Fertigung, daß bei sicherer Gewährleistung der Qualitätserzeugung die Endprüfung der klassischen Qualitätssicherung durch eine Überwachung der Qualitätserzeugung ersetzt werden kann. Eine qualitätsorientierte Fertigung beinhaltet im wesentlichen zwei Punkte:

- Regelung des Bearbeitungsprozesses zur gesicherten Qualitätserzeugung,
- nachweisbare Gewährleistung der Qualität durch Prozeßüberwachung anhand
  von Signalen aus dem Bearbeitungsprozeß.

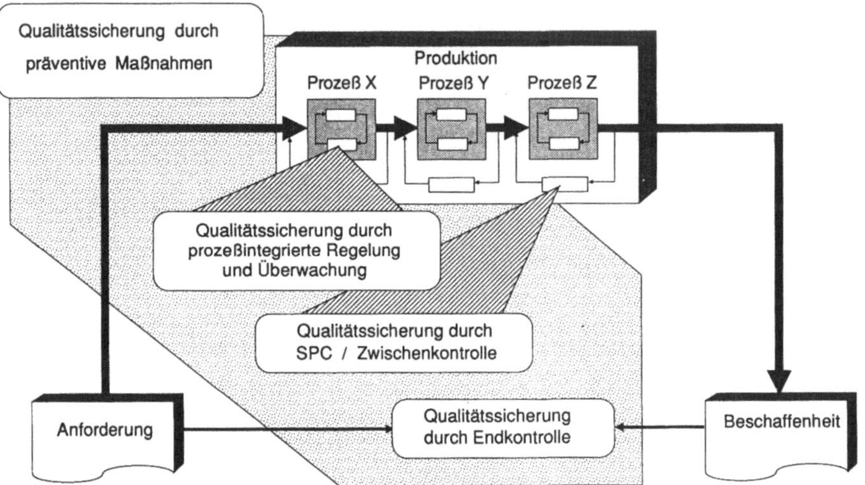

Bild 4-26: Präzisionsbearbeitung, Tendenzen der Qualitätssicherung

Eine prozeßintegrierte Prozeßüberwachung verfolgt dabei im Zusammenhang mit einem integrierten Qualitätssicherungskonzept in Richtung "Null-Fehler-Strategie" folgende Ziele:

- hohe Prozeßbeherrschung im Sinne einer geringen Streuung der Merkmalswerte zu vorgegebenen Soll-Werten,
- Überwachung der Bearbeitungsqualität in Form einer 100%-Kontrolle ohne überproportionalen Mehrkostenaufwand,
- Aufbereitung und Sicherung der Prozeßdaten in spezifischen Datenbanken, die Teil einer unternehmensweiten Datenbasis sind (Basis für CIM).

Ausschlaggebend für die Funktion der prozeßintegrierten Qualitätssicherung sind zwei Regelkreise:

- maschinenintern: On-line-Regelung des Bearbeitungsprozesses (Schweißen, Schneiden usw.),
- ebenenübergreifend: Informationsrückfluß zur ständig verbesserten Auslegung des Bearbeitungsprozesses, also der rückgekoppelten, lasergerechten Konstruktion und Fertigung.

Dieser Ablauf ist in Bild 4-27 dargestellt. Ziel ist die "Null-Fehler-Garantie". Zentraler Punkt hierfür ist der Bearbeitungsprozeß, der möglichst vollständig über Sensoren überwacht werden sollte. Mittels einer zentralen Prozeßdatenverarbeitung erfolgt zum einen eine Prozeßregelung, zum anderen eine Prozeß- und Maschinendatenerfassung. Diese Daten stellen die Basis für eine geeignete Prozeßauslegung und damit für eine lasergerechte Konstruktion und Fertigung dar.

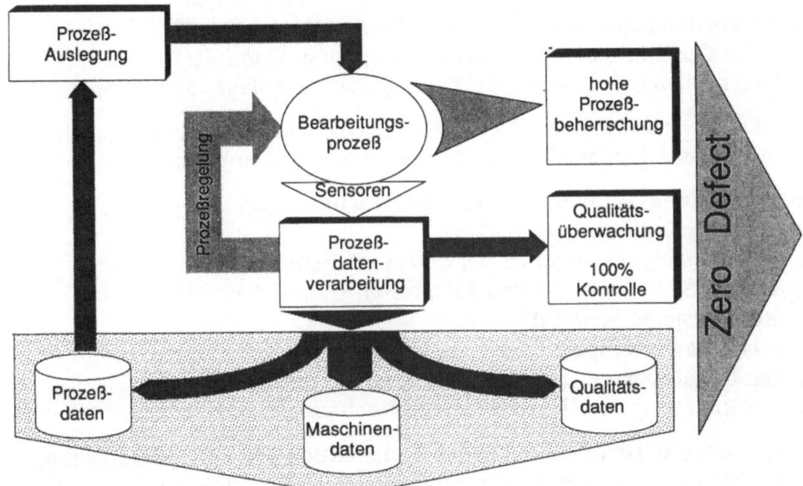

Bild 4-27: Prozeßregelung für die Präzisionsbearbeitung.

Man erkennt zwei Regelkreise, und zwar einen maschineninternen (Prozeßregelung) und einen, der über die angefallenen Daten eine geänderte Prozeßauslegung zur Folge hat und hierdurch auf den Bearbeitungsprozeß zurückwirkt.

4.3.2.4 Konsequenzen für Konstruktion und Fertigungsplanung

Primäres Ziel für den Einsatz der Lasertechnik in der Fertigung muß es sein, dem Konstruktions- und Fertigungsingenieur unter anderem die folgenden Informationen zur Verfügung zu stellen:

- Welche Möglichkeiten bietet der Lasereinsatz?
  Beispiel: Fügen, Trennen, Abtragen, Oberflächenbehandeln
- Was ist anders beim Lasereinsatz?
  Beispiel: Prozeßführung
  - Geschwindigkeit
  - Werkstoffverhalten
  - Prozeßsicherung/Regelung
  Beispiel: Prozeßvorbereitung
  - Bauteilvorbereitung

- Bauteilposition
- Anlagensteuerung/Regelung

Beispiel: Besonderheiten

- Kombination von Verfahren
- geringe Wärmebelastung
- Wegfall von nachfolgenden Bearbeitungsgängen

- Welche Bearbeitungsqualität ist möglich (Qualitätserzeugung)?
- Wie kann die Qualität garantiert werden (Regelung, Kontrolle)?
- Welche Lasersysteme stehen zur Verfügung (Laser, Anlage, Steuerung)?

Bezogen auf den sensorüberwachten, prozeßgesteuerten Bearbeitungsablauf ergeben sich folgende Fragestellungen bei der Bauteilentwicklung:

- Welche Bearbeitungsvorgänge müssen überwacht werden?
- Welche Sensorsysteme sind verfügbar?
- Mit welcher Genauigkeit arbeiten die einzelnen Sensoren?
- Was kosten die Systeme und deren Integration?
- Werden Regelsysteme benötigt?
- Sind Regelsysteme verfügbar?
- Was leisten Regelsysteme (Präzision, Geschwindigkeit)?
- Was kosten Regelsysteme (Kosten-Nutzen-Rechnung)?

Erst wenn alle aufgeführten Punkte bei der Konstruktion und Fertigungsplanung in übersichtlicher Form zur Verfügung stehen und berücksichtigt werden, ist ein optimierter, wirtschaftlicher Einsatz des Lasers möglich.

4.3.2.5 *Defizite und zukünftiger Forschungsbedarf*

Die Defizite und der zukünftige Forschungsbedarf ergeben sich aus dem oben beschriebenen Zusammenhang. Dem Konstruktions- und Fertigungsingenieur stehen z.Z. keine aufbereiteten Informationen über die Möglichkeiten zur Verfügung, welche die Lasertechnik im Rahmen der Qualitätssicherung durch eine Prozeßüberwachung und -regelung bietet. In den letzten Jahren sind unterschiedliche Sensorsysteme entwickelt worden. Diese kommen in speziellen Anwendungen zur Prozeßüberwachung zum Einsatz. Vereinzelt werden auch Prozeßregelungen durchgeführt. In jedem Fall steht die Lasertechnik, was die Prozeßregelung betrifft, noch ganz am Anfang ihrer Entwicklung. Auch auf dem Gebiet der zentralen Speicherung von Maschinen-, Prozeß- und Qualitätsdaten sowie der Verknüpfung von Sensorsystemen besteht Forschungs- und Entwicklungsbedarf.

4.3.3   Einsatz von Expertensystemen in der Lasertechnologie

Prof. Dr.-Ing. F.L. Krause, Dipl.-Ing. H. Leemhuis, Fraunhofer Institut für Produktionsanlagen und Konstruktionstechnik (IPK), Berlin

4.3.3.1   Derzeitiger Entwicklungsstand

4.3.3.1.1 Motivation zum Einsatz von Expertensystemen

Neue Technologien und Maschinenkonzepte hoher Flexibilität und Produktivität reichen allein nicht aus, um die Rationalisierungspotentiale für eine zeitgemäße Blechteilefertigung bestmöglich ausschöpfen zu können. Für ein wirtschaftliches Herstellen von Blechteilen müssen vielmehr auch die der Fertigung vorgelagerten Bereiche der Konstruktion und Arbeitsplanung berücksichtigt und an die Anforderungen der Blechteilefertigung angepaßt werden. Die Produktivität und Flexibilität im Maschinenbaubetrieb kann wesentlich durch die bereichsübergreifende Anwendung von Informationsverarbeitungssystemen gesteigert werden.

Die Anwendung rechnerunterstützter Produktionssysteme stößt dort an Grenzen, wo sich Lösungen und Entscheidungen bei der Gestaltung technischer Systeme und Prozesse nicht auf algorithmierbare Zusammenhänge zurückführen lassen, sondern durch das Wissen von Fachleuten gefunden werden müssen. Zunehmende Komplexität der Problemstellungen und Entscheidungsrisiken erfordern neue Ansätze der Verarbeitung von Produktionswissen, wie sie durch die Entwicklung und Anwendung von Expertensystemen in Planung und Qualitätssicherung gegeben sind. Technologisches Wissen und technische Intelligenz in Verbindung mit rechnerintegrierten Systemen entwickeln sich zu einem entscheidenden Produktionsfaktor [1].

4.3.3.1.2 Einsatz von Expertensystemen von der Konstruktion bis zur Fertigung

Zur Bestimmung von Stand und Möglichkeiten der Entwicklung von Expertensystemen ist der Begriff Expertensystem zu klären. Expertensysteme können wie folgt definiert werden: "Unter Expertensystemen versteht man eine neue Art von Software, die das Problemlösungsverhalten eines Experten nachbildet. Sie kann Expertenwissen für ein eng begrenztes Fachgebiet speichern und ein Problem durch logische Schlußfolgerung lösen" [2]. Die unterschiedlichen Formen von Informationen und die damit verbundenen Möglichkeiten der Verarbeitbarkeit durch elektronische Datenverarbeitungsanlagen zwangen die Anwender bislang, nur einen Teil der anfallenden Informationen, in der Regel numerischer Art, mit Rechnerunterstützung zu verarbeiten. Algorithmierbares Wissen, welches die Struktur herkömmlicher Programmtechniken bestimmte, setzte eine vollständige Durchdringung des Problemfeldes durch den Systementwickler voraus. Expertensysteme sollen, entsprechend der Arbeitsweise eines Experten, auch bei unvollständigem Wissen bezüglich eines Problemfeldes, in die Lage versetzt werden, Aussagen zu treffen, Informationslücken zu erkennen sowie weiteres Wissen anzufordern. Durch die Tatsache, daß sich Wissen dynamisch verhält, daß sich Erkenntnisstand und Verständnis über die Zeit ändern, ist es notwendig, daß Expertensysteme einer ständigen Wartung durch den Anwender oder Systementwickler zu unterziehen sind.

In der Praxis sind wissensbasierte Konstruktions-, Beratungs- und Diagnosesysteme anzutreffen. Im folgenden werden diese Systemgruppen vorgestellt.

Expertensysteme zur Konstruktionsunterstützung

Der Einsatz von Expertensystemen zur Unterstützung der Konstruktionstätigkeit befaßt sich mit der Abbildung von Konstruktionslogik sowie mit der Lösung von Detailproblemen der funktions- und fertigungsgerechten Gestaltung [3]. Ein Beispiel für ein Expertensystem, welches sowohl die Konstruktionslogik als auch die funktionsgerechte Auslegung der Baugruppen unterstützt, ist das System WISENT, das zur Konfiguration und Konstruktion von Drehmaschinen entwickelt wird [4]. Ein fertigungstechnisch orientiertes Expertensystem, das sich bereits im praktischen Einsatz befindet, ist das System BOCAD, zur Lösung von Konstruktionsaufgaben der Schweißtechnik [5,6]. Durch die Verarbeitung von Konstruktions- und Zeichnungsregeln werden Detailkonstruktionen unter Berücksichtigung der Schweißarbeit automatisch ausgeführt sowie technische Zeichungen wie beispielsweise Montageübersichten oder Werkstattzeichnungen weitestgehend selbständig erzeugt.

Beratungssysteme

Wissensbasierte Beratungssysteme leisten Hilfestellungen bei Fragen in der Konstruktion, Arbeitsplanung, Fertigung und Qualitätssicherung. Beispielsweise sind Beratungssysteme zur Beantwortung schweißtechnischer Fragestellungen wie Schweißeignung, Schweißverfahren, Schweißparameter, Nahtvorbereitung, Vorwärmung und Wärmenachbehandlung entwickelt worden und durch die Anwendung in der Praxis erprobt [7,8].

Diagnosesysteme

In der Praxis werden wissensbasierte Diagnosesysteme einerseits zur Behebung von Prozeß- und Anlagenstörungen, andererseits zur Optimierung des Bearbeitungsprozesses hinsichtlich Bearbeitungsqualität und Produktivität eingesetzt [9,10]. Durch die Kopplung von On-line-Kontrolle und regelbasierter Kenngrößenverarbeitung konnten geringere Maschinenstillstandzeiten und bessere Bearbeitungsergebnisse erzielt werden.

4.3.3.1.3 Rechnerunterstützung bei der Laserstrahlanwendung von der Konstruktion bis zur Fertigung

In der gesamten Prozeßkette von der Konstruktion bis zur Fertigung gewinnt die

Rechnerunterstützung bei der Laserstrahlanwendung zunehmend an Bedeutung. Wissensbasierte Komponenten finden jedoch derzeitig nur geringe Anwendung.

Beim Stand der Technik verfügbare CAD-Systeme unterstützen den Konstrukteur beim Entwerfen, Gestalten und Detaillieren. Sie bieten bei Varianten- und Anpassungskonstruktionen einen großen Nutzen, da auf bereits vorhandene rechnerinterne Darstellungen zurückgegriffen werden kann, die den neuen Aufgaben entsprechend modifiziert werden können. In der Praxis sind dies überwiegend 2D-Systeme mit Anwendungsmodulen beispielsweise zur Unterstützung der Schachtelplanerstellung oder Abwicklung von Biegeblechen [11,12].

Zur Kopplung von Konstruktion und NC-Programmerstellung werden drei Konzepte verfolgt:

- die Kopplung von CAD-Systemen und NC-Programmiersystemen über eine standardisierte Schnittstelle,
- die Erweiterung von CAD-Systemen um einen integrierten NC-Programmier-modul oder
- die Anwendung eines NC-Programmiersystems mit Zusatzmodul zur parametrischen oder interaktiven Geometrieeingabe.

Das mit dem NC-Programmiersystem erzeugte NC-Programm wird durch Postprozessoren an die jeweilige Maschinensteuerung angepaßt. Um das NC-Programm bestmöglich auf die vom Konzept her sehr unterschiedlichen und komplexen Maschinen, deren intelligente Steuerungen in der Regel mit Zusatzfunktionen wie beispielsweise der Laser-Leistungssteuerung ausgestattet sind, auszurichten, bietet ein Großteil der Hersteller für Blechbearbeitungs-anlagen eigenentwickelte Software zur NC-Datengenerierung an. Zur Geometrie-definition verfügen diese Systeme teilweise über Standardschnittstellen zu CAD-Systemen [13]. Zur Technologieplanung werden Tabellen und Datenbanken mit Beispielanwendungen in Abhängigkeit von Werkstoff, Blechdicke und Anlage herangezogen [14,15]. Umfangreiche Hilfsmittel, die eine Unterstützung der Einstellparameterwahl in Abhängigkeit der Bearbeitungskontur liefern, sind aufgrund der Komplexität des Verfahrens nicht vorhanden und Bestandteil laufender Forschungsarbeiten [16-19].

Bei der räumlichen Bearbeitung von Blechen ist die automatische NC-Daten-generierung auf Basis der Geometriebeschreibung des CAD-Systems nur in Ausnahmefällen anzutreffen. Im Automobilbau werden die Bearbeitungswege üblicherweise im Teach-in-Verfahren in die CNC-Steuerung eingegeben. Die Programmierung wird entweder an einer Maschine durchgeführt, die ausschließlich zum Teach-in Verwendung findet, oder direkt an der Laserstrahl-anlage, wodurch diese für die Dauer der Programmierung der Produktion nicht zur Verfügung steht.

Der Zeitaufwand für die Programmierung liegt aufgrund der aufwendigen Bahnplanung und der Bestimmung technologischer Einstellgrößen noch immer deutlich über der Bearbeitungszeit pro Teil, wodurch kostenintensive Maschinenbelegungszeit nicht für die Produktion zu nutzen ist.

Die zu erzeugende Bearbeitungsqualität hängt zum einen von der Positionierung des Werkstücks im Arbeitsraum relativ zum Laserstrahl, zum anderen von der Stabilität des Laserstahles ab. Um Positionierfehlern - verursacht durch toleranzbehaftete Werkstückvorbereitung durch Ziehprozesse, Bahnabweichungen der Werkzeugmaschinenkinematik oder Verzug des Werkstücks durch den Abbau von Eigenspannungen beim Trennen - entgegenzuwirken, werden Sensorsysteme eingesetzt und diese mit einer Signalauswertung gekoppelt. Desweiteren ist eine Überwachung der Strahlkenngrößen wie Strahllage, -leistung und -geometrie aufgrund der Instabilität durch örtliche und zeitliche Leistungsschwankung sowie inhomogener Strahlgeometrie oder Modenordnung durchzuführen [20,21].

4.3.3.2 *Problemfelder und Defizite*

Im folgenden werden Problembereiche beim Einsatz der Lasertechnologie dargestellt, in denen eine Unterstützung durch wissensbasierte Systeme geeignet erscheint.

4.3.3.2.1 Konstruktion von Werkstücken

Mit zunehmender Komplexität der Aufgaben verbringt der Konstrukteur immer mehr Zeit damit, Informationen über Normen, Richtlinien oder bereits vorliegende Lösungsprinzipien und Gestaltungskonzepte zusammenzutragen. Er muß von Beginn des Konstruktionsprozesses an Erfordernisse der Fertigung, der Montage, der Qualitätssicherung oder des Marketings bei der Konstruktion berücksichtigen. In den Konstruktionsabteilungen werden immer stärker Arbeitsteilung und Spezialisierung notwendig. Das zur Erledigung bestimmter Aufgaben notwendige Expertenwissen wächst ständig.

Wissensbasierte Konstruktionssysteme sollen den Konstrukteur unter anderem bei der Bereitstellung und Strukturierung von Informationen unterstützen, Lösungsvorschläge oder Lösungsschritte einer möglichen Gesamtlösung erzeugen, Erfahrungswissen bereitstellen und Wirtschaftlichkeitsvorhersagen möglich machen [22].

Die Durchführung der Schritte von der Prinziplösung bis zur Erstellung der Konstruktionsunterlagen erfordert vom Konstrukteur sowohl umfangreiche Kenntnisse der zu erfüllenden Funktion als auch fertigungstechnischer Möglichkeiten bei der Erstellung des Bauteiles. Durch die Kopplung von Expertensystemen und CAD-Systemen ist eine Unterstützung der einzelnen Arbeitsschritte möglich. Die Verknüpfung von Geometrieelementen mit fertigungstechnischen und funktionalen Informationen ist Schwerpunkt zahlreicher Forschungsarbeiten [23-26]. Die Entwicklung von Produkt- und Prozeßmodellen steht hierbei im Vordergrund. Innerhalb des Produktmodells werden dem Bauteil die zu erfüllenden Funktionen zugeordnet und Verbindungen zwischen Geometrie und Funktion beschrieben. Prozeßmodelle stellen den Zusammenhang zwischen Geometrieelementen und fertigungstechnischen Informationen dar. Hierzu wird das CAD-System derartig erweitert, daß Konturen nicht nur über geometrische Grundelemente beschrieben werden, sondern eine Beschreibung mit Gruppen von geometrischen Elementen, die als Formfeatures bezeichnet werden, erfolgt. Durch die Verknüpfung von Formfeatures mit semantischen Attributen stehen Features zur Verfügung. Mit ihnen können zusätzliche Informationen zur Unterstützung von Konstruktion, Fertigung, Montage und Qualitätssicherung bereitgestellt werden. Somit ist es beispielsweise möglich, bereits in der Konstruktion Informationen über schwierig zu bearbeitende Geometrieelemente in Abhängigkeit des Fertigungsverfahrens, des Werkstoffes und der Bearbeitungsmaschine zu erhalten.

4.3.3.2.2 Arbeitsplanung

Durch die Entwicklung eines Systems zur wissensbasierten technologischen Planung kann ein wesentlicher Fortschritt zur Verbesserung der Wirtschaftlichkeit der Laserstrahlbearbeitung erzielt werden. Über standardisierte oder systemspezifische Datenschnittstellen können CAD-Daten an Arbeitsplanungssysteme übergeben werden. CAD-Systeme verfügen in der Regel über keine unmittelbare Verbindung von Geometrieelementen mit den dazugehörigen technologischen Angaben. Somit ist bei einer Kopplung von CAD-Systemen und Arbeitsplanungssystemen eine Umsetzung der geometrischen Daten in Wegbefehle eines NC-Programms möglich, aber die Berücksichtigung technologischer Informationen erfolgt häufig durch die Planer. Wissensbasierte Systeme unterstützen besonders die Abbildung komplexer Zusammenhänge zwischen Geometrie, Werkstoff, Betriebsmitteln und Prozeßverhalten durch die Anwendung entsprechender Wissensrepräsentationsformen wie beispielsweise Frames, Regeln oder Constraints. Unter Einbeziehung technologischer Datenbanken kann die Ermittlung der Arbeitsvorgangsfolge, Spannmittel, Auswahl des Zusatzwerkstoffes, des Arbeitsgases und Gasdrucks sowie der Leistungs-/Vorschubauswahl automatisiert werden. Diese Ergebnisse werden als Arbeitspläne und NC-Programme repräsentiert.

Eine weitergehende Automatisierung der Arbeitsplangenerierung wird durch den Einsatz von Features in der Konstruktion erreicht, indem klassifizierten Features Bearbeitungsregeln zugeordnet werden. Diese können bei einem Formfeature 'Spitze' beispielsweise die Aufteilung der Bahn in Abschnitte mit unterschiedlicher Leistungs- und Vorschubeinstellung sein sowie die Angabe von Vorschlägen zur Veränderung der Werkzeugwege durch das Hinzufügen einer Außenschleife.

4.3.3.2.3 Ermittlung technologischer Prozeßparameter

Aufgrund der Neuheit des Verfahrens der Laserstrahlanwendung und des im allgemeinen großen zu bearbeitenden Werkstückspektrums liegen noch unzureichende Erfahrungen bei der Prozeßparameterwahl für die Anwender vor. Die hohen Maschinenstundensätze verbieten einerseits zu umfangreiche Experimente zur Optimierung, andererseits zieht jede Bearbeitung, die langsamer oder mit geringerer Qualität als die optimale abläuft, vermeidbare Kosten nach sich. Somit kommt der raschen Parameteroptimierung bei der Laserstrahlbearbeitung eine zentrale Rolle zu. Zur Optimierung der Versuchsvorbereitung und -durchführung ist eine Unterstützung durch Parameterdatenbanken und Kataloge, wie in Abschn. 4.3.3.1 beschrieben, bereits im Einsatz. Sie bieten jedoch nur eine Unterstützung, wenn die Bearbeitungsaufgabe einer bereits repräsentierten Bearbeitungsaufgabe hinsichtlich Werkstoff, Geometrie und Anlage entspricht. Eine Unterstützung bei der Parameterfindung und -optimierung, die darüber hinausgeht, soll durch die Nutzung von Expertensystemen erreicht werden.

Sind keine Versuchsdaten vorhanden, können durch abgebildete Parameterabhängigkeiten, die analytisch oder über die Regeln beschrieben sind, Ähnlichkeiten hergeleitet oder die Vorgehensweise zur strukturierten Versuchsdurchführung bereitgestellt werden. Dies enthält den Vorteil einer schnelleren Findung geeigneter Parameter einerseits und einer strukturierten Wissenserweiterung und Vervollständigung des Systems andererseits. Durch eine Auswertung vorhandener Versuchsergebnisse, kombiniert mit Erfahrungswissen und Kenntnissen aus der Fachliteratur, kann der Anwender bei der Bestimmung von prozeßrelevanten Parametern durch das Expertensystem unterstützt werden.

4.3.3.2.4 Diagnose und Überwachung

Bei immer komplexer werdenden Anlagen und aufgrund der Vielzahl von Einflußgrößen auf den Laserstrahlprozeß sind die Anforderungen an das Maschinenbedienungs- sowie das Wartungs- und Instandsetzungspersonal besonders hoch. Durch die Überwachung von Einstellgrößen wie beispielsweise Strahlleistung, Strahllage und Gasdruck können frühzeitig Änderungen wahrgenommen und auf sie reagiert werden. Desweiteren können durch die Überwachung von Bearbeitungsergebnissen Qualitätsänderungen erfaßt und durch Regelung der Einstellparameter behoben werden. Dies bedarf besonderer Kenntnisse der Zusammenhänge zwischen Fehlerarten und der Variation von Einstellgrößen, um bei der gegebenen Komplexität eindeutige Diagnoseaussagen ableiten zu können. Gerade die Bewertung verschiedener Kenngrößen und Signalmuster erfordert Expertenwissen über die Ursache-Wirkung-Zusammenhänge, die nicht determiniert, nicht algorithmierbar und zum Teil zufälliger Natur sind. Einen Ausweg aus dem Dilemma großer Komplexität einerseits und prohabilistischen Systemverhaltens andererseits bietet die wissensbasierte

Auswertung und Diagnose in Verbindung mit den zu treffenden Entscheidungen über Reaktionen und Maßnahmen zur Steuerung des Prozeßablaufs. Weiterhin eröffnet es die Möglichkeit, bei Nichteinhaltung von Qualitätskenngrößen, die Fehlerursachen aufzuzeigen.

4.3.3.2.5 Anlagenplanung

Die Flexibilität von Laserstrahlbearbeitungsmaschinen ist zum einen durch die Möglichkeit gegeben, verschiedene Bearbeitungsverfahren wie Schneiden, Schweißen und Härten durchzuführen und zum anderen verschiedene Werkstückspektren auf der gleichen Maschine zu bearbeiten. Das bedingt jedoch eine sorgfältige Untersuchung der wirtschaftlich und technologisch günstigsten Maschinenkonfiguration.

In Abhängigkeit von der Bearbeitungsaufgabe und dem Werkstück ist das System Düse/Linse eine wichtige Anlagenkomponente zur Erreichung eines optimalen Arbeitsergebnisses. Ein wissensbasiertes System kann im Zusammenwirken mit einer automatischen Wechseleinheit, ähnlich wie bei einem Bearbeitungszentrum, in der flexiblen Fertigung die Wirtschaftlichkeit der Anlage durch höhere Auslastung verbunden mit geringerer Taktzeit erhöhen.

Nach den optischen Gesetzen kann die Laserstrahlung durch faser- oder spiegeloptische Systeme flexibel geführt werden. Diese relativ einfache Manipulation des Strahles läßt sich dazu nutzen, die Nebenzeiten durch einen Mehrstationenbetrieb mit den verfügbaren Laserquellen zu verkürzen. Leider läßt sich bis heute die flexible Führung von Laserstrahlung über Glasfaser bei höheren Leistungen nur mit Nd:YAG-Lasern realisieren. Bei dem in der Fertigung bisher vorzugsweise eingesetzten CO_2-Laser ist aufgrund seiner größeren Wellenlänge die Dämpfung durch das Glasfasermaterial zu stark, was eine thermische Zerstörung der Lichtleiterfaser bewirkt.

Stehen verschiedene Laserstrahlquellen mit verschiedenen Strahleigenschaften zur Verfügung und sind diese mit mehreren unterschiedlichen Bearbeitungsmaschinen über Strahlführungssysteme verbunden, so ergibt sich größtmögliche Flexibilität hinsichtlich der Lösung von Fertigungsaufgaben.

Ein wissensbasiertes System, in dem Aussagen über Maschineneigenschaften und Strahleigenschaften einerseits und über fertigungsverfahrenspezifische Anforderungen und werkstückspezifische Anforderungen an das System "Laserbearbeitungsmaschine" andererseits abgebildet sind, könnte die Auswahl aus der Menge der Strahlquellen und Bearbeitungsmaschinen treffen, die ein bestmögliches Arbeitsergebnis liefern. Hierzu ist es jedoch notwendig, bei einem vorgegebenen Werkstückspektrum und einer zu beschaffenden Laserstrahlanlage die erzielbare Qualität vorherzusehen. Da dies momentan nur eingeschränkt möglich ist, benötigt der Anwender eine standardisierte Werkstückgeometrie in Form eines Prüfwerkstücks, welches alle momentanen und auch zukünftig erforderlichen Bearbeitungsaufgaben und -schwierigkeiten enthält und mit dem eine einheitliche Vorgehensweise beim Systemvergleich von mehreren Laserbearbeitungsanlagen gewährleistet ist [27]. Mit Hilfe dieses Prüfwerkstücks können Aussagen über die Bearbeitbarkeit von in Schwierigkeitsklassen eingeteilten Konturelementen in Abhängigkeit der Laserstrahlanlage unter Berücksichtigung der Einstellparameter gemacht werden und diese in einer Wissensbank abgebildet werden.

Mit einem solchen System werden die Anforderungen der Hersteller und Anwender von Laserstrahlanlagen gleichermaßen berücksichtigt. Der Hersteller von Laserstrahlmaschinen wird bei der Konfiguration der Maschine unter Berücksichtigung des geplanten Werkstückspektrums unterstützt. Dem Anwender, der mehrere Laserstrahlbearbeitungsmaschinen mit flexiblen Komponenten besitzt, ermöglicht das System, den unter technologischen und wirtschaftlichen Gesichtspunkten optimierten Einsatz seiner Maschinen.

4.3.3.3   Zukünftiger Forschungsbedarf

Die Praxis zeigt, daß der weitaus größte Teil der derzeitigen Expertensystem-Projekte noch Entwicklungs- bzw. Laborcharakter haben. Es ist jedoch zu berücksichtigen, daß dies für viele CAD-Systeme vor 10 bis 15 Jahren auch zutraf. Eindeutig liegt dabei der eigentliche Engpaß nicht mehr in den verfügbaren Software-Werkzeugen, sondern in der fehlenden systematischen Aufarbeitung technologischen Wissens.

Zur Unterstützung der Lösung der beschriebenen Problembereiche bei der Anwendung der Laserstrahltechnologie ist die Nutzung wissensbasierter Anwendungssysteme von großer Bedeutung. Eine Systemarchitektur einer Technologie-Wissensbank ist in <u>Bild 4-28</u> exemplarisch dargestellt. Im einzelnen sind Forschungsarbeiten zu folgenden Teilproblemen erforderlich:

- Entwicklung von Informationssystemen. Als Anforderungen an derartige Informationssysteme müssen gestellt werden:
- Erweiterbarkeit des Informationsgehaltes und Wissenserwerbskomponente durch den Anwender und Systementwickler,
- Aufbereitung des Wissens unter Berücksichtigung des Ausbildungsstandes des Anwenders.
- Entwicklung eines Produkt- und Prozeßmodells zur Laserstrahlbearbeitung unter Nutzung der featurebasierten Geometriebeschreibung.
- Kopplung von CAD-Systemen und Expertensystemen zur Bereitstellung von Berechnungs- und Entscheidungsgrundsätzen für die Auslegung von lasergerechten Bauteilen.
- Aufbau von Expertensystemen zur Parameteroptimierung in Abhängigkeit von Werkstoff, Geometrie und Anlage.
- Aufbau von Expertensystemen zur Anlagenkonfiguration und Bewertung von Laserstrahlmaschinen.

- Entwicklung von wissensbasierten Diagnosesystemen zur Fehleridentifikation und -behebung,
- Entwicklung von wissensbasierten Systemen zur Qualitätssicherung durch Diagnose des Bearbeitungsergebnisses.

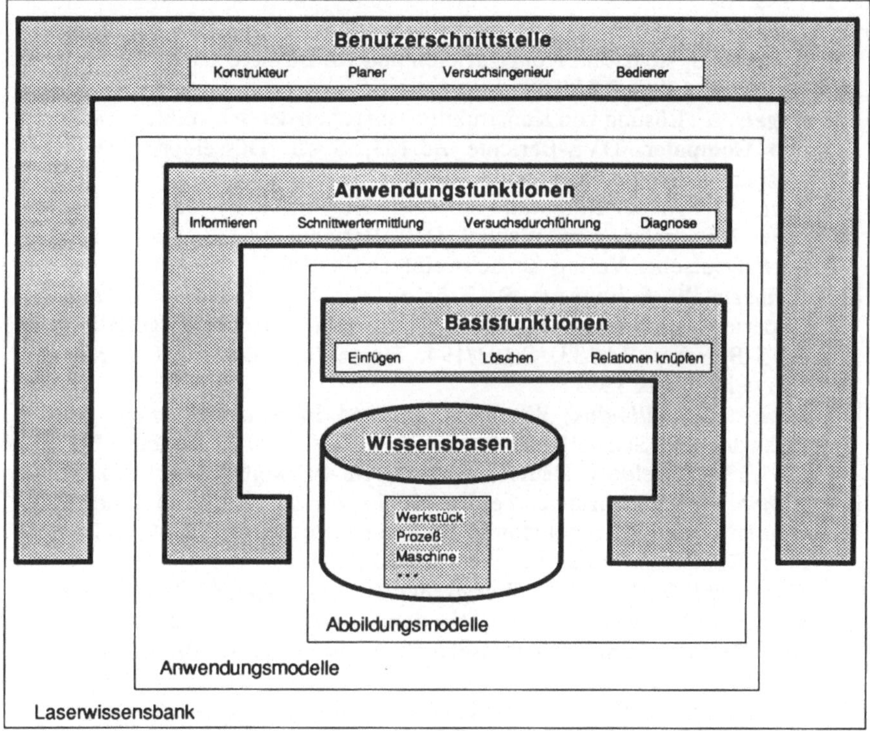

Bild 4-28: Systemarchitektur einer Technologie-Wissensbank zur Laserstrahlbearbeitung

Bei der Entwicklung von Expertensystemen ist die Wissensakquisition noch immer ein Engpaß, der dafür ursächlich ist, daß Entwicklungszeiten für lauffähige Systeme im Bereich mehrerer Mannjahre liegen. Die Aufgabe der Wissensakquisition und -abbildung erfordert die enge Zusammenarbeit von dem Experten, der das Wissen über den Problembereich besitzt, und dem Experten für wissensbasierte Systeme.

4.3.3.4 Literatur zu Abschnitt 4.3.3

[1]   *Pritschow, G., Spur, G. u. Weck, M.*: Künstliche Intelligenz in der Fertigungstechnik. München, Wien: Hanser 1989).

[2]   *Nebendahl, D.*: Expertensysteme - Einführung in die Technik und Anwendung. Berlin, München: Verlag Siemens AG 1987.

[3]   *Lehmann, C.M.*: Wissensbasierte Unterstützung von Konstruktionsprozessen. Reihe Produktionstechnik Berlin, Bd.76. München, Wien: Hanser 1989.

[4]   *Lehmann, C.M., Abuosba, M, Schlinheider, J.*: WISENT - Wissensbasiertes System zum Konfigurieren und Konstruieren. In: VDI Berichte Nr.861.2 (1990) S.85/100.

[5]   *Pegels, G.*: Lösung von Konstruktionsaufgaben der Schweißtechnik durch den Computer. DVS-Berichte Bd.133, S.4/8. Düsseldorf: Deutscher Verlag für Schweißtechnik 1991.

[6]   *Keil, J.*: Von der Reißbrett- zur CAD-Konstruktion - ein mittelständisches Unternehmen im Wandel. DVS-Berichte Bd.133, S.9/13. Düsseldorf: Deutscher Verlag für Schweißtechnik 1991.

[7]   *Franzen, W., Relinghaus, R., Trösken, F., Drömer, G.H., Henning, N.*: Expertensystem zur Beantwortung schweißtechnischer Fragestellungen. DVS-Berichte Bd.133, S.191/194. Düsseldorf: Deutscher Verlag für Schweißtechnik 1991.

[8]   *Hauck, G., Tillmann, W.*: Experten- und Informationssystem für die Auswahl von Schweißverfahren und -zusätzen. DVS-Berichte Bd.133, S.61/67. Düsseldorf: Deutscher Verlag für Schweißtechnik 1991.

[9]   *Kuhne, A.H.*: Erfahrungen bei Entwicklung und Einsatz von Expertensystemen in der Schweißtechnik. DVS-Berichte Bd.133, S.34/36. Düsseldorf: Deutscher Verlag für Schweißtechnik 1991.

[10] *Habenicht, G., Janker, A., Würmseher, H.*: LÖTEXPERT im industriellen Einsatz - Praxiserfahrungen mit dem Weichlötexpertensystem. DVS-Berichte Bd.133, S.40/43. Düsseldorf: Deutscher Verlag für Schweißtechnik 1991.

[11] *Eversheim, W., Platz, U.*: Systemerweiterung für die Blechbearbeitung. Industrie-Anzeiger (1988) 23, S.28/32.

[12] *Wawer, V., Orleth, R.*: Einfacher Programmieren. Nibbeln, Stanzen, Laserschneiden: NC-Programmierung und Simulation im CAD-System. fertigung (1990)1,S.14/15.

[13] *Kölsch, G.*: CAD/CAM-Systeme in der Blechbearbeitung - Kein Markt für Standardlösungen. Industrie-Anzeiger (1988)100,S.26/28.

[14] N.N.: ToPs: Das technologieorientierte Programmiersystem von TRUMPF. Trumpf-Express, November 1990, S.13.

[15] *Garnich, F.*: Parameter aus der Datenbank. Laser-Markt (1989)S.24/26.

[16] *Tönshoff, H.K., Gonschior, M.*: CAD/CAM-System für die Lasermaterialbearbeitung. Industrie-Anzeiger (1990)35/36,S.39/40.

[17] *Spur, G., Krause, F.-L., Germer, H.-J., Timmermann, M., Ulbrich, A.*: CAD-Methoden zur technologischen Planung und Programmierung von Laserschneidanlagen. ZwF 83(1988)8,S.409/414.

[18]　*Kallies, B., Leemhuis, H.*: 3. Zwischenbericht zum F&E-Vorhaben 13 N 5667; Teilvorhaben "Aufbau und Erprobung einer Technologie-Wissensbank 3D-Bearbeitung mit CO_2-Hochleistungslasern und Untersuchung der Technologie des 5-Achsen-Lasertrennens komplexer räumlicher Konturen".

[19]　*Hoffmann, M., Geißler, U.*: Automatisierte Fertigungsvorbereitung in der Blechbearbeitung. Teil 1: Laserstrahlschneiden. CAD-CAM REPORT (1989) 9,S.105/111.

[20]　*Beyer, E., Gillner, A.*: 4. Zwischenbericht der Arbeiten des F&E-Vorhabens 13 N 5563; Teilvorhaben "Sensorik und Prozeßführung bei der räumlichen Laserstrahlbearbeitung".

[21]　*Milberg, J., Garnich, F., Schwarz, H.*: 4. Zwischenbericht zum F&E-Vorhaben 13 N 5563; Teilvorhaben "3D-Laserbearbeitung mit Industrieroboter".

[22]　*Spur, G.*: Wissensbasiertes Konstruieren. Sonderteil in Hanser-Fachzeitschriften, Mai 1990, S.84/85.

[23]　*Dixon, J.R., Cunningham, J.J., Simmons, M.K.*: Research in Designing with Features. In: Intelligent CAD, I.Ed.: Yoshikawa, H. u. Gossard. D. Amsterdam, North-Holland, 1989.

[24]　*Krause, F.-L.*: Wissensverarbeitung für die rechnerunterstützte Produktgestaltung. Tagungsband des Produktionstechnischen Kolloquiums 1989, Berlin.

[25]　*Krause, F.-L., Ulbrich, A., Vosgerau, F.H.*: Feature-basiertes Systemkonzept für die integrierte Produktentwicklung. VDI-Berichte Nr.861.3(1990)S.55/69.

[26]　*Vosgerau, F.H., Yaramanoglu, N.*: Anwendung von technischen Regeln auf Formelemente zur Produktmodellierung. In: VDI-Berichte Nr.700.3 "Datenverarbeitung in der Konstruktion '88" Düsseldorf: VDI Verlag 1988.

[27]　*Warnecke, H.J., Hardock, G.*: Systemvergleich: Prüfwerkstück zur Beurteilung von Laserschneidanlagen. LASER(1989)2,S.22/30.

4.3.4 Verfahren, Methoden und Hilfsmittel zur Konzeption und Abnahme von Lasersystemen

Prof. Dr.-Ing. Dr.mult.h.c. H.J. Warnecke, Prof. Dr.-Ing. R.D. Schraft, Dipl.-Ing. G. Hardock, Fraunhofer Institut für Produktionstechnik und Automatisierung (IPA), Stuttgart

4.3.4.1 Einleitung

Nach der Entdeckung des Laserprinzips 1961 durch Dr. *Theodor Maymann* waren rund 20 Jahre nötig, bis der Laser aus dem Laborstadium Einzug in die Fertigung hielt. Hier konnte die Lasertechnik in den letzten Jahren im Bereich der Blechbearbeitung gegenüber den vielfältigen weiteren Anwendungsgebieten hohe Zuwachsraten erzielen. So repräsentieren heute Laserstrahlschneidanlagen und in geringerem Umfang -schweißanlagen, wie sie in vielen Lohnbetrieben sowie in einer Vielzahl von Fertigungsbereichen eingesetzt werden, den Stand der Technik.

Dies ist vor allem darauf zurückzuführen, daß der Laser neben kurzen Prozeßzeiten und einem rückwirkungsfreien Bearbeiten ein berührungsloses, kräftefreies und weitgehend verschleißfreies Werkzeug darstellt mit Anpassungsmöglichkeiten an vielfältige Bearbeitungsaufgaben. Gerade diese Fertigungsflexibilität und die Möglichkeit der rückwirkungsfreien Strahlführung nach optischen Gesetzmäßigkeiten eröffnen neue Anwendungen [1].

Die Wirtschaftlichkeit des Laserstrahlschneidens im industriellen Einsatz hängt im wesentlichen von der Auswahl des geeigneten Anlagenkonzepts ab. Es basiert hauptsächlich auf dem Zusammenspiel von Laserstrahlführung, Maschinenkinematik und Steuerung. Für den Anwender ist es somit zukünftig von größter Wichtigkeit, über Methoden zur Auswahl der am besten geeigneten Laserstrahlschneidanlage für spezielle Produktspektren zu verfügen.

Ein 2D-Laserprüfwerkstück für das ebene Laserstrahlschneiden mit CO_2-Lasern in Kombination mit einem darauf abgestimmten dynamischen Konturmeßverfahren, welches im folgenden Bericht beschrieben wird, kann dem zukünftigen Anwender bei der Auswahl und Abnahme von Laserstrahlschneidanlagen entscheidende Hilfe leisten.

4.3.4.2 Fertigungsverfahren und Einsatzbereiche der Lasermaterialbearbeitung heute

Die im Laser erzeugte kohärente Laserstrahlung wird über ein Spiegelumlenksystem und eine Fokussiereinrichtung auf einen vorgegebenen Punkt der Bearbeitungsstelle gerichtet und dort konzentriert. In diesem Fokuspunkt treten durch die Absorption der thermischen Energie im Werkstoff hohe Temperaturen auf, die für die Materialbearbeitung eingesetzt werden können. Durch die

Änderung von Laserstrahlleistung, Vorschubgeschwindigkeit und Fokusdurchmesser läßt sich die Energieeinbringung und damit die im Werkstück erzielte Temperatur steuern [2]. Das Werkzeug "Laser" ist somit sehr gut an die unterschiedlichen Anforderungen verschiedenster Bearbeitungsverfahren, wie z.B. Schneiden, Schweißen und Oberflächen behandeln, adaptierbar, Bild 4-29.

Merkmal / Verfahren	LASER-STRAHL-LEISTUNG [W]	MODE	POLARI-SATION	LASERSTRAHLKAUSTIK			PROZESS-GAS	OBER-FLÄCHEN-VORBE-HANDLUNG
				STRAHL-DURCH-MESSER	DIVER-GENZ	FOKUS-LAGE		
LASERSTRAHL-SCHNEIDEN • Sublimier-schneiden • Schmelz-schneiden • Brenn-schneiden	$10^6 - 10^7$ $10^6 - 10^7$ $10^5 - 10^6$	TEM_{00}	zirkular	$>$	$<$	Abstand zur Werkstück-oberfläche $\pm 0,1$ mm	Schutz-gas Schutz-gas-strom Sauer-stoffgas-strom	——
OBERFLÄCHEN-BEARBEITUNG • Härten • Legieren • Umschmelzen	$10^3 - 10^5$ $10^5 - 10^7$ $10^5 - 10^7$	durch Strahlintegrator oder mit Multi – Mode	linear zirkular	$>$	——	Abstand zur Werkstück-oberfläche $\pm 0,2$ mm	Schutz-gas	• Auf-rauhen • Beschich-ten
LASERSTRAHL-SCHWEISSEN	$10^5 - 10^7$	Multi-Mode / Donut-Mode	——	$>$	——	Abstand zur Werkstück-oberfläche $\pm 0,5$mm	Schutz-gas	——

Bild 4-29:   Anpassung technologischer Kenngrößen an unterschiedliche Verfahren zur Lasermaterialbearbeitung

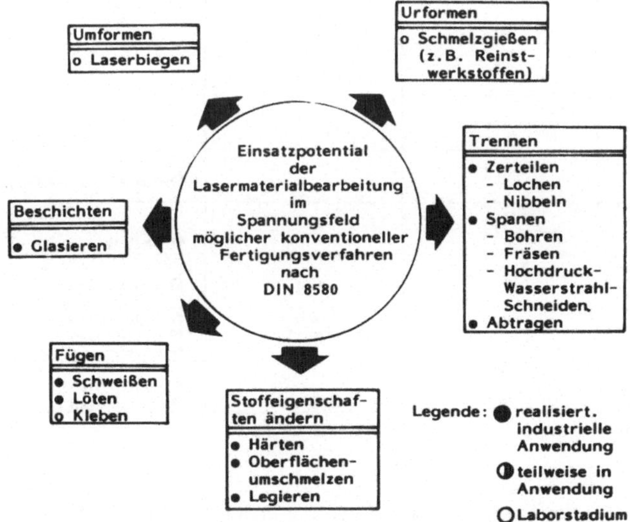

Bild 4-30:   Einsatzpotential der Lasermaterialbearbeitung

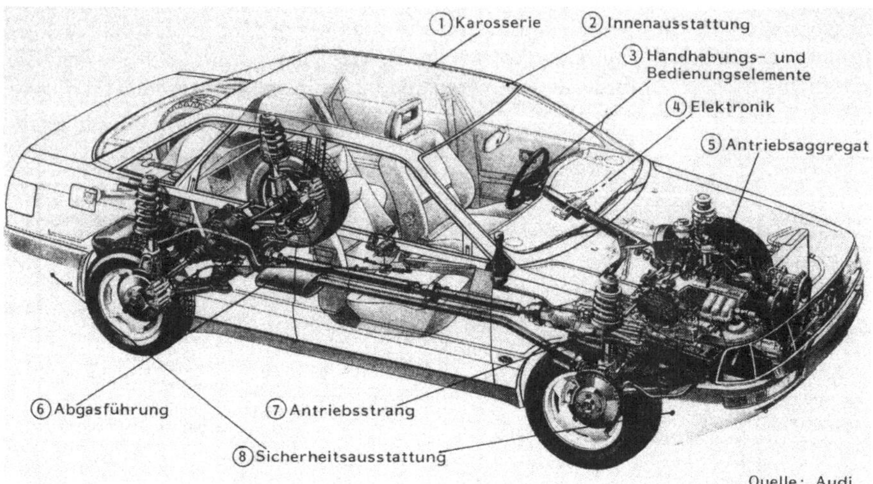

Bild 4-31:   Einsatzfelder der Lasermaterialbearbeitung in der Automobilindustrie

lfd. Nr.	Werkstück-Bezeichnung	Laserschneiden	Laserschweißen	Laser-Sonderverfahren
1	- Bodengruppe - Dachsektion - räum. Karosserieteile	●	● ● ●	
2	- Dachhimmel	●		
3	- Griffe, Hebel, Tasterkappen			● Beschriften
4	- Elektronikbauteile			● Abtragen, Löten
5	- Tassenstößel - Zylinderlaufbahn		●	● Härten
6	- Auspuffrohre hinten - Katalysatorteile	●	○	● Beschriften
7	- Getriebebereich - Synchronringe - Gleichlaufgelenke		● ●	● Beschriften ● Beschriften ● Härten
8	- GFK-Stoßstangen - GFK-Spoiler - Thermoplaste	● ● ●	○	● Beschriften ● Beschriften

Legende   ● realisiert   ○ in Planung

Bild 4-32:   Einsatzfelder der Lasermaterialbearbeitung in der Automobilindustrie -
               Übersicht

Da die Energieübertragung zwischen Laserbearbeitungsoptik und Werkstück auf optischem Weg ohne mechanischen Kontakt erfolgt, ist der Laser ein Werkzeug, das berührungslos, kräftefrei und fast verschleißfrei wirkt. Seine Fertigungsflexibilität, gepaart mit der Möglichkeit der Prozeßautomatisierung durch einfache Steuerbarkeit der Laserparameter, prädestiniert die Lasermaterialbearbeitung für die flexible Fertigung, Bild 4-30.

Der überwiegende Anteil von Laserbearbeitungsanlagen wird für Schneidaufgaben eingesetzt, wobei aber auch die Anzahl der Schweißapplikationen stetig wächst. In den Oberflächenbehandlungs- und Sonderverfahren weist der Laser dagegen noch eine geringe prozentuale Verbreitung auf. Die Pilotfunktion, welche die Automobilindustrie bei den verschiedenen Einsatzfeldern der Lasermaterialbearbeitung spielt, spiegelt sich sehr gut an den Fertigungsverfahren einer Pkw-Karosserie wider, Bild 4-31 und 4-32.

Am Beispiel des Laserstrahlschneidens und -schweißens soll im folgenden die fertigungstechnische Anwendung der Lasermaterialbearbeitung erläutert werden.

4.3.4.2.1 Laserstrahlschneiden

Das Laserstrahlschneiden ist ohne und mit Prozeßgasunterstützung durchführbar und gliedert sich nach der Prozeßgasart und dem Laserbetriebszustand in drei Verfahrensgruppen:

- Laserstrahlbrennschneiden (Sauerstoff),
- Laserstrahlschmelzschneiden (Stickstoff) und
- Laserstrahlsublimierschneiden.

Die für die Verfahren nötige thermische Energie zum Überschreiten der Materialbearbeitungstemperatur liegt über 5 MW/cm^2.

Unter dem Einfluß dieser hohen Energiedichte wird der Werkstoff im Brennpunkt aufgeschmolzen, verdampft und oxidiert. Die Bohrung, die so entsteht, ist im Durchmesser nur unwesentlich größer als der fokussierte Laserstrahl selbst. Der Schnittspalt wird durch die Relativbewegung zwischen Werkstück und Laserstrahlfokus erzeugt, wenn die so entstandene Bohrung entlang der Schnittkontur bewegt wird.

Beim Laserstrahlbrennschneiden, ein bevorzugtes Verfahren bei metallischen Werkstoffen, bewirkt Sauerstoff als Prozeßgas bei Eisenwerkstoffen eine exotherme Reaktion, die höhere Schnittgeschwindigkeiten ermöglicht. Darüber hinaus bläst das Prozeßgas geschmolzenes Metall aus dem Schnittspalt. Beim Schmelzschneiden, vorzugsweise geeignet für Edelstähle und nichtmetallische Werkstoffe, arbeitet man mit Inertgasen, wie z.B. Stickstoff, Argon oder Helium. Der prinzipielle Verfahrensablauf ähnelt dem Brennschneiden, wobei jedoch durch das Fehlen einer exothermen Reaktion eine sehr viel geringere Prozeßgeschwindigkeit erzielt wird. Vorteilhaft bei diesem Verfahren ist die bei Metallen absolut oxidfreie Schnittkante, die darüber hinaus bei optimal gewählten Prozeßparametern bartfrei ist.

Da beim Laser keine werkstückspezifischen Werkzeugkosten anfallen, stellt er als ein hochflexibles Schneidwerkzeug eine kostengünstige Alternative zum Stanzen und Nibbeln dar.

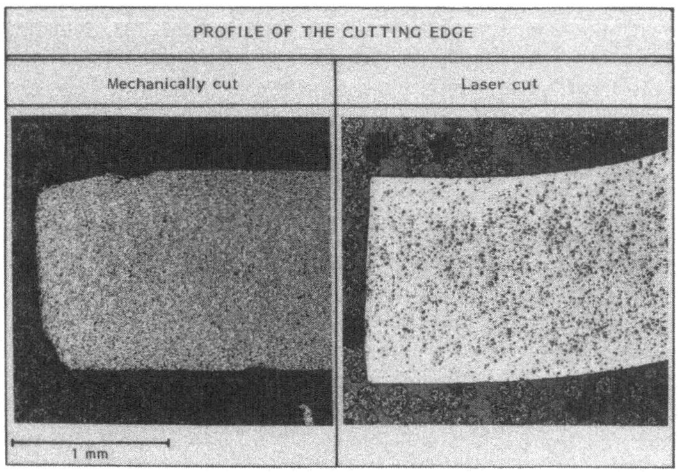

Bild 4-33:   Werkstück-Schnittkantenvergleich für unterschiedliche Schneidprozesse

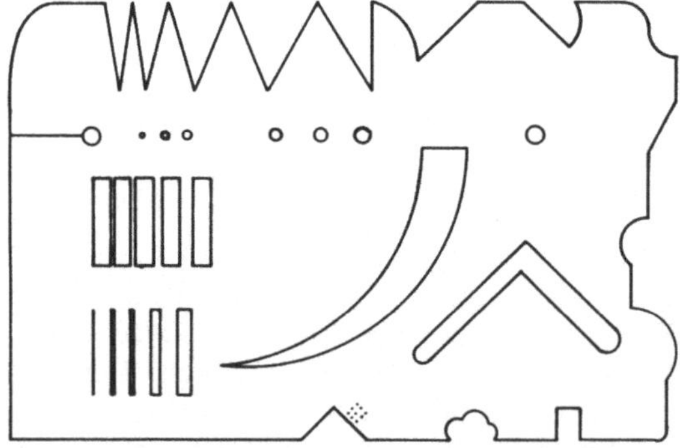

Bild 4-34:   Prüfwerkstück zum Schneiden von in der Praxis vorkommenden Konturelementen (maximale Bearbeitungsanforderungen)

Auch im technologischen Vergleich zu mechanischen Schneidverfahren zeigt das Laserstrahlschneiden Vorteile. Eine bewegte Schneide erzeugt beim Schnitt durch das Eintauchen in den Werkstoff einen Materialeinzug mit einer Kantenverrundung und beim Schneidenaustritt und Abriß des Materials einen Schnittgrat. Der Laserschnitt weist bei derselben Materialdicke fast parallele Schnittkanten auf, die völlig gratfrei sind und keinerlei Bartanhaftung aufweisen, Bild 4-33. Eine zusätzliche Nachbearbeitung der Werkstücke kann somit entfallen. Hierzu ist jedoch ein genaues Einstellen der optimalen Laserbearbeitungsparameter wichtige Voraussetzung. Mit einer Laserschneidanlage können somit sehr komplexe, ebene und räumliche Konturen verformungsfrei mit hoher Geschwindigkeit geschnitten werden, Bild 4-34.

4.3.4.2.2 Laserstrahlschweißen

Das Laserstrahlschweißen bedingt eine Schutzgasatmosphäre aus N_2, Ar oder He. Wird die Laserleistung über einen Intensitätsbereich von 3 MW/cm^2 im Fokuspunkt gesteigert, zündet an der Werkstückoberfläche innerhalb der Schutzgasatmosphäre ein blau leuchtendes Plasma. Dies führt zu einer erhöhten Leistungseinbringung von Laserstrahlung in das Werkstück. Von der Werkstückoberfläche bildet sich das Schmelzbad aus, das je nach Laserstrahlleistung eine sehr schmale, tiefe schlüssellochartige Kontur aufweist, mit einer zentrisch in Strahlrichtung angeordneten Dampfkapillare, die durch lokale Verdampfung von Metall entsteht. Der Druck des austretenden Metalldampfes unterstützt diesen Vorgang, indem er den hydrostatischen Kräften des umgebenden schmelzflüssigen Materials entgegenwirkt, Bild 4-35.

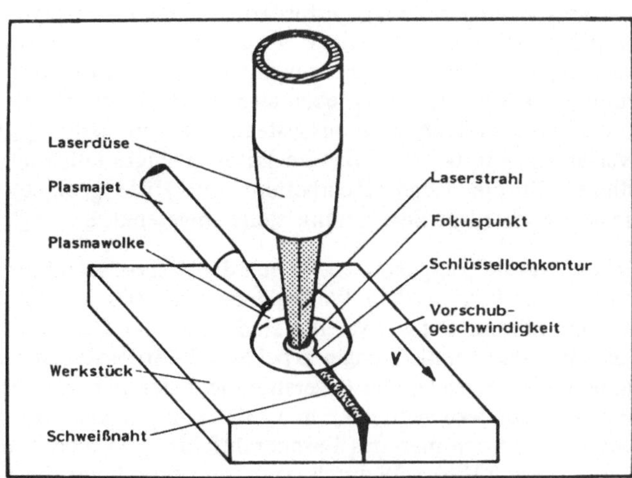

Bild 4-35: Prinzipielle Darstellung des Laserschweißens

Durch eine angemessene Relativbewegung zwischen Laserstrahl und Werkstück bleibt die Dampfkapillare dynamisch stabil, bewegt sich aber in Vorschubrichtung durch das Material, wobei die umgebende flüssige Schmelzschicht hinter der Kapillare wieder erstarrt. Die Schmelzkapillare macht es möglich, daß Laserenergie nicht nur an der Werkstückoberfläche, sondern auch an der Kapillarwandung tief im Innern des Materials absorbiert wird [3].

Steigert man die Leistungsdichte des Laserstrahls an der Bearbeitungsstelle, gelangt man in den Bereich des abschirmenden Plasmas. Nur noch ein geringer Anteil der Laserstrahlleistung wird im Werkstück absorbiert. Der überwiegende Anteil wird in das Strahlführungssystem zurückreflektiert. Der Laserstrahlschweißprozeß wird somit unkontrollierbar.

Abhilfe läßt sich in Grenzen mit einer geänderten Schutzgaszusammensetzung oder einem Plasmajet schaffen. Der Plasmajet ist eine Düse, die Schutzgas gezielt in die Schweißzone zuführt, damit die abschirmende Plasmawolke durch den Zusatzgasstrom abgelenkt wird.

Die in das Werkstück eingebrachte thermische Energie je Schweißnahtlänge, die Streckenenergie, stellt den entscheidenden Arbeitsparameter dar. Laserparameter sind einfach und schnell zu verändern, wodurch man das Laserverfahren an die unterschiedlichsten Fügeaufgaben anpassen kann. Generell sollten für das Laserstrahlschweißen Überlapp- und Stumpfnähte vorgesehen werden. In Ausnahmefällen können auch Bördel- und Kehlnähte akzeptable Schweißverbindungen ergeben.

4.3.4.3 *Anlagenprinzipien für die Lasermaterialbearbeitung*

Um die für die Lasermaterialbearbeitung erforderliche Relativbewegung zwischen Laserbearbeitungsoptik und Werkstück so zu realisieren, daß die gegenläufigen Anforderungen - hohe Bahngeschwindigkeit bei gleichzeitig geringer Bahnabweichung - erfüllt werden, ergeben sich für die erforderlichen Laserstrahlführungs- und Werkstückbewegungssysteme die in <u>Bild 4-36</u> dargestellten Systemvarianten. Hierbei wird das im Laser erzeugte kohärente, unfokussierte "Laserlicht" für die Materialbearbeitung mit Hilfe geeigneter Strahlführungssysteme an die jeweilige Bearbeitungsstelle umgelenkt, <u>Bild 4-37</u>.

Als produktionstaugliches Strahlführungskonzept ist hier die Laserstrahlführung bei CO_2-Lasern mit einer charakteristischen Wellenlänge von 10,6 µm durch Spiegelumlenksysteme anzuführen. Diese Systeme sind heute bei CO_2-Hochleistungslasern bis zu 25 kW Laserstrahlleistung und bei Strahlführungsdistanzen von bis zu 30 m im industriellen Einsatz. Der Laserstrahl läßt sich mit Spiegeln nicht nur stationär umlenken, sondern auch über spiegelkardanische Gelenke in mehreren Achsen bewegen, wodurch man das Laserstrahlführungssystem bzw. die Laserbearbeitungsoptik gemäß <u>Bild 4-38</u> durch einen Industrieroboter führen kann.

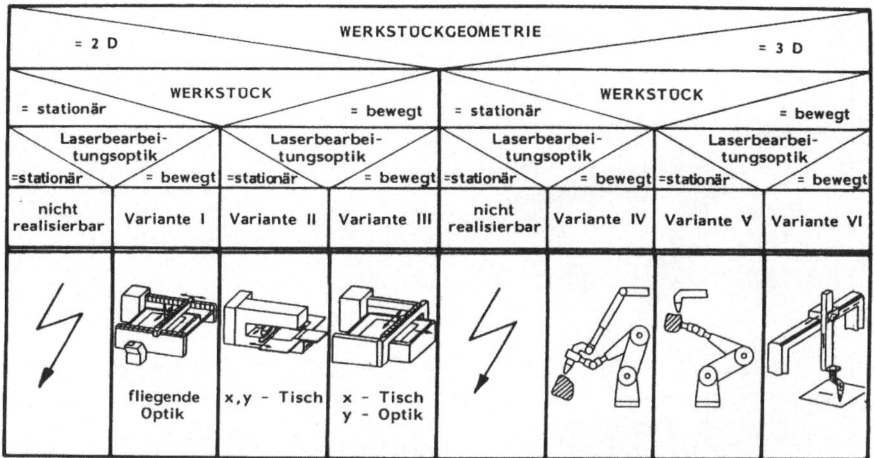

Bild 4-36:　Prinzipielle Kombinationsmöglichkeiten von Laserstrahlbewegungs- und Werkstückhandhabungssystemen für zwei- und dreidimensionale Laseranlagen

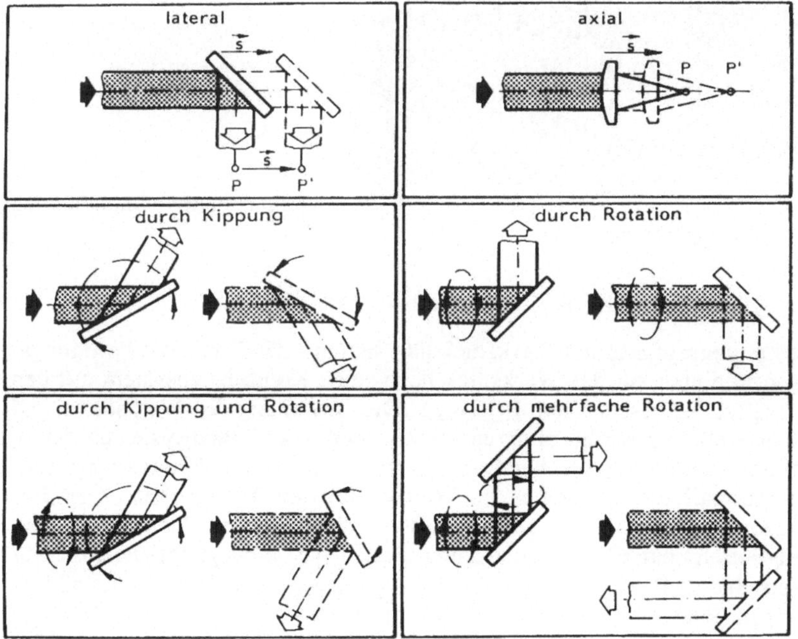

Bild 4-37:　Laserstrahlbewegung durch transmassive und reflektive optische Komponenten

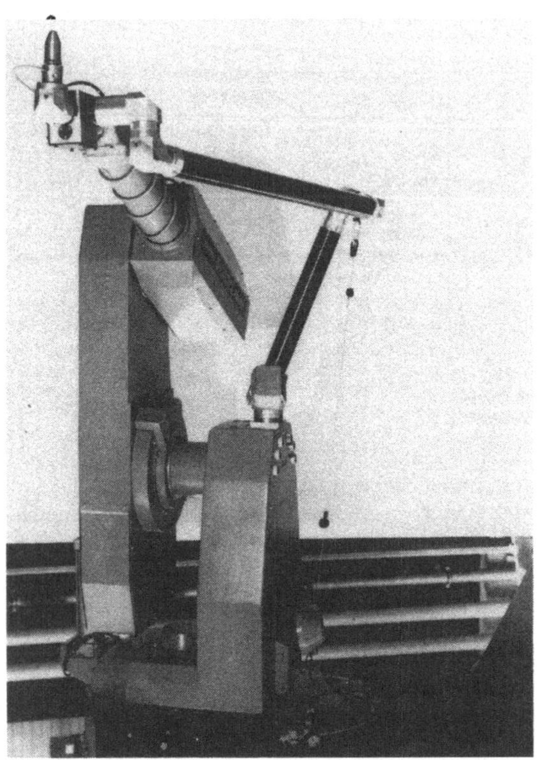

Bild 4-38:   6-achsiger Laserindustrieroboter mit teilintegrierter Strahlführung
              hängende Anordung

4.3.4.3.1 Kinematische Konzepte räumlicher Laseranlagen

Die Bearbeitungsaufgabe am Werkstück läßt sich mit den Daten der Fertigungs-
unterlagen in einem auf das Werkstück bezogenen Koordinatensystem mit den
Achsen: x_w, y_w, z_w beschreiben, <u>Bild 4-39</u>. Die Bewegung des Werkstücks und
des Industrieroboters erfolgt in deren spezifischen Koordinatensystemen. Diese
Bewegungen werden, entsprechend der Kinematik, durch die darauf abgestimmten Transformationsgleichungen in Weltkoordinaten beschrieben. Der Be-
arbeitungsort des fokussierten Laserstrahls am Werkstück ist identisch mit dem
Werkzeugmittelpunkt (TCP Tool Center Point) des Bewegungssystems. Auf
diese Weise ist der Bezug zwischen den Bewegungssystemen hergestellt und ihre
Bewegungen können aufeinander abgestimmt werden.

Der Industrieroboter kann hier sowohl als Portalroboter mit kartesischer
Kinematik wie auch als Knickarmroboter ausgeführt sein. Die erforderliche Posi-

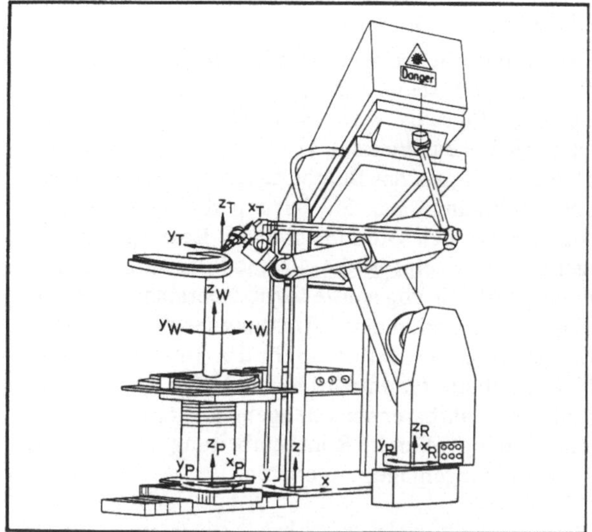

Bild 4-39:   Unterschiedliche Koordinatensysteme einer flexiblen Robotereinheit zur
3D-Lasermaterialbearbeitung

tionierung des Werkzeugs erfolgt dabei durch die Hauptachsen. Die Orientierung
der Laserbearbeitungsoptik, vorzugsweise senkrecht zur Werkstückoberfläche,
wird durch die Nebenachsen realisiert. Hierzu führen die Nebenachsen A, B und
C Dreh-, Kipp- und Schwenkbewegungen aus. Erzielbare Bahngeschwindigkeiten
und -genauigkeiten hängen neben der Achsdynamik im wesentlichen von der
Kinematik des Bewegungssystems und damit von der Rechnerleistung der
Industrierobotersteuerung ab. So müssen bei der Veränderung lediglich einer
Koordinate der Position des Arbeitspunktes (TCP) für Knickarmroboter in einer
aufwendigen Koordinatentransformation minimal fünf neue Achskoordinaten
berechnet werden. Bei kartesischen Industrierobotersystemen genügt es, entlang
einer Linearachse um den vorgegebenen Betrag zu verfahren. Der Aufwand für
die Bahnplanung steigt durch die erforderlichen Koordinatentransformationen
entsprechend an.

Mit den hier vorgestellten grundsätzlichen Überlegungen ist eine Einteilung von
Laseranlagen möglich. Unabhängig von der zu bearbeitenden Grundgeometrie
(2D/3D), dem Arbeitsraum und dem angewandten Laserbearbeitungsverfahren
sind die kinematischen Klassifizierungsmerkmale grundlegend für die Beschreibung von Laseranlagen [4]. Es gelten die folgenden Merkmale:

- kartesisch,
- polar,
- Kombination aus kartesisch und polar.

4.3.4.3.2 Realisierte 3D-Laseranlagen

Bei den kartesisch aufgebauten Anlagen wird der Laserstrahl in oder parallel zu den Linearachsen bis zum dreh- und schwenkbaren Laserbearbeitungskopf geführt. Diese flexible Laserstrahlführung wird auch als fliegende Optik bezeichnet. Große Werkstücke mit hohen Werkstückgewichten sind für dieses Anlagenkonzept prädestiniert. Nachteilig auf das Bearbeitungsergebnis wirkt sich hier die stark variierende Laserstrahllänge aus. Sie hat mit der sich ebenfalls ändernden Strahldivergenz Einfluß auf den Durchmesser des Laserstrahlfokus. Einen Vertreter dieses Anlagenkonzepts zeigt Bild 4-40 (modular aufgebaute 5-achsige Lasercell TLC, kundenspezifisch abgestufte Arbeitsbereiche in der x-Richtung zwischen 1250 und 4000 mm und in der y-Richtung jeweils 1000 mm, der z-Achsen-Hub 400 mm). Die Rotationsachse C dreht n x 360°, und die B-Achse schwenkt um +/- 120°. Die Arbeitsstation wird teilespezifisch ausgeführt. So kommt bei ebenen Blechteilen ein fahrbarer schienengebundener Palettenwagen mit Lamellenauflage zur Anwendung. Für die Rohrbearbeitung wird optional eine Drehachse mit verschiebbarem Gegenlager angeboten.

Bild 4-40:   Modular aufgebaute 3D-Laseranlage zum Schneiden und Schweißen (Werkbild Trumpf)

Eine vereinfachte Laserstrahlführung ergibt sich, wenn der größte Laserstrahlverfahrweg, meistens die x-Achse, als lineare Werkstück-Handhabungsachse ausgebildet wird, wie in Bild 4-41 dargestellt.

Bild 4-41: 5-Achsen-Laserbearbeitungszentrum Lascontur Quinta für räumliche Werkstücke

Bild 4-42: 6-achsiger Laserindustrieroboter mit teilintegrierter Laserstrahlführung

Bild 4-43:   Konfiguration eines mehrachsigen aus Drehgelenken aufgebauten
              Laserstrahlführungssystems

Gegenüber Portalsystemen hat der Knickarmroboter Einschränkungen in bezug
auf seinen maximalen Arbeitsraum, aber aufgrund seiner Flexibilität entscheidende Vorteile bei der Lasermaterialbearbeitung in beschränkten Arbeitsräumen, z.B. in Automobilkarosserien, <u>Bild 4-42</u>. Die Laserstrahlhandhabung
erfolgt bei einem Industrieroboter durch die Handhabung eines externen
Laserstrahlführungssystems, <u>Bild 4-43</u>, oder durch die Integration der Laserstrahlführung in die IR-Struktur.

4.3.4.4 *Einflußfaktoren auf das Bearbeitungsergebnis am Werkstück*

Durch die verschiedenen Handhabungssysteme sowohl für die Laserstrahlführung
als auch für das Werkstück kommt es zwangsläufig beim Laserstrahlschneiden
zu Unterschieden in der Bearbeitungsqualität. Das "Werkzeug" Laser erfährt
zusätzliche Störgrößen in seiner Strahlqualität, Leistungs- oder Punktlagestabili-
tät und beeinflußt das Bearbeitungsergebnis.

Einflußfaktoren im Bereich der Laserstrahlführung und -formung seitens des
Handhabungssystems, der Steuerung und Prozeßführung und nicht zuletzt bei der
Integration von Laseranlagen in die Fertigung bewirken eine Vielzahl von
Störgrößen am zu bearbeitenden Werkstück. Man unterscheidet zwischen
technologischen Einflußfaktoren z.B. durch den Laser:

- Schnittgeschwindigkeit (v_f)
- Schnittiefe
- Schnittqualität
  • Spaltbreite
  • Rauhtiefe
  • Riefenbildung
  • Bartbildung
  • Wärmeeinflußzone

und produktionstechnischen Einflußfaktoren z.B. durch das Handhabungssystem:

- Arbeitsraum
- bewegte Masse
- Kinematik
- Steuerung

Dies ist in <u>Bild 4-44</u> dargestellt.

Bild 4-44:   Produktionstechnische Einflußgröße auf das Laserschneiden "Werk-
              stückhandhabung"

4.3.4.5   Erfassen der produktionstechnischen Einflußfaktoren

Um einen qualitativ hochwertigen sowie reproduzierbaren Laserschnitt zu erzielen, müssen neben den Form- und Lagetoleranzen der Ausgangswerkstücke vor allem die prozeßbestimmenden Parameter des Fertigungsverfahrens Laserstrahlschneiden sehr genau eingehalten werden. Bei konstant gehaltenen Werten können im Anlagenvergleich alle ausschlaggebenden produktionstechnischen Faktoren ermittelt werden. Es handelt sich hierbei um die in <u>Bild 4-45</u> dargestellten Anlagenkomponenten. Mit einem am Fraunhofer-Institut für Produktionstechnik und Automatisierung entwickelten Meßverfahren, es ist Bestandteil eines vom BMFT geförderten Verbundvorhabens, wird das dynamische Verhalten der Bewegungssysteme unterschiedlichster Konzepte von 2D-Laser-Schneidanlagen untersucht. Ein wesentliches Ziel in diesem Projekt ist, neben der Ermittlung der produktionstechnischen Einflußfaktoren, der Konturvergleich der Soll-Werte eines zu schneidenden Laser-Prüfwerkstücks, <u>Bild 4-46</u>, basierend auf den Maßen der Konstruktionszeichnung mit den Ist-Werten, den Verfahrwegen des Maschinentisches, der Laserbearbeitungsoptik oder einer Kombination aus beidem. Aus den ermittelten Maßdifferenzen beim Abfahren einer definierten Prüfwerkstück-Kontur läßt sich somit das dynamische Verhalten und die Positionsunsicherheit in x- und y-Richtung ermitteln.

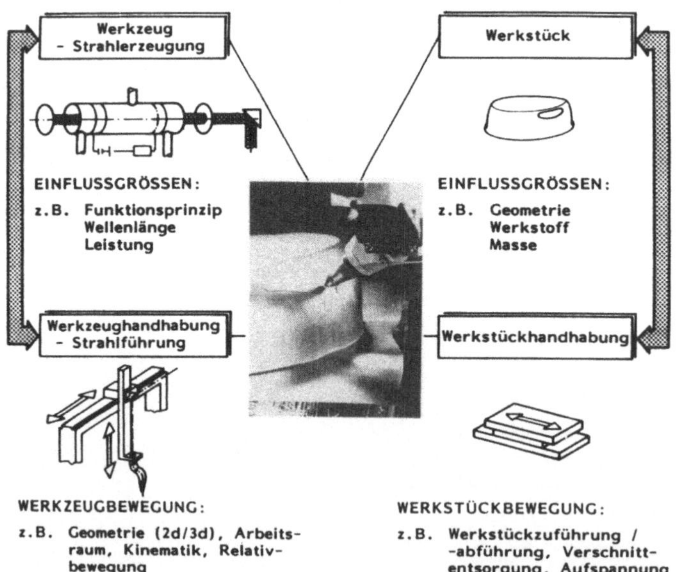

Bild 4-45: Vernetzung der Komponenten einer flexiblen Laserfertigungszelle

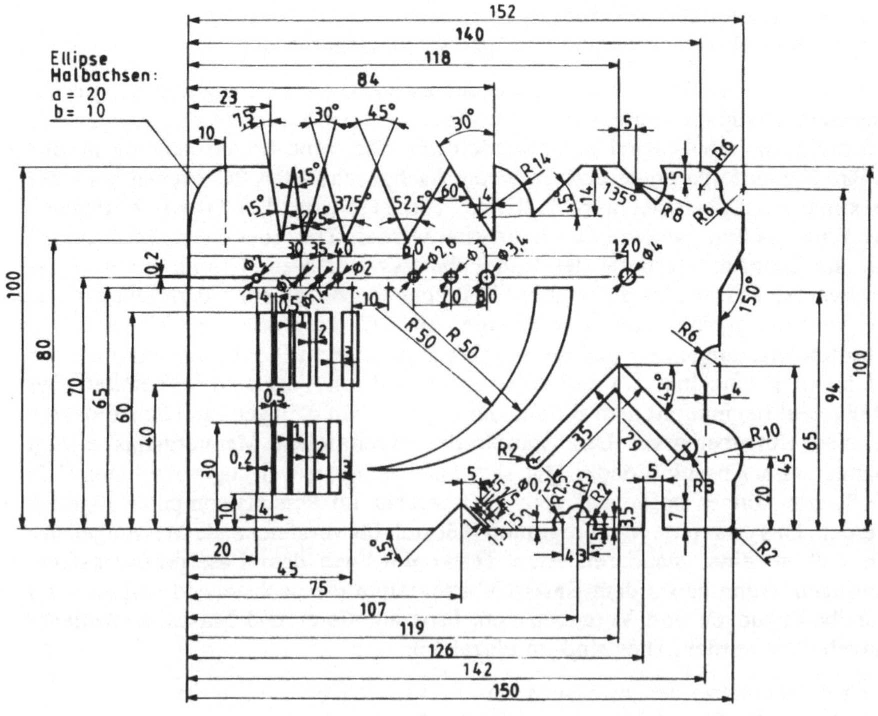

Bild 4-46:   Prüfwerkstück zum Schneiden von in der Praxis vorkommenden Konturelementen (maximale Bearbeitungsanforderungen)

Für die im vorgenannten Projekt an über 20 Laserschneidanlagen unterschiedlicher Ausführungsform und Arbeitsraumgröße durchgeführten Messungen
eignet sich nur ein externes, schwingungsunempfindliches und flexibel
anbaubares Meßsystem. Das verwendete Längenmeßsystem basiert auf einem
inkremental messenden Magnetmaßstab. Mit ihm sind analoge/digitale Signale
zu transformieren. Darüber hinaus sind folgende Pflichtenheft-Anforderungen an
das Gesamtmeßsystem zu stellen:

- Hohe Reproduzierbarkeit,
- Meßbereich,
- maximale meßbare Verfahrgeschwindigkeit 60 m/min,
- hohes Auflösungsvermögen,
- geringer Speicherbedarf im Auswerte-PC,
- einfache Montage und Bedienung,
- schnelle Justierung,

- leicht transportabel und robust,
- hohe Betriebssicherheit und geringer Wartungsaufwand.

Die Verfahrwege der x- und y-Achse des zu messenden Bewegungssystems der Laserschneidanlage werden als Inkrementalwerte erfaßt, mit einem Detektor in ein digitales Impulssignal umgewandelt und über eine Logikschaltung in eine binäre Zahlenfolge umgesetzt. In einem nachgeschalteten PC können bei einer maximal möglichen "Kontur-Meßlänge" von 2125 mm, 425000 x,y-Wertepaare pro Einzelmeßvorgang vor Ort verarbeitet werden. Die Auswertung im Hinblick auf die Schnittkonturtreue des Handhabungssystems zur Grundgeometrie des Prüfwerkstücks erfolgt auf einem Großrechner. Mit einem Übertragungs- und Konvertierungsprogramm werden die im PC gespeicherten Meßdaten in Absolutwerte umgesetzt und als x, y-Wertepaare zum Plotten für die grafische Darstellung einzelner Konturelemente im Soll-/Ist-Vergleich aufbereitet. Der Meßablauf beginnt mit dem Eintrag der allgemeinen Anlagen- und Schneiddaten in eine Eingabemaske. Das Starten des eigentlichen Meßvorgangs erfolgt manuell. Im Anschluß daran läßt sich eine Fehlerauswertung vornehmen. Die Meßwerte können sofort auf dem Festspeicher im Personalcomputer abgelegt werden. Das erläuterte Meßprogramm läßt sich für vergleichende Messungen nur sinnvoll an einer standardisierten Testkontur, wie dem Laserprüfwerkstück, einsetzen, wenn neben dem Basis-NC-Programm die nachstehend aufgeführten Randbedingungen und Vorgaben vom Programmierer und Maschinenbediener eingehalten werden. Dies sind im einzelnen:

- Grundgeometrie der jeweiligen Prüfwerkstück-Konturelemente,
- Position der Elemente bezogen auf das Werkstück-Koordinatensystem,
- Orientierung und Ausrichtung der Achsen zum Prüfwerkstück,
- Abfolge der Elemente (unterteilt nach Innen- und Außenkontur),
- Positionsvorgabe der Einstichstellen,
- Referenzpunktvorgabe für das dynamische Meßsystem.
- Eilgang-Vorschubbewegung zwischen den Geometrieelementen:
  Diese sind nur rechtwinklig zum Werkstück-Koordinatensystem vorzunehmen (eine schnelle Diagonalfahrt hätte eine zu hohe Meßdatenmenge für das dynamische Meßsystem zur Folge).
- Parameterprogrammierung für die Laserstrahl-Radiuskorrektur:
  Um weitergehende vergleichende Untersuchungen an unterschiedlichen Laserschneidsystemen durchführen zu können, wird ein Referenz-Technologie-Datensatz festgelegt. Er beinhaltet folgende Parameter:
  • Laserleistung,
  • Betriebsart (cw- oder Pulsbetrieb), je nach
  • Konturbereich,
  • Pulsdauer und Pulspause,
  • Pulsfrequenz,
  • Tastverhältnis,
  • Energieverteilung im unfokussierten Strahl und im Fokus,

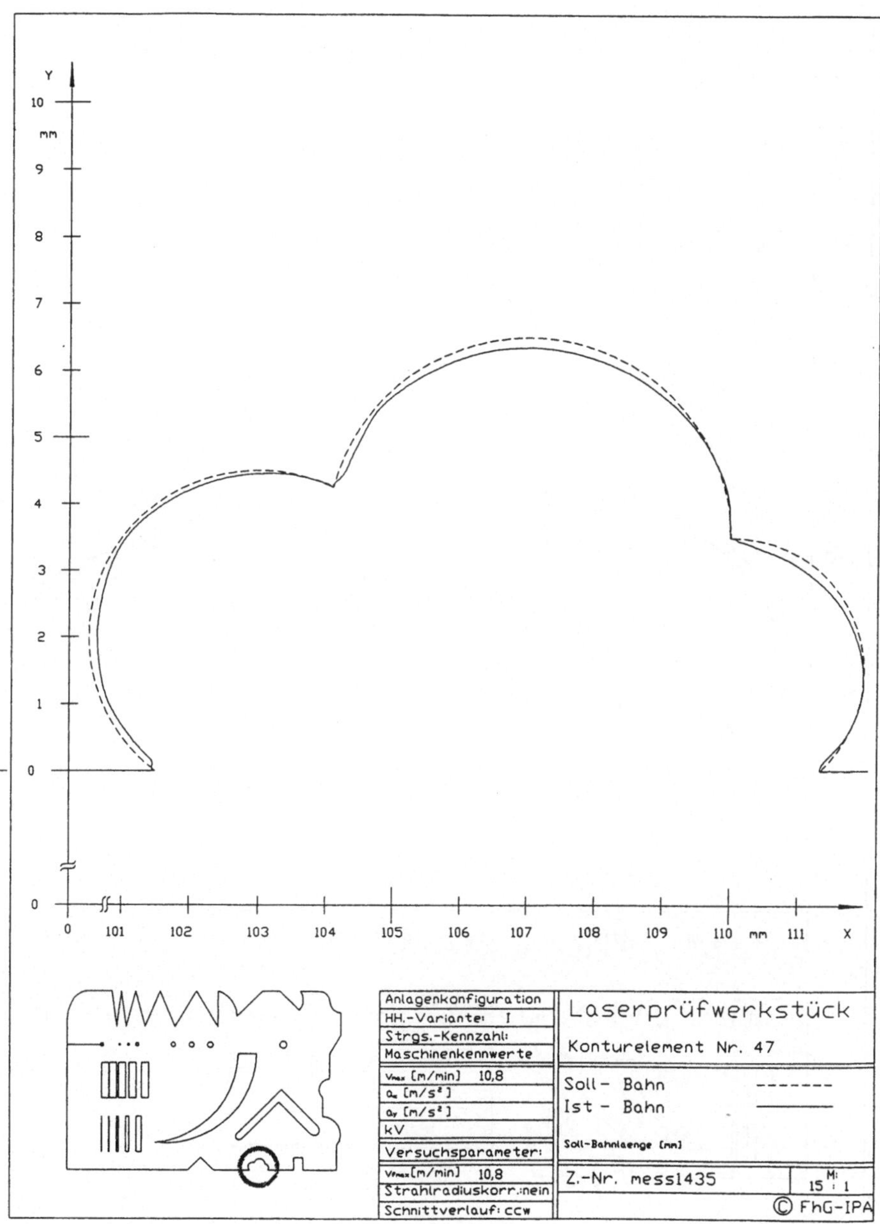

Bild 4-47: Laserprüfwerkstück

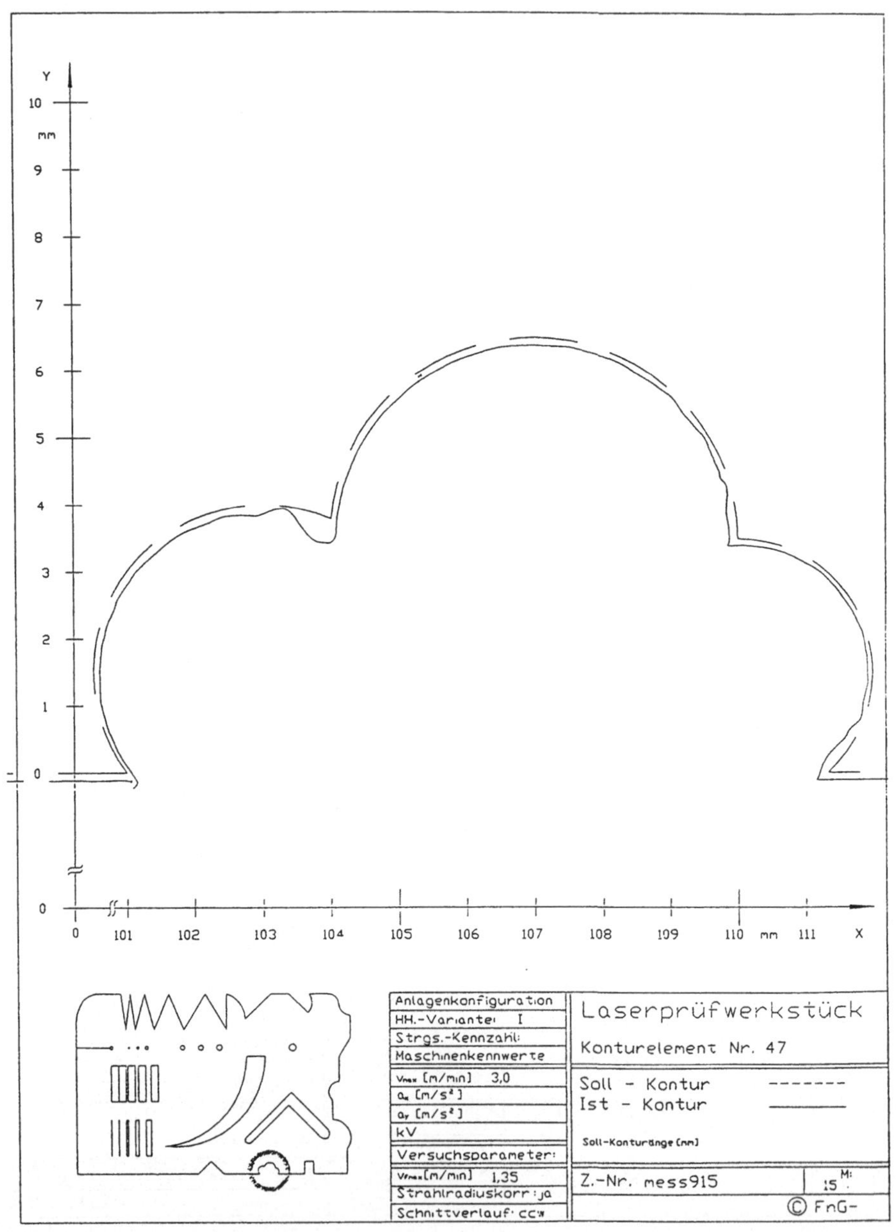

Bild 4-48: Laserprüfwerkstück

- Fokusdurchmesser,
- Fokussierkennzahl,
- Polarisation,
- Linsenwerkstoff,
- Brennweite,
- Arbeitsabstand,
- Fokuslage,
- Prozeßgas (Art, Druck, Strömungsausbildung/Düsenform),
- Vorschubgeschwindigkeit in Abhängigkeit der zu bearbeitenden Werkstoffe.

Die Berücksichtigung dieser Flut von Parametern ist nötig, um neutrale Beurteilungskriterien bei der Bearbeitung des Laserprüfwerkstückes zu gewährleisten.

Das in den <u>Bildern 4-47 und 4-48</u> dargestellte Konturelement zeigt eine Auswertung eines Soll-Ist-Bahnvergleichs einer Anlage A der Variante I, im Vergleich mit einer Anlage B ebenfalls Variante I. Bei dreifacher Vorschubgeschwindigkeit (v_f) der Anlage A sind die Abweichungen im untersuchten Geschwindigkeitsintervall maximal gleich groß. Diese Leistungssteigerung wurde durch Verbesserungen von Antriebs- und Führungskomponenten im Handhabungssystem erreicht.

4.3.4.6 *Konzeption und Realisierung einer aufgabenspezifischen Laserstrahlschneidanlage*

Um die Flexibilität eines rechnergeführten Fabrikbetriebs beispielhaft an der Fertigung der oft zitierten "Losgröße eins" zu zeigen, eignet sich die Integration einer Laserschneidanlage in ein CIM-Konzept.

Für die Demonstrationsfertigung wurde der vollständige Produktionsablauf von kundenspezifischen Musterteilen am Beispiel der Herstellung einer Tonwalze für eine Drehorgel verwendet. So konnte der Besucher des IPA-Messestandes über ein Keyboard seinen Musikwunsch eingeben, den er am Ende des Fertigungsprozesses als komplette Tonwalze ausgehändigt bekam. Die über ein Mikrofon erfaßten Töne wurden digitalisiert und über ein Schwingungsdiagramm in CAD-Daten umgesetzt. Bei der Technologieauswahl bestand die Möglichkeit zwischen einer zerspanend hergestellten Stiftwalze oder einer aus einzelnen Klangscheiben segmentierten Scheibenwalze, <u>Bild 4-49</u>.

Entschied sich der Kunde für die zweite Fertigungsvariante, wurden die Lieddaten bei der CAD/CAM-Laserbearbeitung zu einer Laserschneid- und auch montagegerechten Streifenanordnung der einzelnen Klangscheiben umgewandelt, <u>Bild 4-50</u>. Um die präzise Fertigung der Klangscheiben in der Serienfertigung zu gewährleisten, wurde ein neues Laserstrahlschneidanlagenkonzept gewählt, das in Kombination mit einer Coil-Zuführ- und Richteinheit die Flexibilität des Gesamtsystems erhöht.

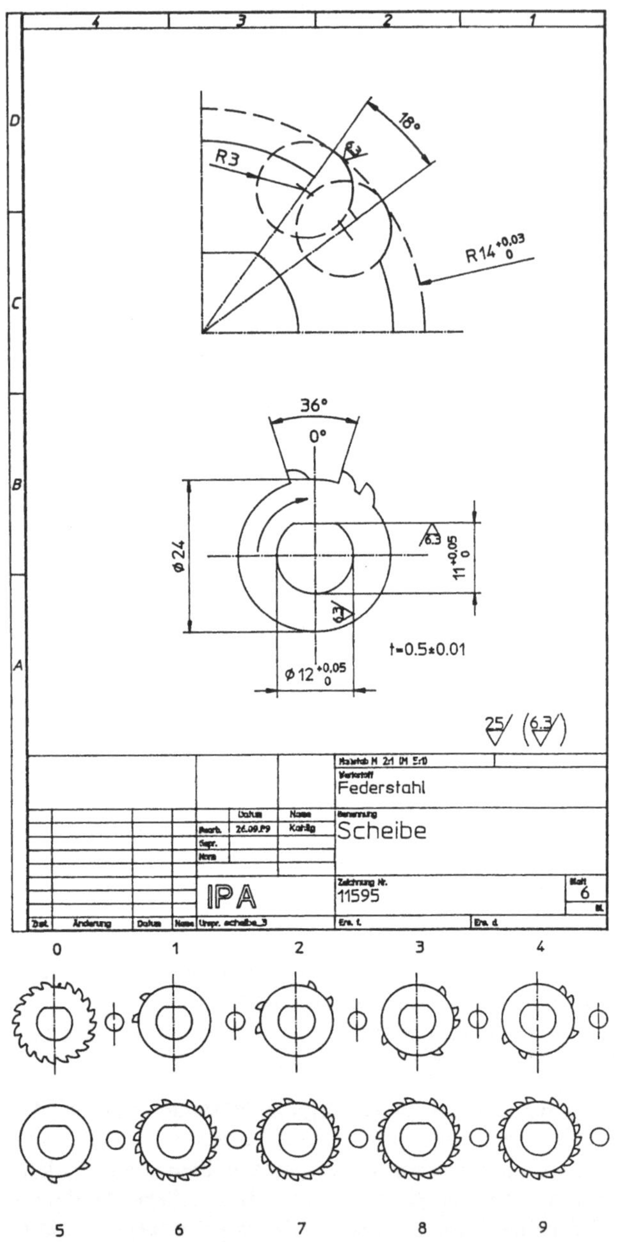

Bild 4-49: Scheibe

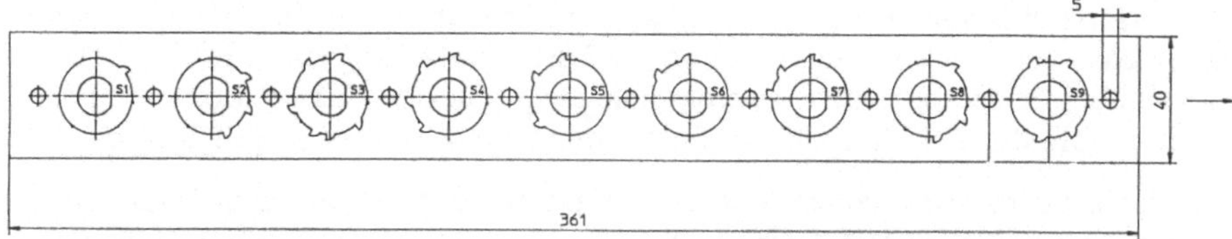

Bild 4-50:   Streifendraufsicht

Bild 4-51:   Laserstrahlführungskomponenten einer fliegenden Optik für die 2 1/2 D
Lasermaterialbearbeitung (Werkbild IPA)

Die Laserstrahlschneidanlage basiert auf dem Prinzip der fliegenden Optik. Das heißt, das Werkstück ist stationär und die Laserbearbeitungsoptik in X-, Y- und Z-Richtung verfahrbar. Den Laserumlenkspiegel, der den Laserstrahl durch die hohle Pinole der Z-Achse auf die Bearbeitungsoptik richtet, zeigt <u>Bild 4-51</u>.

Für die Linearachsen kamen Achsen der Baureihe NCA aus dem Baukasten-programm von Bosch HH-Technik, Waiblingen, zum Einsatz. Als Arbeitsraum stehen in X-, Y-Richtung 600 mm und in Z-Richtung 240 mm als nutzbarer Verfahrweg zur Verfügung. Um die für die Messe-Demo erforderlichen Klangscheiben aus einem 0,5 mm dicken Bandstahlmaterial herausschneiden zu können, ist dieses Material kontinuierlich in den Laser-Arbeitsraum ein-zubringen. Dies geschieht durch Abarbeiten von einem Coil in Kombination mit einer Bandzuführeinrichtung. Die Klangscheiben weisen neben einer Mit-nahmebohrung eine tonspezifische Nockenzahl an der Außenkontur auf. Diese ist jeweils versetzt am Umfang angeordnet. Um eine solche Scheibe nach dem Konturschnitt magazinieren zu können, wird sie über Mikroecken, dies sind Unterbrechungen im Schnittkonturverlauf, gehalten. In einem speziellen Auspreß-Werkzeug wird die Scheibe aus dem Verbund im Bandmaterial herausgedrückt und auf ein Dornmagazin aufgefädelt. Bei Fertigungstoleranzen der Klangscheibe von +/- 0,05 mm ist das Bandmaterial im Arbeitsraum sehr präzise in einer Streifenführung zu positionieren, <u>Bild 4-52</u>.

Bild 4-52:   Anordnung der Peripherie-Baugruppen an der Streifenführung der Laser-Coil-Schneidanlage (Werkbild IPA)

Der Einsatz einer Coil-Anlage ermöglicht ein längenoptimiertes Schachteln oder Nesting. Vom ebenen Kleinteil bis hin zum ebenen "Endloswerkstück" sind unterschiedlichste Werkstückspektren bereits durch Maschinenkonzepte mit relativ kleinen Arbeitsräumen bearbeitbar. Dadurch kann auch der Einfluß der Durchmesseränderung des Strahlfokus auf ein Minimum reduziert werden. Die optional einsetzbare Coil-Wechseleinrichtung ermöglicht einen Materialwechsel parallel zur Hauptzeit.

Die erfolgreiche Realisierung dieses Anlagenkonzepts ist nur mit den Ergebnissen aus den in den vorigen Kapiteln beschriebenen Verfahren und Hilfsmitteln möglich. Bereits im Vorfeld der Konzeption und Konstruktion sind somit entscheidende Änderungen durchführbar. Der Anwender ist somit in der Lage, eine auf seine Fertigungsaufgaben und sein Produktspektrum zugeschnittene Laseranlage zu beschaffen.

4.3.4.7 Ausblick

Laserstrahlschneidanlagen werden vielfach zur Bearbeitung komplexer Blechwerkstücke eingesetzt. Das Schneidergebnis hängt im wesentlichen von der Auswahl des geeigneten Anlagenkonzepts ab.

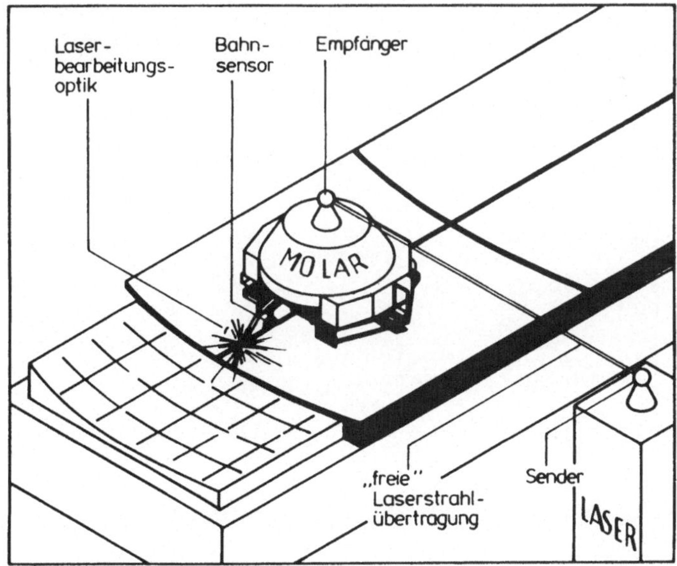

Bild 4-53: Mobiler Laserroboter mit Laserstrahlübertragung nach dem "Sender-Empfänger-Prinzip"

Die Lasermaterialbearbeitung stellt höchste Ansprüche an die Dynamik und Präzision der Antriebe und Führungen. In diesem Bereich hinkt der Maschinenbau der Lasertechnologie hinterher. Ein quasi masseloser Laserstrahl soll mit Mitteln des Schwermaschinenbaus präzise geführt werden. Hier zeichnet sich ein deutlicher Forschungsbedarf ab, insbesondere bei der Entwicklung

- neuer kinematischer Konzepte für Handhabungssysteme von Werkstück und Laserstrahl und
- von Korrekturmodulen zur aktiven Kompensation produktionstechnischer Einflußfaktoren.

Neuentwicklungen auf diesen Gebieten eröffnen weitere Anwendungsfelder für die Lasermaterialbearbeitung, z.B. ein Handhabungssystem für die großflächige Lasermaterialbearbeitung, wie sie im Schiffbau anwendbar ist, wobei die Laserstrahlführung nach dem Sender-Empfänger-Prinzip als Freifeldübertragung erfolgt, <u>Bild 4-53</u>.

4.4 Einordnung der Laserbearbeitung in den betrieblichen Ablauf

4.4.1 Entwicklung laserspezifischer Qualitätssicherungskonzepte

Prof. Dr.-Ing. Dr.h.c. T. Pfeifer, Dr.-Ing. B. Gimpel,
Fraunhofer Institut für Produktionstechnologie (IPT), Aachen

4.4.1.1 Derzeitige Situation

Qualitätssicherung ist mehr als nur die Prüfung eines gefertigten Produkts. Erst die geschlossene Folge qualitätswirksamer Maßnahmen und Ergebnisse in den Phasen der Entstehung und der Anwendung eines Produktes oder einer Tätigkeit führt zu bewußt erzeugter Qualität. Dabei ergibt sich der in <u>Bild 4-54</u> dargestellte Qualitätskreis. Die qualitätswirksamen Maßnahmen müssen eine geschlossene Folge bilden, weil die in den einzelnen Phasen des Qualitätskreises gewonnenen

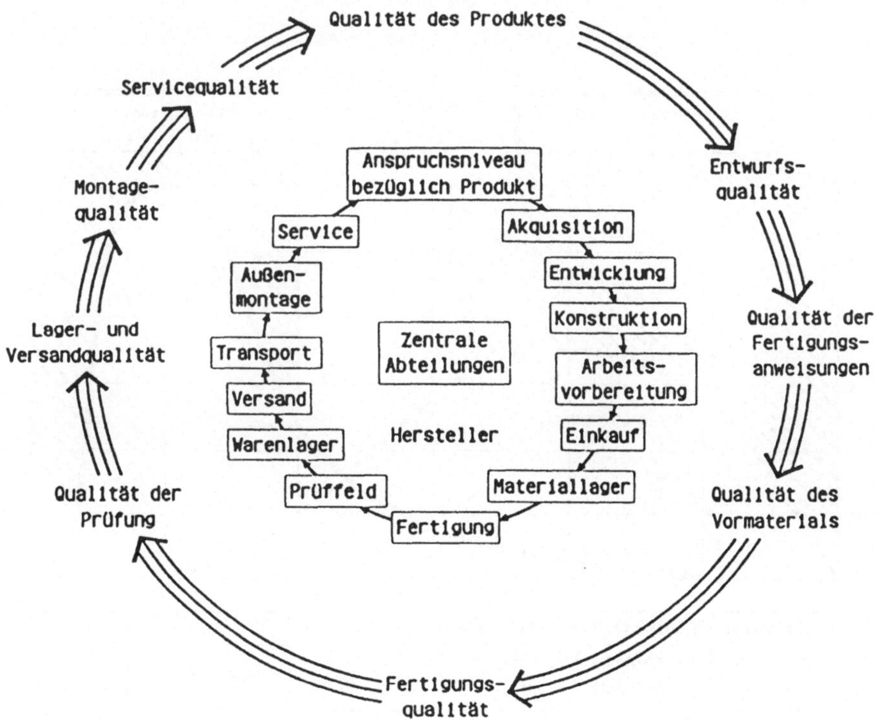

Bild 4-54: Der Qualitätskreis

Ergebnisse voneinander abhängen. Der Qualitätskreis wird ergänzt durch den inneren Kreis der Auftragsabwicklung.

Ein Qualitätskreis kann stets nur die Veranschaulichung der qualitätswirksamen Leistungen eines Prozesses der Produkt- oder Leistungserstellung sein. Er muß für jeden Fall neu entworfen werden. Dies gilt insbesondere für Aufgaben, die sich bei der Einführung einer neuen Technologie, wie der Laserbearbeitung stellen. Von grundlegender Bedeutung ist dabei die Erkenntnis, daß die Ursache für einen Großteil der Qualitätsmängel bereits in der Planungsphase festgelegt wird. <u>Bild 4-55</u> macht deutlich, daß 75% aller Fehler auf mangelnde Planung zurückzuführen sind und erst während des Fertigungsprozesses oder danach auftreten. Eine wichtige Ursache sind falsch ausgewählte oder nicht optimal eingestellte Prozesse. Erst durch Maßnahmen zur Erzielung fähiger und störungsfreier Produktionsprozesse läßt sich die Entstehung von Fehlern bereits im Ansatz unterbinden. Rechnet man den vermehrten Aufwand für die Maßnahmen zur Fehlerverhütung gegen die dadurch erzielte Senkung von Prüf- und Fehlerkosten, so zeigt sich in der Regel die Wirtschaftlichkeit qualitätsver- bessernder Maßnahmen vor Produktionsbeginn [6].

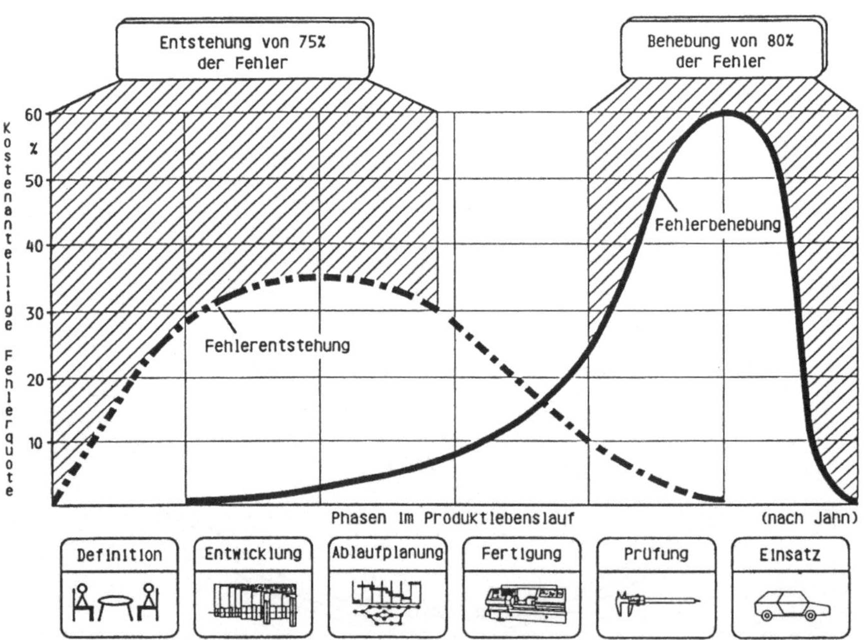

Bild 4-55: Fehlerentstehung und Fehlerbehebung

4.4.1.2　Problemfelder und Defizite

Heutige Aufgaben der Qualitätssicherung reichen von der konsequenten Ermittlung der Kundenwünsche über die qualitätsgerechte Realisierung in Form von Produkten und Dienstleistungen bis hin zur Beobachtung des Markt- und Einsatzverhaltens. Gerade bei der Erforschung und Einführung neuer Technologien besteht deshalb der frühzeitige Bedarf nach dem Einsatz qualitätssichernder Maßnahmen. Dabei sind im wesentlichen zwei Aspekte zu betrachten:

- der Einsatz qualitätssichernder Maßnahmen und Techniken in der Forschungs- und Entwicklungsphase
  · zur Unterstützung der F&E-Tätigkeiten sowie
  · zur Vorbereitung des Know-how-Transfers und

- die Konzeption eines produktneutralen, aber verfahrensspezifischen Qualitäts- sicherungskonzeptes im Sinne einer QS-Programmplanung. Hier ist ins- besondere die Einpassung der neuen Technologie in ein Qualitätssicherungs- system zu berücksichtigen.

Die QS-Programmplanung erstreckt sich dabei über die in <u>Bild 4-56</u> gezeigten Bereiche des Unternehmens, bei denen geeignete Techniken der Qualitätssiche- rung zur Unterstützung der Tätigkeiten eingesetzt werden müssen.

Ausgangspunkt ist die Ableitung der Kundenwünsche und Beobachtung des Marktes. Die Ergebnisse dieses Prozesses werden in geeigneter Weise an den Vorfertigungsbereich weitergegeben, der über fertigungsgerechte Konstruktion, Fertigungsplanung und Fertigungsvorbereitung einen optimalen und qualitäts- gerechten Ablauf der Produktion vorbereitet. Eine Fertigung mit prozeßbeglei- tender Prüfung und Endprüfung stellt der Qualitätslenkung Informationen zum Aufbau übergreifender Qualitätsregelkreise zur Verfügung. Dabei enden diese Aufgaben nicht, wenn das Produkt das Unternehmen verlassen hat, denn gerade eine konsequente Beobachtung des Einsatzverhaltens gibt wichtige Hinweise auf mögliche Verbesserungen.

Ein solch übergreifendes Konzept läßt sich systematisch mit Methoden des Quality Function Deployment (QFD) schaffen, das geeignete Verbindungen zwischen den einzelnen Bereichen ermöglicht und integrierend auf die einzelnen Methoden der Qualitätssicherung wirkt [3]. Dabei kommt dem Aspekt des bereichsübergreifenden Qualitätsmanagements besondere Bedeutung zu. In diesem Rahmen spielt die Ausbildung und Motivation des Personals eine herausragende Rolle. Zur Unterstützung dieser Tätigkeiten muß eine durch- gängige Informationsstruktur realisiert werden. Von elementarer Bedeutung ist die Spezifizierung einer Qualitätsdatenbasis [6] sowie der Schnittstellen zwischen den einzelnen Aufgabenbereichen [2]. Insgesamt ist eine spezifische Qualitätssicherungsstrategie für die Lasermaterialbearbeitung zu entwickeln. In diese Strategie sind die in Bild 4-56 gezeigten Einzelbereiche eingebettet, die im folgenden näher betrachtet werden sollen.

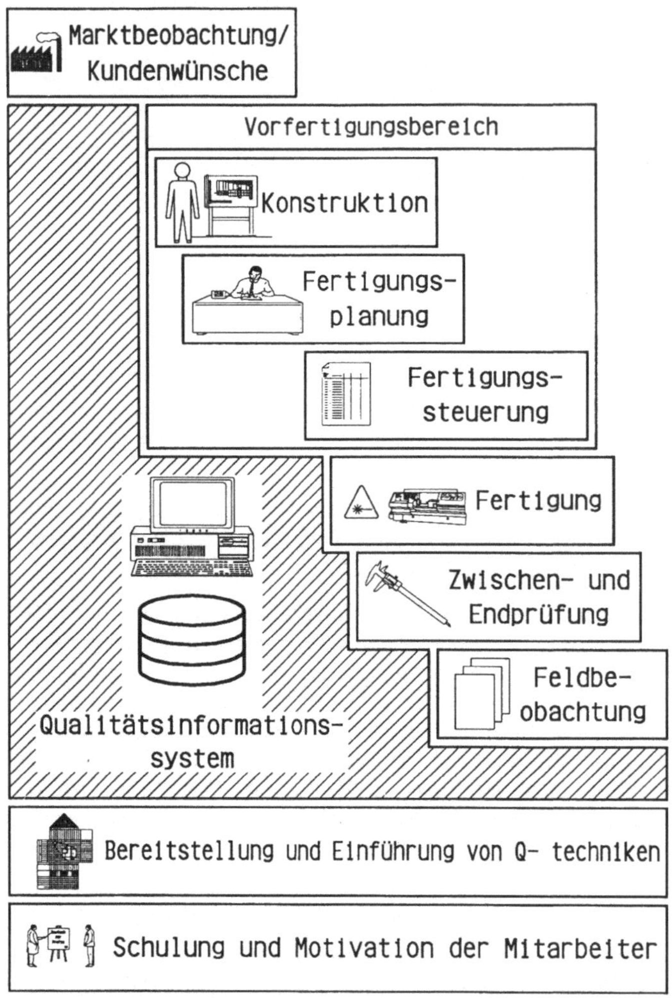

Bild 4-56: Aufgabenbereich der modernen Qualitätssicherung

Bereits während der Forschungs- und Entwicklungsphase sind Instrumente der Qualitätssicherung anzuwenden, wie:

- Techniken der Off-line-Qualitätssicherung, z.B. statistische Versuchsmethoden zur optimalen Gestaltung der Untersuchungen,

- konsequentes Projektmanagement,
- Aufbereitung der Forschungsergebnisse in einer Form, die einen unmittelbaren Know-how-Transfer ermöglicht:
  • Konzeption verfahrensspezifischer Prüfmerkmalskataloge,
  • Dokumentation von Wirkzusammenhängen in produktneutraler Form (Fehlerbaumanalyse, Fehler/Maßnahmen-Kataloge) zum Aufbau einer verfahrensspezifischen Wissensbasis,
  • Aufbereitung der Forschungsergebnisse zur Unterstützung einer "Prozeß-Fehler-Möglichkeits- und Einflußanalyse" (P-FMEA).

Auf dieser Grundlage können die Ergebnisse aus Forschung und Entwicklung von den Forschungseinrichtungen wirkungsvoll in die Unternehmen transferiert werden. Diese erhalten, wie in <u>Bild 4-57</u> dargestellt, wichtige Impulse für den Einsatz der Technologie aus der Beobachtung des Marktes und der Bewährung der Produkte im Feld. Hier sind Strategien abzuleiten, um den Bedarf der Kunden nach dem spezifischen Einsatz der Technologie zu ermitteln. Einsatzfelder sind zu beschreiben und Wirtschaftlichkeitsvergleiche zu anderen Verfahren durchzuführen. Im Bereich der Feldbeobachtung ist eine Strategie zur Untersuchung der Bewährung der Produkte im Feldeinsatz erforderlich. Hierzu sind Techniken der Zuverlässigkeitsanalyse zu verwenden, wobei geeignete verfahrensspezifische Ausfallhypothesen definiert werden müssen. Darüber hinaus sind sicherheitstechnische Aspekte zu beachten, wobei entsprechende Sicherheitsanalysen durchzuführen sind.

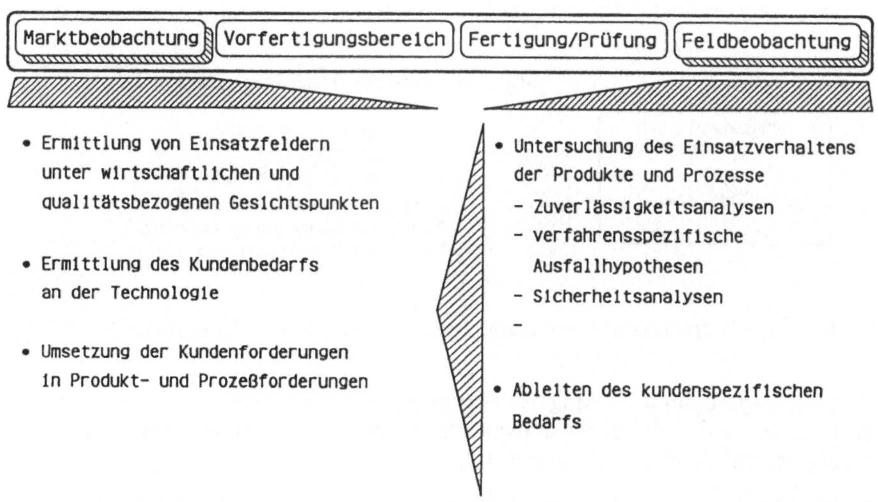

Bild 4-57: Qualitätssicherung bei neuen Technologien - Markt- und Feldbeobachtung

Die Ergebnisse dieser Untersuchungen sind in geeigneter Form aufzubereiten und an den Vorfertigungsbereich weiterzuleiten. Auch hier bietet sich der Einsatz von Techniken des Quality Function Deployments an, das mit Hilfsmitteln wie dem "House of Quality" geeignete Schnittstellen schafft [3,4]. Bild 4-58 zeigt die qualitätsspezifischen Aufgaben, die sich im Vorfertigungsbereich stellen und entscheidend die Qualität des Erzeugnisses beeinflussen.

Der Laser als Werkzeug erlaubt neuartige Konstruktionen, die gegenüber den konventionellen Techniken Vorteile bieten. Für die Verfahren Schweißen, Schneiden und Oberflächenveredelung ist systematisch zu untersuchen, welche lasergerechten Konstruktionen zu entwickeln sind, und wie die Fehlertoleranz des Fertigungsverfahrens dadurch beeinflußt wird. Ein wichtiges Hilfsmittel können produktneutrale Vorgehensweisen zur Unterstützung von Konstruktions-, Fehler-, Möglichkeits-, und Einflußanalysen (K-FMEA) laserspezifischer Konstruktionen darstellen.

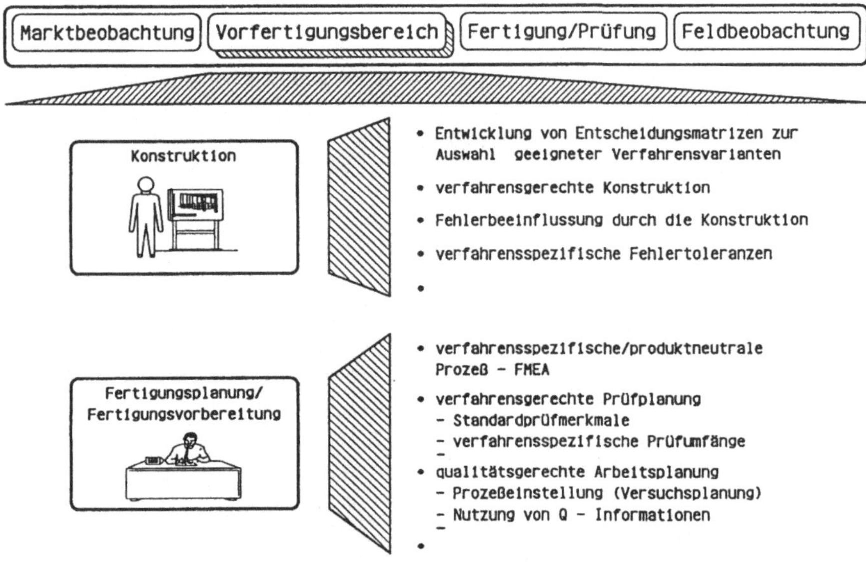

Bild 4-58: Qualitätssicherung bei neuen Technologien - Vorfertigungsbereich

Zur qualitätsgerechten Planung des Fertigungsprozesses müssen produktneutrale Instrumente wie Verfahrensanweisungen oder Unterstützungen bei der Prozeßauswahl bereitgestellt werden.

Die Werkstoffe sind systematisch auf ihre Eignung zur Laser-Materialbearbeitung zu untersuchen und zu katalogisieren. Hierzu gehören z.B. die Feststellung der Schweißbarkeit, das Verhalten der Werkstoffe bei der Oberflächenveredelung u.a. mit bekannten zerstörenden Prüfungen und metallographischen Untersuchungen bzw. mit neu zu entwickelnden Prüfverfahren z.B. für schmale Nähte.

Techniken der Off-line-Qualitätssicherung, wie Versuchsmethodik oder Prozeß-FMEA, sind zur optimalen Auslegung der Bearbeitungsprozesse anzuwenden. Eine anwendungsspezifische Unterstützung der Techniken ist anzustreben, wobei eine Struktur zur Nutzung bereits vorhandenen Wissens geschaffen werden muß. Wichtige Hilfsmittel sind hier Fehler-/Maßnahmenkataloge, Prüfmerkmalskataloge, Produkt-/Prozeßanalysen, Prozeßparameterkataloge und Einstellbereiche der Prozeßparameter. Vorgehensweisen zur Klärung der Prozeßeignung durch Fähigkeitsuntersuchungen (Maschinenfähigkeit/Prozeßfähigkeit) sind zu beschreiben. Zur Durchführung einer wirkungsvollen Qualitätsprüfung und zur Vorbereitung der Nutzung erforderlicher Daten werden verfahrensspezifische Standardprüfpläne benötigt, die die Gewinnung der verfahrensspezifischen Kennzahlen ermöglichen.

Welche Bedeutung einer sorgfältigen Planung und Durchführung der Vorfertigungsphase zukommt, zeigt <u>Bild 4-59</u>.

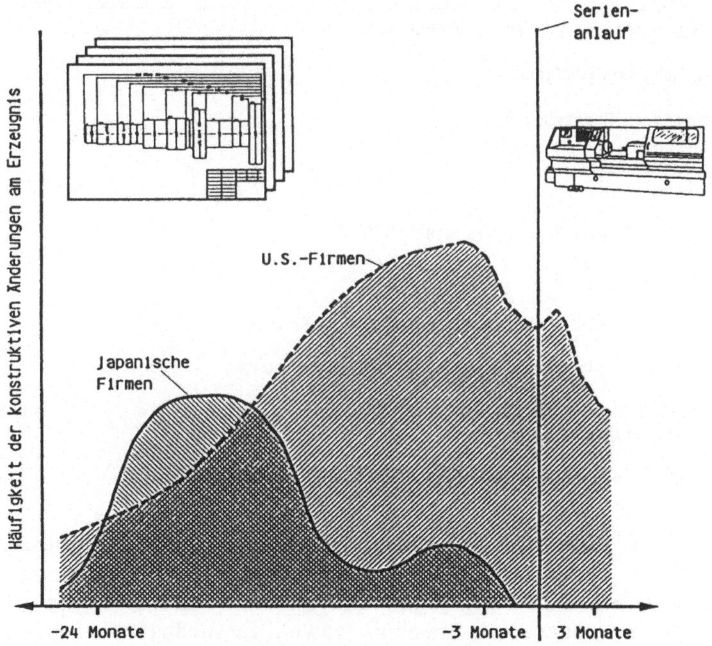

Bild 4-59: Häufigkeit konstruktiver Änderungen am Erzeugnis (nach ASI)

Das American Suppliers Institute (ASI) verdeutlicht den Unterschied zwischen der Häufigkeit konstruktiver Änderungen bei guten japanischen und amerikanischen Unternehmen [4]. Bei den amerikanischen Unternehmen erhöht sich die Anzahl der konstruktiven Änderungen mit der Entdeckung von Produktproblemen bei der Fertigung, und geht kurz vor Serienanlauf etwas zurück und steigt nach Markteinführung des Produktes wieder an, wenn Fehler im Feld auftreten. Der japanische Kurvenverlauf zeigt weniger Änderungen. Von größerer Bedeutung ist jedoch der Zeitpunkt dieser Maßnahmen. Mehr als 90 % der Änderungen treten mehr als ein Jahr vor Serienanlauf auf. Da die Probleme in dieser Phase auf dem Papier behoben werden, ist es möglich, Probleme zu vermeiden, anstatt auf sie zu reagieren, und insgesamt die Wirtschaftlichkeit zu steigern.

Zur Unterstützung einer wirkungsvollen Qualitätsprüfung und unmittelbaren Nutzung der Prüfergebnisse zur Optimierung der Prozeßqualität sind die in <u>Bild 4-60</u> dargestellten Aspekte zu berücksichtigen.

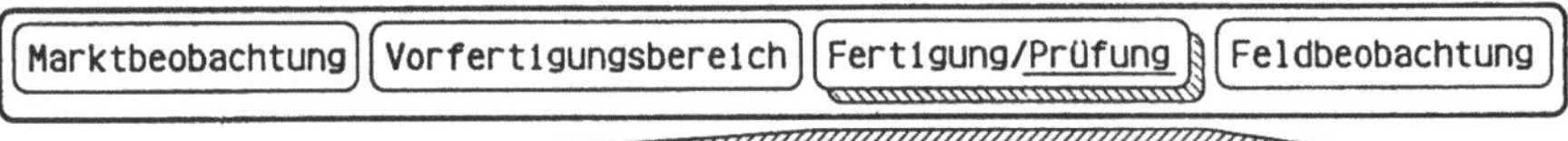

- verfahrensspezifische Prozeß- und Prüfmerkmale

- geeignete Meß- und Prüftechnik

- rechnergestützte Erfassung von
  - Prüfdaten
  - Fehler/Maßnahmen
  - Prozeßdaten

- verfahrensspezifische Regelstrategien (SPC)

- Aufbau einer Wissensbasis

- verfahrensspezifische Auswertestrategien und Kennzahlen

- Infrastruktur zur Rückkopplung der Qualitätsauswertungen

- unternehmensneutrale Konzepte zur Auditierung des
  verfahrensspezifischen QS - Systems

Bild 4-60: Qualitätssicherung bei neuen Technologien - Qualitätsprüfung

Grundlage für eine einheitliche Datenerfassung und Auswertung müssen verfahrensspezifische Prozeß- und Prüfmerkmale bilden, die in Katalogen bereitgestellt werden. Die daraus abgeleitete Definition des Anforderungsprofils hinsichtlich der zu verwendenden Prüftechnik, sowohl für meßbare als auch für attributive Prüfmerkmale, mündet in die Konzeption der Einrichtung eines laserspezifischen Prüfplatzes. Dabei schließt die Prüfung des fertigen Bauteils an die konventionellen Ansätze an. Sie sind auf laserspezifische Eigenschaften der Bearbeitungszone zu übertragen, wie schmale Nähte, gezielte Wärmeeinbringung und neue Gefüge. Darüber hinaus sind neue, integrale Prüfmethoden zu entwickeln, die auf die Funktionstüchtigkeit des Bauteils abzielen.

Die Entwicklung einer Strategie zur rechnergestützten Erfassung der Prüfdaten ist erforderlich, wobei insbesondere der Bearbeitungslaser auf seine Eignung für die In-Process-Messung zu untersuchen ist. Dabei sind die Einsatzmöglichkeit von Regelungsstrategien, wie z.B. der statistischen Prozeßreglung (SPC) zu prüfen und ggf. verfahrensspezifische Regelstrategien zu entwerfen.

Neben der Prüfdatenerfassung ist die Entwicklung einer Strategie zur rechnergestützten Erfassung von Fehlern und Maßnahmen erforderlich. Diese mündet in den Aufbau von Fehler-/Maßnahmenkatalogen mit der Zielsetzung des Aufbaus einer Wissensbasis (Expertensystem).

Die Daten müssen in einer strukturierten Qualitätsdatenbasis abgelegt werden, die eine Rückführung über die Qualitätslenkung zur optimalen Auslegung des Prozesses ermöglicht und damit die Grundlage des in <u>Bild 4-61</u> dargestellten Regelkreises bilden.

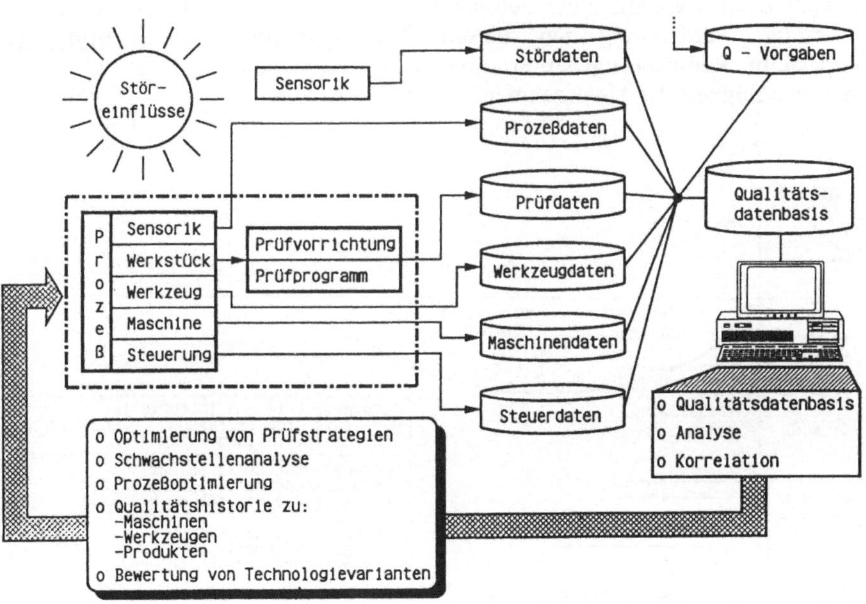

Bild 4-61: Prozeßorientierte Qualitätssicherung

Zielsetzung ist eine hohe Beherrschung des Prozesses, die durch das optimale Zusammenwirken von Prozeßauslegung und Qualitätslenkung wirkungsvoll unterstützt wird. Hierzu ist es erforderlich, neben den Qualitätsdaten auch Maschinen- und Prozeßdaten abzugreifen und entsprechend zu korrelieren. Solche Prozeßsignale können z.B. aus der Strahlanalyse oder der Strahlformung gewonnen werden. Mögliche Qualitätsmerkmale sind unter anderem Geometrien im Mikro- oder Makrobereich sowie Tragfähigkeiten. Man muß sich dabei allerdings vor Augen halten, daß hier noch viel Grundlagenarbeit zu leisten ist, um solche Korrelationen abgesichert nachzuweisen und in einen mathematisch formulierbaren Beziehungsalgorithmus zu transformieren. Dies reicht von der Bereitstellung einer geeigneten Meß- und Prüftechnik bis hin zu geeigneten mathematischen Verfahren zur Durchführung der Analysen sowie zur Bildung von modellgestützten Regelstrategien.

4.4.1.3 Zukünftiger Forschungsbedarf

Obwohl die geschilderten Aufgaben komplexer Natur sind, eröffnet sich gerade bei der Einführung einer neuen Technologie wie der Laserbearbeitung die Möglichkeit, Qualitätsaspekte von Anfang an zu berücksichtigen. Die Verlagerung der Schwerpunkte qualitätssichernder Aktivitäten in den Vorfertigungsbereich zusammen mit einer automatisierten und integrierten Qualitätsdatenerfassung, -verdichtung und -bereitstellung ermöglicht die in <u>Bild 4-62</u> dargestellte Reduzierung der Produktzyklen und sichert auf Dauer die Wettbewerbsfähigkeit der Unternehmen.

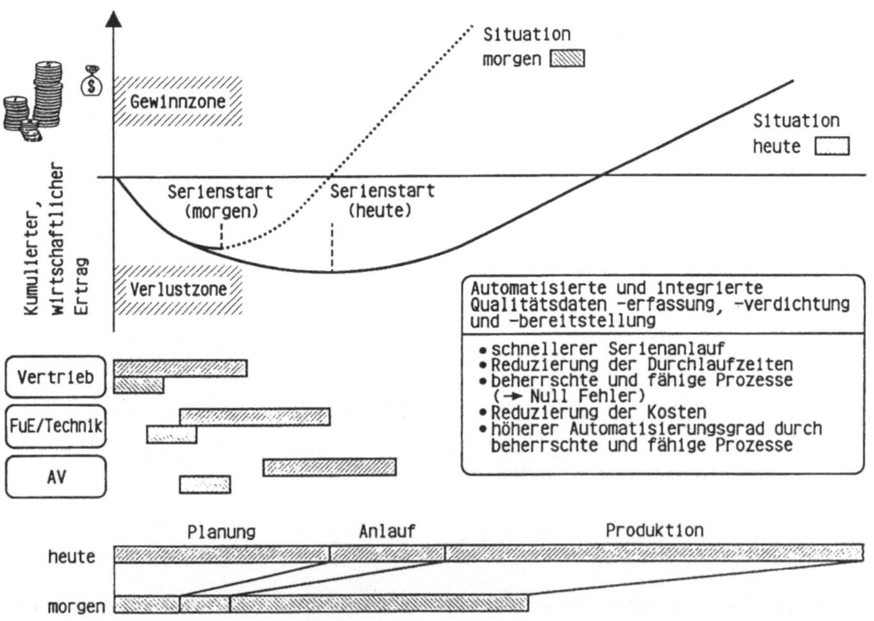

Bild 4-62: Auswirkungen integrierter Qualitätssicherung

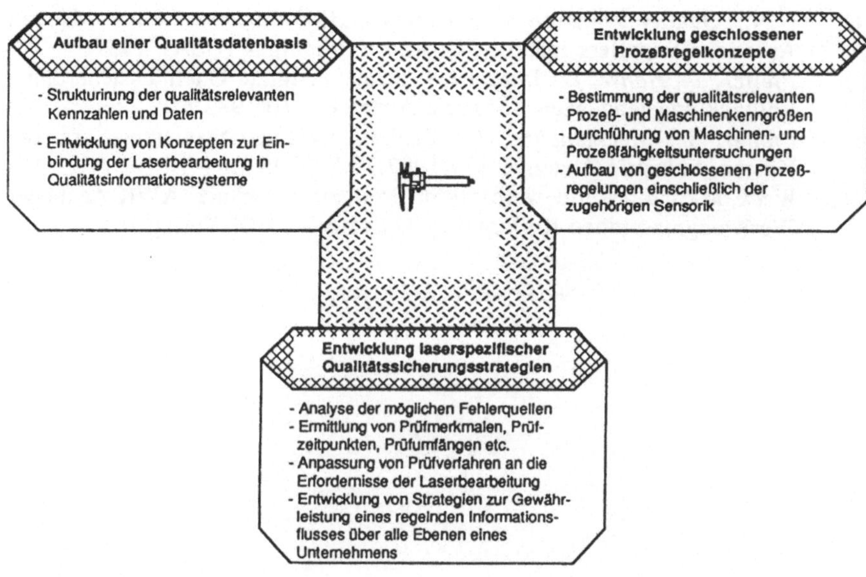

Bild 4-63:   Zukünftige Aufgaben bei der Entwicklung laserspezifischer Qualitäts-
               strategien

Zusammenfassend zeigt <u>Bild 4-63</u> den sich bei der Einführung der Technologie
stellenden Forschungsbedarf. Neben der beschriebenen Entwicklung einer laserspezifischen Qualitätssicherungsstrategie stellt sich der Aufbau einer Qualitätsdatenbasis als zentrale Aufgabe zukünftiger Forschungs- und Entwicklungs-
bemühungen. Auf der Grundlage der über diese Datenbasis verfügbaren
Informationen kann der Aufbau geschlossener Qualitätsregelkreise erfolgen, die
neben den prozeßnahen Regelkreisen auch die Gestaltung ebenenübergreifender
Regelkreise zwischen Prozeß und Vorfertigungsbereich ermöglichen.

4.4.1.4   Literatur zu Abschnitt 4.4.1

[1]   *Auge, J.*: Qualitätsregelkreise mit Einbindung indirekter Produktions-
        bereiche. QZ, Qualität und Zuverlässigkeit. 34(1989)

[2]   *Gimpel, B., Köppe, D.*: Normung von Schnittstellen für die Qualitäts-
        sicherung. CIM Management 5(1989) 1

[3]   *Hauser, J.R., Clausing, D.*: Wenn die Stimme des Kunden bis in die
        Produktion vordringen soll, HARVARDmanager. Manager Magazin
        10(1988)4

[4]   N.N.: Quality Function Deployment (QFD) Implementation Manual. American Suppliers Institute, Dearborn, Michigan (USA), 1987

[5]   *Pfeifer, T., Bonse, L.*: Integrierte rechnergestützte Qualitätssicherung - Entwicklungstendenzen. Industrie Anzeiger 110(1988)81

[6]   *Pfeifer, T., Mecklenburg, R,*: Fehlerverhütende Maßnahmen senken Kosten. Industrie Anzeiger 109(1987)70,S.46/48

[7]   *Weck, M.*, u.a.: Wettbewerbsfaktor Produktionstechnik. AWK Aachener Werkzeugmaschinen Kolloquium. Düsseldorf: VDI-Verlag 1990

4.4.2 Integration von Laserbearbeitungssystemen in die rechnergestützte Produktion

Prof. Dr.-Ing. J. Milberg, Dipl.-Ing. F. Garnich, Dipl.-Ing. H. Schwarz,
Institut für Werkzeugmaschinen und Betriebswissenschaften
der TU München (iwb), München

4.4.2.1 Derzeitige Situation

Beim Aufbau von Wettbewerbsvorteilen in einem Markt, der durch eine wachsende Anzahl von Zulieferern, Kunden und Wettbewerbern gekennzeichnet ist, kommt der Produktionsstrategie eine zunehmende Bedeutung zu, um entscheidende Wettbewerbsvorteile zu erringen. Die Flexibilität, Reaktionsgeschwindigkeit und Verkürzung der Produktdurchlaufzeit werden neben der Produktivitätssteigerung, dem Kostensparen und der Qualitätssicherung zunehmend über die Erfolgschancen der Unternehmen entscheiden. Die Lasertechnologie kann hierzu mit hochwertigen Bearbeitungsergebnissen und weiter Einsatzflexibilität einen wichtigen Beitrag liefern. Allerdings stellen bei der Laserstrahlbearbeitung die hohen Qualitäts- und Genauigkeitsansprüche in Verbindung mit der möglichen großen Bearbeitungsgeschwindigkeit die Produktionsunternehmen vor neue technische, organisatorische und personelle Anforderungen. Dazu gehören Fragen der lasergerechten Maschinenauslegung und der optimalen Prozeßführung, die Bearbeitung neuer Werkstoffe sowie die Kombination der Lasertechnologie mit anderen Fertigungsverfahren. Schwerpunkte hierbei sind die Planung und Programmierung von Laserbearbeitungsanlagen sowie der Einsatz von Sensorik zur Lageerkennung, Bahnkorrektur und Prozeßüberwachung.

Eine Steigerung der Produktivität und Verkürzung der Produktdurchlaufzeit kann allgemein durch den verstärkten Einsatz rechnergestützter Hilfsmittel erreicht werden, <u>Bild 4-64</u>. Komponenten zur rechnerintegrierten Produktion sind vielfältig verfügbar und haben jeweils für sich isoliert betrachtet einen hohen Entwicklungsstand erreicht. Für die klassischen Bearbeitungsverfahren stehen im Fertigungsvorfeld CAD- und CAP-Systeme zur Erzeugung und Verarbeitung von Geometrie- und Technologiedaten sowie PPS-Systeme zur Erfassung und Verarbeitung von Auftrags- und Betriebsdaten bereit. Auf Werkstattebene sind als Automatisierungsbausteine numerisch gesteuerte Werkzeugmaschinen, Handhabungseinrichtungen, fahrerlose Transportsysteme sowie automatische Lagersysteme vorhanden: Hinzu kommen Zellen- und Leitrechner für die Steuerdatenverarbeitung sowie für die Auftrags- und Betriebsdatenerfassung und -verarbeitung.

Im Bereich der Laserbearbeitung werden diese Systeme bislang nur für das 2D-Laserschneiden eingesetzt. Ein Forschungsbedarf besteht für die räumliche Laserbearbeitung. Für die Planung und Programmierung von flexiblen

Laserbearbeitungszellen muß in Zukunft direkt auf bereits bestehende Daten der vorgelagerten Abteilungen zugegriffen werden können. Rechner- bzw. Datenintegration durch den vernetzten Einsatz dezentraler, rechnergestützter Hilfsmittel sind für die flexible Laserbearbeitung in noch stärkerem Maße wichtig, um die Durchlaufzeiten zu verkürzen. Beispielhaft wurden zwar in einigen Pilotprojekten Möglichkeiten des 3D-Lasereinsatzes aufgezeigt, Standardlösungen sind heute jedoch noch nicht vorhanden. Zusätzlich bestehen nach wie vor vielfältige Hemmnisse auf dem Bereich der Informationsverarbeitung.

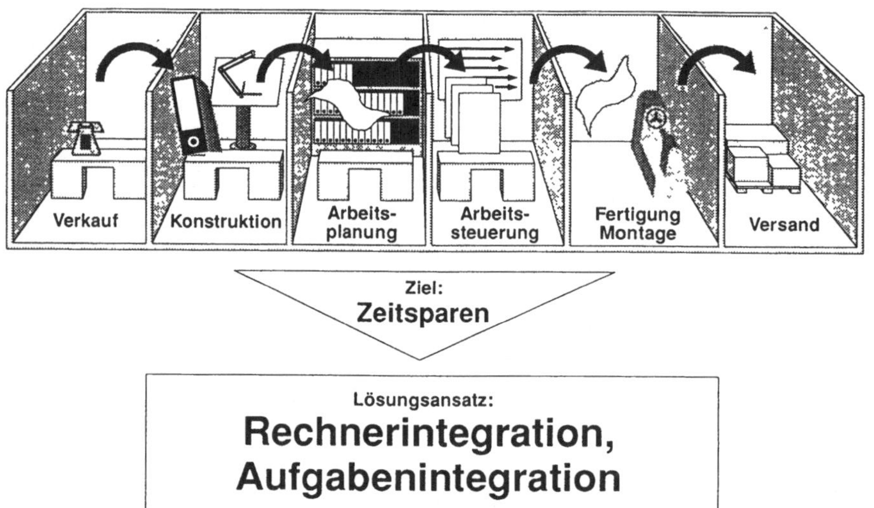

Bild 4-64:   Behebung von Schwachstellen konventioneller Auftragsabwicklung

Bislang setzen sich die Pilotprojekte überwiegend mit der Technologie des Lasers auseinander. Hierbei spielt der Laser mit seinen physikalischen Gegebenheiten die größte Rolle. Künftig muß jedoch untersucht werden, wie der Laser mit all seinen Einsatzmöglichkeiten und -bedingungen als Werkzeug in den Produktionsprozeß eingliederbar ist.

4.4.2.2 Problemfelder und Defizite

Um bei der Laserbearbeitung gute Bearbeitungsergebnisse zu erhalten, muß neben der optimalen Einstellung der Prozeßparameter eine hohe Positioniergenauigkeit eingehalten werden. Die Orientierung und Fokuslage bezüglich der

Werkstückoberfläche müssen exakten Einstellwerten entsprechen. Gleichzeitig ist eine hohe Vorschubgeschwindigkeit möglich, wodurch sich kurze Bearbeitungszeiten ergeben. Die Rüst- und Nebenzeiten müssen aufgrund der hohen Investitionskosten, die der Lasereinsatz verursacht, minimiert werden. Dazu muß die hohe Flexibilität, die der Laser als Werkzeug bietet, voll ausgenutzt werden. Dies kann nur erreicht werden, wenn auch die Planungs- und Fertigungshilfsmittel, z.B. Programmier- und Sensorsysteme, den verfahrensspezifischen Anforderungen der Lasertechnologie entsprechen. Hier gibt es noch große Probleme und Defizite. Künftige Forschungsaktivitäten müssen neben der Entwicklung, Auslegung und Optimierung von Lasersystemen verstärkt die organisatorische, informationstechnische und materialflußorientierte Integration in die rechnergestützte Produktion berücksichtigen.

4.4.2.3   Zukünftiger Forschungsbedarf

4.4.2.3.1 Ablauforganisatorischer Informationsfluß

Bei der Planung von komplexen, automatisierten Laseranlagen besteht die Notwendigkeit, rechnergestützte Werkzeuge zur Verfügung zu haben, die für alle Detaillierungsstufen von der Grobplanung über die Feinplanung und der Konstruktion bis zur Anlagenprogrammierung auf einem durchgängigen Datenmodell basieren. Damit kann sichergestellt werden, daß alle an der Planung Beteiligten auf eine einheitliche Informationsbasis zurückgreifen. Diese Notwendigkeit ergibt sich daraus, daß nicht alle Beteiligten über ein spezielles Wissen in der Laseranwendung verfügen, aber dennoch dieses in ihren Entscheidungen berücksichtigen müssen.

4.4.2.3.2 Integration von Konstruktion und Planung

Konstruktion und Arbeitsplanung müssen als wechselseitige Prozesse aufgefaßt werden. Insbesondere bei komplexen Aufgaben ist eine vernetzte und parallele Arbeitsweise anzustreben. So wird z.B. aus technologischen Gründen eine exakte Fokuslage und ein senkrechtes Auftreffen des Laserstrahles auf die Werkstückoberfläche gefordert. Oft ist die Positionseinhaltung aus Zugänglichkeitsgründen oder kinematischen Einschränkungen des Handhabungsgerätes heraus jedoch nicht einhaltbar. Diese Erkenntnis tritt aber erst bei der Programmerstellung zutage. Es muß also ein Bezug zwischen Bearbeitungstechnologie und Konstruktion geschaffen werden. Dieser läßt sich erreichen, wenn Konstruktion und Planung auf der Basis rechnerintegrierter, graphischer Modelle arbeiten. Inhalt künftiger Forschungsarbeiten muß es daher sein, Systeme aus Methoden, Werkzeugen und Regeln zu entwickeln, die dem Planer und dem Konstrukteur zur Verfügung gestellt werden. Dies beinhaltet auch die Einführung von CAE-Komponenten wie z.B. FEM-Systemen zur Auslegung von Produktionsmitteln und Produkt.

Denkbar ist die rechnerische Ermittlung von resultierenden Materialeigenschaften wie Härteverlauf und Festigkeitswerte zur Auslegung der Werkstücke und zur Unterstützung des Konstruktionsprozesses. Daraus können die prozeßspezifischen Parameter wie Streckenenergie, Laserleistung und Vorschubgeschwindigkeit berechnet werden. Zudem lassen sich aus diesen Ergebnissen Bearbeitungszeiten und Kosten ermitteln, die von besonderem Interesse für den Arbeitsplaner sind.

4.4.2.3.3 Planungshilfsmittel

Künftig muß die Planungssicherheit zur Auslegung von Laseranlagen erhöht werden. Der Arbeitsplaner muß, ohne ein Spezialist der Lasertechnologie zu sein, Möglichkeiten haben, für eine gestellte Bearbeitungsaufgabe ein Anlagenkonzept zu entwickeln. Wichtige Hilfsmittel hierfür sind Datenbanken und rechnergestützte Simulationsmodelle. Beispielhaft könnte die Planung von Lasersystemen der Zukunft aussehen, wie in <u>Bild 4-65</u> gezeigt.

Zur Unterstützung des Planers kann eine Datenbank dienen, die Anlagenkenndaten und Prozeßparameter enthält. Parallel legt der Planer ausgehend von der Werkstückgeometrie den notwendigen Arbeitsraum und die kinematischen Anforderungen fest. Datenbankgestützt kann dann die Auswahl der Anlagenkomponenten unter gleichzeitiger Berücksichtigung wirtschaftlicher Gesichtspunkte erfolgen. So wird beispielsweise ausgehend von der Bearbeitungsaufgabe ein Lasertyp - Nd:YAG, CO_2 oder Excimer - und abhängig vom erforderlichen Arbeitsraum eine Kategorie von Laserwerkzeugmaschinen vorgeschlagen. Für die Bearbeitung großer Bauteile ist eine Portalanlage nötig, <u>Bild 4-66</u>, für kleinere Ausschnitte an einer Pkw-Tür könnte ein Standardroboter mit Lichtleitfaser herangezogen werden.

Die Entscheidung, welche Systemkomponenten zum Einsatz kommen, muß nach wie vor der Planer treffen, jedoch sollten die Planungssysteme in der Lage sein, Anhaltswerte für eine Auswahl vorzugeben. Aufgrund der Neuheit des Verfahrens steht das aktuelle Systemwissen rechnerintern noch nicht vollständig zur Verfügung. Deshalb müssen die Planungshilfsmittel über offene Schnittstellen verfügen, die es dem Planer ermöglichen, seine eigenen Erfahrungen einzubringen.

Die Komponentenauswahl spielt bei der Layoutgestaltung eine wichtige Rolle. Aber es muß auch eine Optimierung bei der Aufstellung und Anbringung der Komponenten erfolgen. Dabei sind die komplizierten kinematischen Bedingungen und Einschränkungen, wie beispielsweise bei einem Laser-Roboter mit externer Strahlführung, zu berücksichtigen. Das kinematische Verhalten der Einzelkomponenten sowie deren Zusammenspiel wird in einer grafischen Simulation überprüft und dargestellt. Bei Kollisionen oder Zugänglichkeitsproblemen kann der Planer korrigierend eingreifen. Das Resultat ist ein optimiertes Anlagenlayout und Bearbeitungsprogramm. Darüber hinaus lassen sich bei einer realitätsgetreuen Abbildung des Maschinenverhaltens die resultierenden Taktzeiten bestimmen, die für eine Wirtschaftlichkeitsbetrachtung herangezogen werden können.

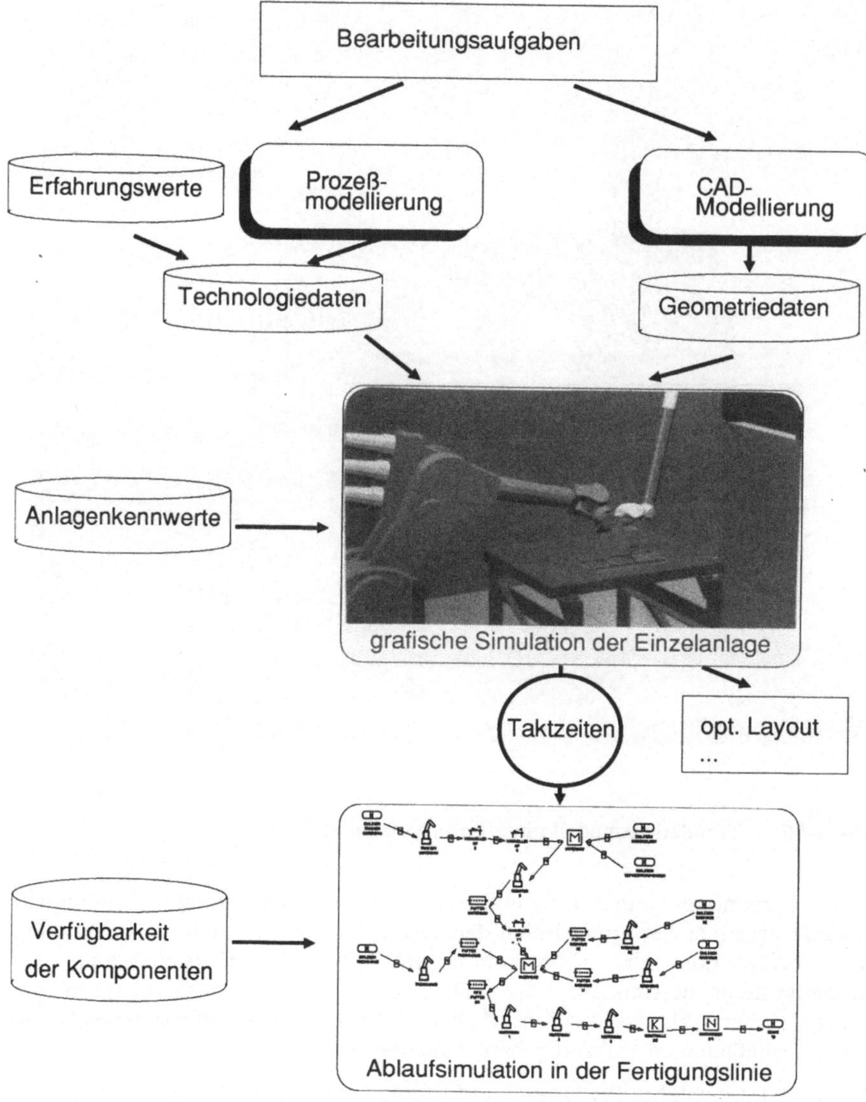

Bild 4-65:   Integrierte Planungshilfsmittel für die Laserstrahlbearbeitung

Bild 4-66:   Simulationsmodell einer Laserportalanlage

Diese Ergebnisse stellen Eingangsgrößen für rechnergestützte Simulationsmodelle gesamter Fertigungslinien dar. Damit läßt sich unter Berücksichtigung der Verfügbarkeit der Einzelkomponenten die Kapazitätsauslastung des Gesamtsystems bestimmen. Kapazitätsengpässe und Verfügbarkeitsprobleme werden in der Ablaufsimulation erkannt und lassen sich durch entsprechende Planungsmaßnahmen frühzeitig berücksichtigen.

Bislang ist ein solcher Planungsablauf mit den derzeitigen Möglichkeiten noch nicht realisierbar. Einzelne Komponenten hierfür sind schon als Prototypen an Instituten verwirklicht. Für den Entwurf von Laserzellen und zur Programmerzeugung am Bildschirm wurden Simulationssysteme konzipiert. Darüber hinaus ist es möglich, Steuerungskonzepte auf unterschiedlichen Hierarchieebenen (z.B. Zellenrechner) zu testen. Um eine Verkürzung der Einfahrphasen hochautomatisierter Laserzellen zu erreichen, ist es notwendig, komplette Zellenabläufe bereits in Simulationssystemen zu testen. Künftige Simulationsprogramme müssen funktional erweitert werden, um den Anforderungen der Laserbearbeitung gerecht zu werden. So ist es z.B. bislang nicht möglich, einen flexiblen Lichtleiter in der Simulation zu berücksichtigen. Dies ist jedoch zur sicheren Vermeidung von Faserbrüchen notwendig. Zudem sollten Simulationssysteme eine aufgabenorientierte Programmierung der Lasermaschinen ermöglichen. Dazu gehören Bahnplanungsstrategien, die z.B. Anfahr- und Einstechmöglichkeiten selbständig definieren, oder die Einbeziehung sicherheitstechnischer Aspekte.

4.4.2.3.4 Off-line-Programmierverfahren

Zur Programmerstellung werden bislang nur vereinzelt Off-line-Programmierverfahren herangezogen. Dabei wird ausgehend von der CAD-Geometrieinformation das Bewegungsprogramm für das Handhabungsgerät rechnergestützt in der Syntax der Anlagensteuerung erzeugt. Das rechnergenerierte Roboterprogramm wird im Bewegungssimulationssystem hinsichtlich Zugänglichkeitsproblemen und Kollisionen untersucht und nach dieser "Off-line-Kontrolle" über eine DNC-Schnittstelle (Direct Numerical Control) an die entsprechende Steuerung übergeben, <u>Bild 4-67</u>.

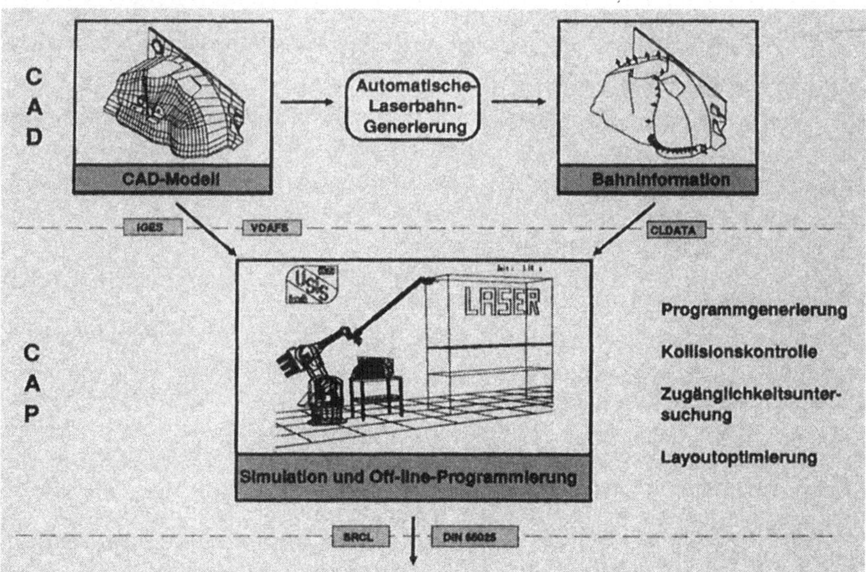

Bild 4-67:   Off-line-Programmierverfahren für die 3D-Laserbearbeitung

Diese CAD/CAM-Kopplung ist für die Laserbearbeitung bislang nur auf Basis von einfachen Geometriedaten (z.B. Polygone, einfache Linien) verwirklicht, meist sogar nur zur Bearbeitung ebener Flächen. Für den 3D-Bereich fehlt bislang eine breite industrielle Umsetzung. Diese Programmierverfahren müssen dahingehend erweitert werden, daß beispielsweise auch die Übergabe von Spline-Beschreibungen für die Freiformflächenbearbeitung möglich wird. Diese ermöglichen eine genauere Beschreibung der Werkstücke und sind heute bereits weit verbreitet.

Problematisch ist auch die Generierung der CAD-Modelle. Ein Haupteinsatzgebiet der räumlichen Laserbearbeitung ist der Prototypenbau in der Automobilindustrie. In dieser Phase des Produktionsprozesses sind meist noch keine CAD-Daten verfügbar. Daher sind Hilfsmittel zur schnellen Erzeugung eines Geometriemodells aus den Modellformen unerläßlich. Diese Daten müssen ihrerseits in kompatibler Form den anderen Produktionsprozessen zur Verfügung stehen.

Desweiteren ist eine verstärkte Einbeziehung von Technologieinformationen anzustreben. In den bisher entwickelten Programmiersystemen wurden, ausgehend von CAD-Geometrieinformationen, lediglich die Bewegungsprogramme für die Handhabungsgeräte generiert. Technologiedaten stehen zwar aus Datenbanken zur Verfügung, eine Kopplung an die Programmiersysteme ist noch zu realisieren. In künftigen Lösungen muß der Arbeitsplaner Möglichkeiten besitzen, direkt auf Technologieinformationen von Datenbanken zurückzugreifen. Es müssen Technologieprozessoren entwickelt werden, die den Arbeitsplaner bei der Programmerstellung unterstützen und das technologische Wissen dem Anwender anlagenneutral zur Verfügung stellen.

Ein weiterer wichtiger Gesichtspunkt, der bislang im Bereich Laserbearbeitung kaum behandelt wurde, ist das Qualitätswesen. Hier lassen sich durch die parallele Erstellung von Arbeits- und Prüfplänen Synergieeffekte erzielen. Weiterhin müssen Qualitätsregelkreise entwickelt werden, die den Anforderungen der Lasertechnologie Rechnung tragen.

4.4.2.3.5 Materialfluß

Zwar muß bei der Einbindung flexibler Lasersysteme in die automatisierte Fertigung neben dem Informationsfluß auch der Materialfluß mit Lagerung, Transport und Handhabung von Werkstücken und Betriebsmitteln berücksichtigt werden. Aber dabei kann weitgehend auf die Erfahrungen aus anderen Fertigungsbereichen zurückgegriffen werden; denn das Teilespektrum in der Laserbearbeitung unterscheidet sich nicht maßgeblich von dem klassischer Fertigungsverfahren. In Sonderfällen kann der Einsatz des Lasers sogar die Anforderungen an den Materialfluß verringern, indem er die Komplettbearbeitung des Bauteils in einer Aufspannung ermöglicht. Ein Beispiel hierfür wäre das kombinierte Drehen und Härten. Wenn Lasersysteme mit anderen Fertigungseinrichtungen über automatisierte Transportsysteme gekoppelt sind, bringt dies Probleme hinsichtlich der Aufspannung der Bauteile mit sich.

4.4.2.3.6 Sensorik

Bislang läßt sich das Laserstrahlschweißen komplexer, toleranzbehafteter Bauteile nur mit sehr aufwendiger Spanntechnik lösen. Diese Lösungen sind bisher im allgemeinen nicht automatisierungsfreundlich. Forschungsbedarf besteht bei der Konzeption, Auslegung und Entwicklung von automatisierten Spannvorrichtungen. Eine gewisse Vereinfachung wird hierbei durch den Einsatz intelligenter Sensorsysteme erwartet, die Lagetoleranzen, Toleranzen in der Nahtvorbereitung, Wärmeverzug usw. erfassen können. Beim Laserstrahl-schweißen kommen Toleranzprobleme aufgrund der geringen Ausdehnung des Schmelzbades und der hohen Bearbeitungsgeschwindigkeit verschärft zum Tragen. Um die Einsatzfähigkeit der Handhabungsgeräte bei großen Be-arbeitungsgeschwindigkeiten und hohen Genauigkeitsanforderungen zu gewährleisten, müssen Schweißnahterkennungs- und -verfolgungssysteme eingesetzt werden. Die Entwicklung solcher Systeme steht noch am Anfang, schlüsselfertige Systeme sind derzeit auf dem Markt keine vorhanden. Die Funktionalität eines jeden Sensorsystems hängt in entscheidendem Maße von seiner informationstechnischen Einbindung sowie speziell von den Möglichkei-ten der verwendeten Steuerung ab. Die Robotersteuerungen sind häufig noch nicht optimal für den Einsatz von Sensoren ausgelegt. Sie müssen on-line sämtliche Daten der Sensoren innerhalb weniger Millisekungen verarbeiten, um den hohen Anforderungen des Laserstrahlschweißens zu genügen. Hieraus ergibt sich die Forderung, schnelle Sensorschnittstellen zu entwickeln und für den Anwender verfügbar zu machen.

4.4.2.3.7 Datentechnische Integration

Die zukünftig verstärkt zu beachtende Integration des Lasers in flexible Fertigungssysteme stellt auf der Werkstattebene hohe Ansprüche an die informationstechnische Verknüpfung aller Anlagenkomponenten wie Sensoren, Handhabungsgeräte, Lasersteuerungen und Transporteinrichtungen. Es existieren unterschiedliche Echtzeitanforderungen an die Informationsträger. Statt starrer Verdrahtungen erfordert die flexible Laserbearbeitung frei programmierbare Steuer- und Regelstrukturen.

Die Schwierigkeiten bei der Umsetzung der dargestellten Punkte rühren daher, daß der Laser zwar populär ist, aber daß gerade in den Konstruktions- und Planungsabteilungen noch recht wenig Erfahrung über die Einsatzmöglichkeiten und -voraussetzungen des Lasers vorliegen. Es müssen Strategien und Konzepte zum Datenaustausch entwickelt werden, die die Belange des Lasers berücksichti-gen. Ziel muß es sein, die Schnittstellenvielfalt, die sich aus dem Einsatz von Planungshilfsmitteln und Sensorik ergibt, zu reduzieren. Dazu bedarf es der

Normung und Standardisierung. Denn erst das reibungslose Zusammenspiel dieser in vielen Fällen bereits hochentwickelten Komponenten erlaubt es, die Flexibilität des Lasers in voller Breite zu nutzen.

Standardisierung ist nötig, damit zeitraubende Anpaßarbeiten überflüssig werden. Umfassende Kommunikationsmittel müssen auch für den Laser zugänglich gemacht werden, damit alle Möglichkeiten zur Steuerung und Überwachung rechnergestützt nutzbar sind. Eine neue Generation von Steuerungsschnittstellen ist hierfür Voraussetzung. Als einen Ansatzpunkt zur Fabrikautomation bietet der neue Standard MAP (Manufacturing Automation Protocol) den Herstellern und Anwendern von Produktionskomponenten eine gemeinsam standardisierte Sprache sowie Modelle zur Realisierung einer neuen Steuerungsgeneration und der benötigten übergeordneten CAM-Systeme. Für den Feldbereich müssen Entwicklungen wie z.B. der PROFIBUS auf ihre Bedeutung für den Laser untersucht werden.

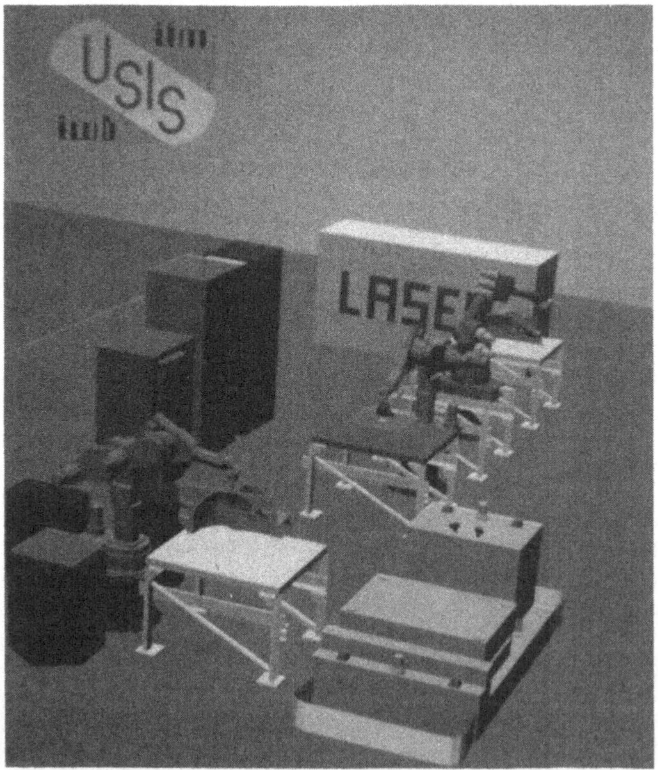

Bild 4-68:   Simulation des Zellenablaufs

Bild 4-69:   Tandem-Laserroboter

Erste Voruntersuchungen und Erfahrungen zu den dargestellten Gebieten wurden am Institut für Werkzeugmaschinen und Betriebswissenschaften (iwb) der TU München anhand einer komplexen Fertigungszelle, bestehend aus zwei Industrierobotern in Tandemanordnung mit modifizierten Steuerungen, gemacht, <u>Bild 4-68 und 4-69</u>. Durch den überlappenden Arbeitsbereich können beide Roboter sowohl die Werkstück- als auch die Werkzeughandhabung übernehmen. Zur Identifikation und Lageerkennung der Werkstücke ist ein am iwb entwickelter Lasersensor in die Zelle integriert. Ein kapazitiver Abstandssensor sorgt für die notwendige On-line-Korrektur der Bearbeitungsbahnen. Das Ver- und Entsorgen der Zelle mit Werkstücken wird über ein fahrerloses Transportsystem (FTS) bewerkstelligt, welches in der Lage ist, Paletten in beliebiger Reihenfolge zwischen den verfügbaren Palettenständen zu transportieren.

Zur Steuerung und Überwachung der Zelle wird gemäß <u>Bild 4-70</u> eine am iwb auf der Basis von MAP 3.0 entwickelte, frei programmierbare Zellensteuerung eingesetzt. Zusammen mit dem Lasersensor ist es möglich, die zur Synchronisation der Komponenten übliche, starre Verkabelung durch eine logische Verknüpfung zu ersetzen. Dadurch wird eine einfache und schnelle Änderung in der Anlagenkonfiguration realisierbar, was zusammen mit der freien Zellen-

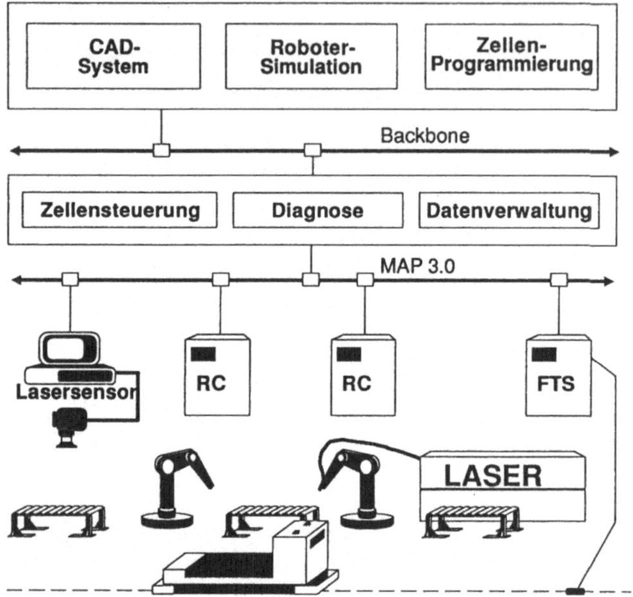

Bild 4-70: Integration der Zellenkomponenten

programmierung die Flexibilität der Anlage entscheidend prägt. Das Zellen-ablaufprogramm wird vor der realen Ausführung in der Simulation getestet.

Die Umsetzung dieser und ähnlicher Ansätze in betrieblich breit anwendbare Systeme sollte durch neue Forschungsprojekte ermöglicht werden. Künftige Lasersysteme mit einem höheren Grad an Autonomie müssen komplexe Aufgaben selbständig, d.h. ohne ständigen Informationsaustausch mit einer übergeordneten Instanz, wie z.B. dem Leitrechner oder dem Bedienpersonal, bearbeiten und ausführen. Dadurch ist es möglich, die Stillstandzeiten zu minimieren und den Nutzungsgrad von Laseranlagen zu erhöhen.

4.4.2.4   Zusammenfassung

Im vorliegenden Beitrag werden der derzeitige Stand, die Defizite und künftigen Möglichkeiten aufgezeigt, den Laser als Fertigungsmittel in die rechnergestützte Produktion einzubinden. Künftig ist der Laser nicht nur als Einzelmaschine, sondern vielmehr als vielseitiges Werkzeug zu sehen. Ein Ziel muß es dabei sein, die Voraussetzungen für hochflexible, autonome Laser-Fertigungszellen zu schaffen. Dies erfordert die Integration und informationstechnische Kopplung von rechnergestützten Hilfsmitteln zur Unterstützung der Ingenieure bei Planung und Betrieb von Lasersystemen.

Bei einer zu langsamen Einführung dieser Technologien besteht die Gefahr des Verlustes der industriellen Wettbewerbsfähigkeit am Weltmarkt. Die Komplexität dieser Aufgabe ist so umfassend, daß sich ihr bislang nur Großunternehmen stellen können. Um den zu erwartenden Nutzen auch Klein- und Mittelunternehmen verfügbar zu machen, bedarf es einer verstärkten öffentlichen Förderung von solchen Institutionen, welche die notwendige Forschung und den Know-how-Transfer vornehmen können.

4.4.2.5 Literatur zu Abschnitt 4.4.2

[1]   *Milberg J., Wrba, P.*: Robotereinsatzplanung und Offline-Programmierung mit USIS. ZwF 81(1986)S.484/488.

[2]   *Tauber, A., Schuster, G.*: Robotersimulation - eine CIM-Komponente. CAE journal 4(1988), S.30/39.

[3]   *Tauber, A.*: Ein Verfahren zur Lösung der allgemeinen Rücktransformation unter Berücksichtigung von Randbedingungen. Robotersysteme 5(1989).

[4]   *Garnich, F.*: Laser-Wissen im PC gespeichert. Fertigung (1989)2.

[5]   *Milberg, J., Schuster, G.*: Modellierung von Sensoren für die Montagesimulation. ZwF 84(1989)11.

[6]   Der Schweißsensor mit dem 3D-Blick. Sonderdruck aus: Roboter (1986)5.

[7]   *Geiger, M.* (Hrsg.): Tagungsband zum Kolloquium "3D-Bearbeiten mit CO_2-Hochleistungslasern". Erlangen 1990.

[8]   *König, W., Krauhausen, M., Trappmann, H., Willerscheid, H.*: Lasermaterialbearbeitung - Systemlösungen für die Produktionstechnologie. Laser und Optoelektronik 22(1990)3,S.54/60.

[9]   *Hardock, G.*: CIM zum Anfassen - Laserschneidanlage innerhalb eines CIM-Konzepts. Laser (1991)1,S.34/35.

[10]   *Grabowski, H., Anderl, R., Schmitt, M.*: Das Produktmodell von STEP. VDI-Z 131(1989)12,S.84/96.

[11]   *Garnich, F., Schwarz, H., Schäffer, G.*: Laserroboter mit MAP-Anschluß. Produktion 5(1991)1,S.3.

[12]   *Garnich, F., Schwarz, H.*: Laser führt Laser; Intelligenter Schweißnahtfolgesensor beschleunigt Laserstrahlschweißen. Roboter 3(1990)5, S.14/18.

[13]   *Pritschow, G., Spur, G., Weck, M.*: Künstliche Intelligenz in der Fertigungstechnik. München: Hanser Verlag 1989.

4.4.3   Menschen- und umweltgerechte Konzepte zur Lasermaterialbearbeitung

*Dipl.-Ing. U. Blum, Industriegewerkschaft Metall (IG Metall), Frankfurt;
Prof. Dr.h.c. Dipl.-Wirt.Ing. Dr.-Ing. W. Eversheim, Fraunhofer Institut
für Produktionstechnologie (IPT), Aachen*

4.4.3.1   Einführung

Technologische Entwicklungen bewegen sich ständig im Spannungsfeld der Humanisierung der Arbeitswelt auf der einen und der Steigerung der Produktivität auf der anderen Seite. Innovative Produktionstechnologien sollen dabei die Wettbewerbsfähigkeit der Unternehmen im Markt erhalten und verbessern. Effektivere Produktionstechniken sollen ebenso einer Reduzierung der Kosten wie einer Steigerung der Produktqualitäten dienen. Dabei wird die erfolgreiche Einführung innovativer Technologien neben dem rein quantifizierbaren Nutzen wesentlich durch die Bedeutung für das gesellschaftliche und ökologische Umfeld bestimmt. Auch Veränderungen innerhalb der bestehenden Arbeits- und Qualifikationsstrukturen sind häufig die Folge. Somit sind Anforderungen an zukunftsorientierte Strukturen im Vorfeld abzuleiten und Konzepte zu deren Realisierung rechtzeitig zu entwickeln [1,2].

"Erste Bemühungen um die Technikfolgeabschätzung wurden vom Kongreß der Vereinigten Staaten von Amerika (USA) bereits Ende der sechziger Jahre initiiert. Ein dem Kongreß berichtendes Gremium, das 'Office of Technology Assessment', erhielt in den Jahren 1974-1978 ein Budget von 28 Mio $ US, um diese Fragen zu behandeln. In der Bundesrepublik Deutschland kam es im März 1985 zur Einrichtung einer Enquetkommission im Deutschen Bundestag zum Thema 'Einschätzung und Bewertung von Technikfolgen, Gestaltung von Rahmenbedingungen der technischen Entwicklung'" [3]. Die bestehenden Ansätze zur Technologiefolgenabschätzung sind jedoch bis heute umstritten [4,5]. Die Interdependenzen zwischen technischen Neuerungen und dem gesellschaftlichen sowie dem ökologischen Umfeld sind bis heute nur unzureichend ermittelt worden.

Die Einführung von innovativen Produktionssystemen wie beispielsweise Lasermaterialbearbeitungssysteme in die industrielle Praxis erfordert eine umfassende Einbindung der Systeme in das Produktionsumfeld. Wechselwirkungen zwischen System und inner- bzw. außerbetrieblicher Umgebung sind wesentliche Kriterien, die den Erfolg und die Anwendbarkeit neuer Produktionstechnologien bestimmen. Das Ziel weiterer Entwicklungen darf jedoch erfahrungsgemäß nicht so sehr eine Anpassung des Umfeldes an die veränderten Anforderungen durch neue, komplexe Produktionssysteme sein. Vielmehr sind bereits in der Entwicklungsphase innovativer Produktionssysteme die Anforderungen durch das Systemumfeld ausreichend zu berücksichtigen. Aus der Einbindung innovativer Technologien in ein vorhandenes betriebliches Umfeld ergeben sich daher vielfältige Faktoren, die bei der

Technologieentwicklung zu berücksichtigen sind. Dabei sind ihre nutzungsgerechte Eingliederung in das bestehende Umfeld, in die industrielle Produktionsstätte, in die Arbeitswelt und zusätzlich auch ihre ökologische Verträglichkeit wesentlich für den Erfolg der Innovation. Die im Rahmen der Eingliederung auftretenden Anforderungen an das Produktionssystem haben aus diesem Grund bereits in der Systementwicklungsphase ausreichende Berücksichtigung zu finden.

Dabei ist insbesondere dem Menschen als wichtigstem Bestandteil der Produktion mit seinen Bedürfnissen und seinen Fähigkeiten Rechnung zu tragen. Nicht nur Sicherheitsaspekte haben bei der Entwicklung moderner Produktionssysteme eine wesentliche Rolle zu spielen. Eine humanorientierte Gestaltung der Arbeitsabläufe, bediener- und wartungsfreundliche Systeme, all dies sind Forderungen, die an innovative Produktionssysteme zu stellen sind. Das Wissen praxiserfahrener Experten kann bei der Zielrealisierung wichtige Hilfestellungen bieten und sollte daher in Zukunft verstärkt Berücksichtigung finden.

So sind auch bei der Integration der Lasertechnologie neben dem Aufbau einer humanorientierten Systementwicklung Veränderungen in der Produktionsstruktur wie auch im Produktionsablauf und Weiterbildungen des Personals ebenso erforderliche Maßnahmen wie die erweiterte Berücksichtigung von Anforderungen der Arbeitssicherheit. Auch in diesen Bereichen sind zukunftsorientierte Konzepte erforderlich, die auf den vorhandenen praktischen Erfahrungen früherer Technologieeinführungen aufbauen.

Weiterhin gewinnt der Bereich der Umweltverträglichkeit zunehmend an Bedeutung [6]. Die ökologischen Auswirkungen des Lasermaterialbearbeitungssystems können nicht unberücksichtigt bleiben. Die Anforderungen an die 'Sauberkeit' der Produktion (Stichwort: clean production) und an die produktionsbedingten Auswirkungen auf ihr Umfeld steigen ständig. Bei der Ermittlung des Forschungs- und Entwicklungsbedarfes muß diesem Themenkreis eine besondere Bedeutung beigemessen werden. Konzepte zur Entwicklung von umweltgerechten Bearbeitungssystemen sind notwendig, um diesen Forderungen gerecht zu werden.

4.4.3.2 *Die Notwendigkeit erweiterter Lasten- und Pflichtenhefte*

Die besondere Leistungsstärke Deutschlands liegt in der Qualifikation seiner Menschen. Deutschland ist ein Land mit einer einzigartigen breiten Schicht von qualifizierten Facharbeitern, die als Eckpfeiler der vorherrschenden mittelständischen Produktionsstruktur angesehen werden können. Die Entwicklung von Produktionstechnologien sollte daher darauf ausgerichtet sein, dieses bestehende Potential möglichst effektiv zu unterstützen, d.h. die Technologien derart zu gestalten, daß sie den Facharbeiter bei seiner Tätigkeit optimal unterstützen und eine produktive, effektive und motivierende Tätigkeit ermöglichen. Die weiterhin zentrale Bedeutung des Menschen im Produktionsprozeß erfordert eine Ausrichtung der Technologieentwicklung hinsichtlich seiner speziellen Anforderungen an das Arbeitsumfeld, d. h. eine humanzentrierte Technologieentwicklung. Wesentliche Kriterien bei der Technologieentwicklung sind daher neben der Nützlichkeit die Benutzbarkeit und die Schädigungsfreiheit für Menschen, Betriebe, Gesellschaft und auch für die Natur.

Um diesen Anforderungen gerecht werden zu können, ist neben der Erfahrung derer, die bereits Anwendungserfahrung mit diesen Technologien gesammelt haben, auch die Erfahrung und Kompetenz von denen zu nutzen, die sich mit vergleichbaren Problematiken bei konventionellen Arbeitsmitteln beschäftigen. Auf diese Weise ist die Wiederholung früherer Fehler zu vermeiden und eine praxisbezogene Weiterentwicklung sicherzustellen. Dabei bedarf eine integrierte Lasertechnologieentwicklung neben der Mitarbeit derjenigen, die Technologien später anwenden, unbedingt auch der Mitarbeit von Fachdisziplinen der Arbeits- und Sozialwissenschaften, der Arbeitsmedizin, -pädagogik, und -sicherheit.

Eine menschen- und umweltgerechte Lasermaterialbearbeitung bedingt eine ganzheitliche Betrachtungsweise, die nicht allein auf technologische Gesichtspunkte beschränkt bleiben darf, sondern den Menschen, wie eben aufgezeigt, und die Umwelt als wichtige Faktoren einbezieht. Dies ist bereits in den ersten Phasen von Entwicklung und Konstruktion zu realisieren. Daraus ergibt sich die Forderung nach Lasten- und Pflichtenheften für die Systementwicklung, die um humanorientierte und ökologische Aspekte erweitert sind.

Die Konzeption von Systemen zur Lasermaterialbearbeitung muß sich an den Bedürfnissen und Fähigkeiten der Menschen orientieren, die mit diesen Arbeitsmitteln eine Steigerung von Produktivität, Effizienz und Flexibilität erreichen sollen. Beispielsweise ist bei der Entwicklung erweiterter Lasten- und Pflichtenhefte für Systeme zur Lasermaterialbearbeitung zu berücksichtigen, daß die Prozeßverfolgung, die Möglichkeiten des Prozeßeingriffes, entsprechend eines humanzentriert ausgerichteten Prozeßablaufes, sprich die Erfahrungslogik des Facharbeiters unterstützend, aufgebaut ist. Steuerungs- und Programmierkonzepte sind, die Erfahrungskompetenz qualifizierter Facharbeiter berücksichtigend, zu entwickeln. Bisher verwendete Programmiermethoden, meist der Datenverarbeitung entstammend, entsprechen in ihrer Logik nicht der Denkweise der Facharbeiter. Erste Lösungsansätze sind hier die werkstattorientierten Programmierverfahren. Die Planung des Programmablaufes und die technologischen Festlegungen erfolgen dabei durch den Facharbeiter [7]. Um dieses Ziel zu erreichen, ist zudem beim Aufbau der informationstechnischen Vernetzung des Unternehmens die besondere Berücksichtigung der Anforderungen der Tätigkeiten in der Fertigung erforderlich.

Wesentlicher Vorteil der humanorientierten Gestaltung innovativer Produktionssysteme ist dabei eine Verringerung des Integrationsaufwandes bei der Einführung. Der heute hohe Integrationsaufwand für komplexe Systeme in ein bestehendes Produktionsumfeld läßt sich auf diese Weise erheblich verringern.

Dieses Einsparungspotential würde dem einzelnen Anwender eine frühzeitige Anwendung der Technologie ermöglichen; auf die daraus resultierenden Wettbewerbsvorteile soll an dieser Stelle nicht näher eingegangen werden. Zur Realisierung dieses Einsparungspotentials ist eine Reduzierung des gesamten Einführungszeitraumes durch Verringerung des technologiespezifischen Qualifizierungsaufwandes anzustreben. Speziell in der Bundesrepublik Deutschland ist der Anteil an Facharbeitern groß, die mit geringem Weiterbildungsaufwand in der Lage sind, die innovativen Produktionssysteme bereits in frühen Phasen effektiv zu nutzen. Eine Portfolio-Darstellung soll diese Potentiale verdeutlichen, Bild 4-71.

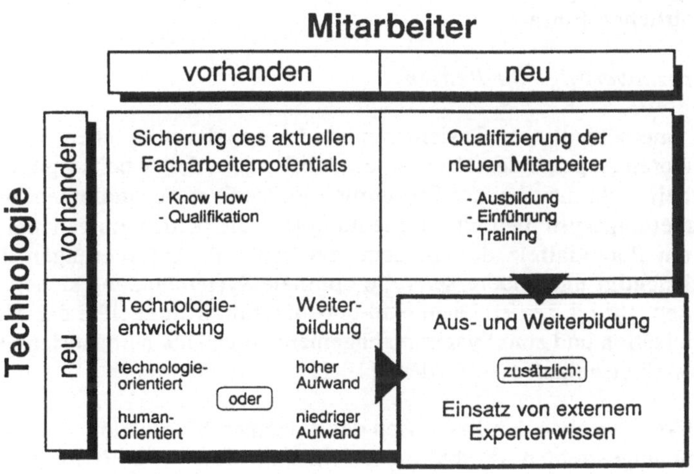

Bild 4-71:   Portfolio: Prozeßtechnologie/Mitarbeiterqualifikation

Bei vorhandener Technologie und vorhandenen Mitarbeitern liegt die Aufgabe im wesentlichen in der Bestandssicherung wie beispielsweise durch die Durchführung allgemeiner Weiterbildungen und die humanorientierte Feinoptimierung der Systeme. Bei Einführung innovativer Produktionstechnologien sind grundlegende Weiterbildungen der vorhandenen Mitarbeiter erforderlich. Bei humanorientierter Gestaltung der Systeme ist dabei jedoch ein erheblich geringerer Weiterbildungsaufwand zu leisten als bei der Einführung von Systemen, die vorwiegend technologisch orientiert entwickelt wurden.

Wesentlich bei dem technologieorientierten Ansatz ist zudem, daß häufig zusätzliche Mitarbeiter bei der Einführung innovativer Produktionstechnologie erforderlich sind. Daraus resultiert ein vergleichsweise höherer Aus- und Weiterbildungsaufwand. Zudem ist in derartigen Fällen vielfach der Einsatz externen Expertenwissens unabdingbar, um eine optimierte Produktionseinführung zu erreichen.

Neben der Berücksichtigung humanzentrierter Ansätze ist im Rahmen der Entwicklung innovativer Produktionstechnologien wie der Lasertechnologie unbedingt das potentielle Anwendungsfeld zu analysieren und den sich ergebenden Anforderungen entsprechend zu berücksichtigen. Eines der Hauptanwendungsfelder ist sicherlich die klein- und mittelständische Industrie. Daraus resultiert die Forderung Systeme für dieses Anwendungsfeld zu entwickeln. Deren Bedienungsanforderungen entsprechen sicher nicht zwangsläufig den Entwicklungen von hochautomatisierten High-tech-Lösungen für die Großindustrie. Einfach aufgebaute, vielseitig verwendbare Standardlösungen bieten hier an vielen Stellen eher die Möglichkeit für einen wirtschaftlichen Einsatz.

4.4.3.3 *Der sozialverträgliche Betrieb*

Aus der Vielzahl unterschiedlicher Gesichtspunkte des sozialverträglichen Betriebes sind im besonderen Aspekte der Mitarbeiterqualifikation, der Arbeitsorganisation sowie der Arbeitssicherheit bei der Einführung innovativer Technologien, wie Lasermaterialbearbeitungssystemen, von Bedeutung [8]. Die beiden erstgenannten Bereiche stellen ein Potentialfeld dar, in dem einerseits die Anforderungen der Mitarbeiter berücksichtigt und andererseits die optimale Systemnutzung sichergestellt werden müssen, Bild 4-72 [9]. Dazu sind unbedingt die Fähigkeiten der Mitarbeiter zur Improvisation und zum Systemmanagement durch eine humanorientierte Gestaltung des Arbeitsablaufes zu fördern [10,11].

Bestehende Konflikte zwischen den Interessen des einzelnen Mitarbeiters und dem vom Unternehmen angestrebten Produktionserfolg sind durch die Realisierung eines modernen Arbeitsorganisationsmanagements zu beseitigen. Dadurch trägt eine humanorientierte Gestaltung des Arbeitsablaufes insbesondere zum wirtschaftlichen Systemerfolg bei [12].

Die Sozialverträglichkeit innovativer Technologien ist im besonderen Maße abhängig von ihrer konkreten Ausgestaltung im betrieblichen Umfeld. Um in diesem Bereich zu vernünftigen Lösungen zu gelangen, sind Geisteswissenschaftler und Ingenieure für eine interdisziplinäre Zusammenarbeit gefordert. Die Auswirkungen technologischer Veränderungen auf das gesellschaftliche Umfeld können dabei nicht generell bewertet werden [13].

4.4.3.3.1 Gestaltung der Arbeitsorganisation

Die Gestaltung der Arbeitsabläufe des Produktionssystems muß durch die Entscheidungsverantwortlichen in der Kenntnis erfolgen, daß trotz des zunehmenden Automatisierungsgrades auch bei der Lasermaterialbearbeitung das Personal immer noch die zentrale Leistungseinheit darstellt. Gerade bei diesem komplexen Produktionssystem ist der Systemerfolg in hohem Maße von der menschlichen Arbeitsleistung abhängig [9].

Außer der reinen Prozeßkenntnis ist insbesondere bei Lasermaterialbearbeitungssystemen auch entsprechendes Wissen über den Ablauf und die Organisation der Fertigung notwendig. Zusätzlich sind bei derart komplexen Produktionsanlagen de-

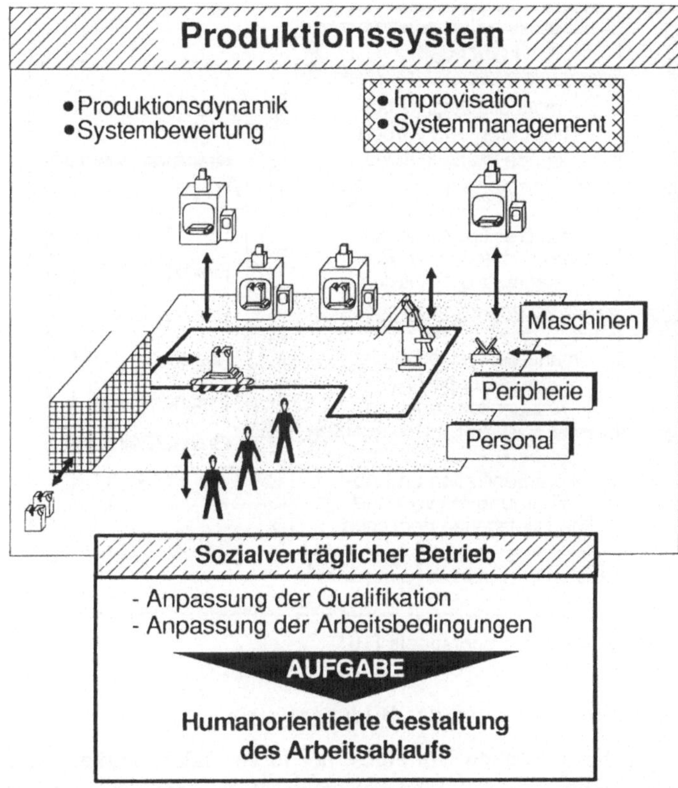

Bild 4-72: Sozialverträglicher Betrieb [9]

taillierte Systemkenntnisse erforderlich, <u>Bild 4-73</u>. Hier müssen Mitarbeiter eingesetzt werden, die nicht nur in der Lage sind, das technische System formal zu bedienen, sondern auch die systeminternen Zusammenhänge zu verstehen.

Denn gerade bei innovativen Produktionssystemen sind die Einflußmöglichkeiten des Systempersonals hoch [14]. Es ist nicht zweckmäßig, mit niedrig qualifiziertem Systempersonal und zusätzlichem Einrichtungs- und Wartungspersonal zu arbeiten, das nur im Bedarfsfall angefordert wird. In der Praxis kann die Vielzahl kleiner technischer und organisatorischer Störungen von einem geeignet ausgebildeten systemverantwortlichen Mitarbeiter selbst behoben werden. Die hiermit verbundene höhere Kompetenz und Verantwortung des systemverantwortlichen Mitarbeiters führen zu hoher Motivation und Identifikation des Personals mit der von ihm betreuten Anlage und tragen damit zu einer größeren Arbeitszufriedenheit bei [15,16].

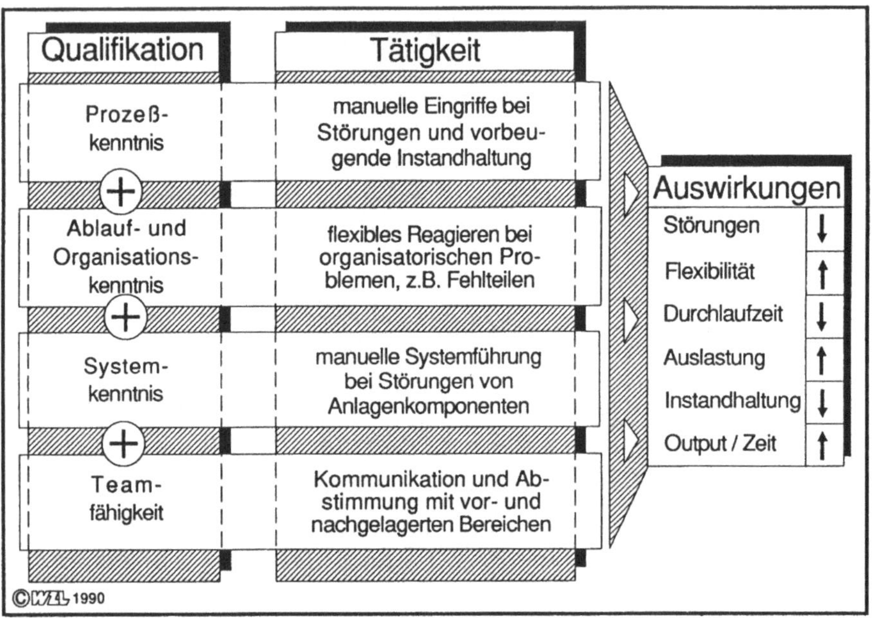

Bild 4-73:   Einflußnahme des Systempersonals [10]

4.4.3.3.2 Veränderte Anforderungen an das Bildungssystem

Ein Teilbereich des gesellschaftlichen Umfeldes, der in besonders starkem Maße von den Auswirkungen neuer Technologien betroffen ist, ist der Aus- und Fortbildungsbereich. Diesbezüglich gilt es, den, wie bereits erläutert wurde, wesentlichen Standortvorteil der Bundesrepublik Deutschland, das Facharbeiterpotential, durch geeignete Schulungsmaßnahmen langfristig zu sichern bzw. auszubauen. Nachfolgend werden die Qualitätsanforderungen innovativer Technologien an das Bildungssystem aufgezeigt und Ansätze zur Erfüllung dieser Anforderungen dargestellt.

Im Bereich der Lasertechnologie existieren heute bereits einige Bildungsangebote, die meist von Hochschulinstituten oder anderen Bildungsinstitutionen durchgeführt werden. Dennoch sind weitergehende Konzepte im Bereich der Aus- und Weiterbildung erforderlich, die den veränderten Anforderungen Rechnung tragen. Erst die Steigerung des laserspezifischen Know-how-Transfers in den Bildungsplänen kann gewährleisten, daß sowohl die hohe Qualifikation der Facharbeiter erhalten bzw.

ausgebaut als auch die bislang noch nicht vorhandene Technologieakzeptanz geschaffen wird. Dies gilt insbesondere vor dem Hintergrund, daß die Einführung innovativer Produktionstechnologie neben Qualifizierungs- und Weiterbildungsmaßnahmen für die eigenen Mitarbeiter häufig den Einsatz zusätzlicher, dann eben auch speziell ausgebildeter Mitarbeiter erfordert.
Den Veränderungen der Berufsbilder wird über den Weg der beruflichen Erstausbildung allein nicht in dem erforderlichen Umfang Rechnung getragen werden können. Mit Blick auf die Altersstruktur der Bevölkerung ist daher zu fordern, daß Maßnahmen nicht nur langfristig in der beruflichen Erstausbildung sondern auch mittel- und kurzfristig verstärkt in der beruflichen Weiterbildung ergriffen werden [17].

Die Anforderung an die Fähigkeit Probleme zu lösen nimmt zu. Damit gewinnt die konstante, lebenslange Lernfähigkeit an Bedeutung, damit das persönliche Wissen und die berufsspezifischen Fähigkeiten der Mitarbeiter auf einem möglichst aktuellen Stand gehalten werden können [18]. Der insgesamt steigende Bedarf an Qualifikation im Rahmen der beruflichen Aus- und Weiterbildung kann jedoch mit den bestehenden Modellen institutionalisierter Bildungsarbeit nur schwer gedeckt werden. Der Verzug zwischen der Entwicklung neuer Technologien in den Forschungsinstituten der Industrie und der Hochschulen auf der einen Seite sowie der flächendeckenden Qualifikation der Arbeitnehmerschaft auf der anderen behindert häufig den produktionsspezifischen Fortschritt.

Neue Konzepte der Aus- und Weiterbildung, <u>Bild 4-74</u>, sollten sich aufgrund positiver Erfahrungen am bestehenden dualen Ausbildungssystem orientieren. Hier sind Modelle zu entwickeln, um auch kleinere und mittlere Unternehmen in die Lage zu versetzen, ihren Bedarf an qualifiziertem Personal selbst ausbilden zu können. Bislang sind diese Unternehmen vielfach gezwungen, ihre hochqualifizierten Fachkräfte durch überhöhte Gehaltsangebote bei Großunternehmen zu rekrutieren [3]. In der praktischen Ausbildung gewinnt dabei die überbetriebliche Komponente der Aus- und Weiterbildung an Bedeutung.

Unterschiedliche Konzepte der inner- und überbetrieblichen Aus- und Weiterbildung werden bereits mit Erfolg als Pilotanwendungen praktiziert [3]. Überbetriebliche Qualifizierungsmaßnahmen werden von verschiedenen Bildungsträgern durchgeführt. Neben Hochschulen, Bildungswerken und Kammern treten vermehrt Systemhersteller, wie eben auch die Hersteller von Lasermaterialbearbeitungssystemen, mit immer umfassenderen Kursangeboten in Erscheinung. Berufsakademien als Ausbildungsstellen höherqualifizierter Arbeitnehmer haben sowohl auf Seiten der Auszubildenden als auch auf Seiten der Unternehmen Anklang gefunden. Auch die Hochschulen werden sich nach der Erstausbildung der geburtenstarken Jahrgänge vermehrt für Aufgaben der beruflichen Weiterbildung öffnen können. Erste Ansätze werden im angelsächsischen Raum bereits erprobt und sind durchaus als erfolgversprechend zu bezeichnen [4,19].

Bei den innerbetrieblichen Aus- und Weiterbildungsmaßnahmen liegen gute

Erfahrungen mit Ansätzen zur Selbstqualifizierung der Mitarbeiter vor. Die Institutionen, die in diesem Zusammenhang in den Unternehmen entstanden sind, tragen zwar die verschiedensten Bezeichnungen, sie funktionieren jedoch nach sehr ähnlichen Prinzipien [17]. Gruppen von Mitarbeitern lernen, ihren eigenen Arbeitsbereich vor dem Hintergrund des abteilungsübergreifenden Zusammenwirkens im

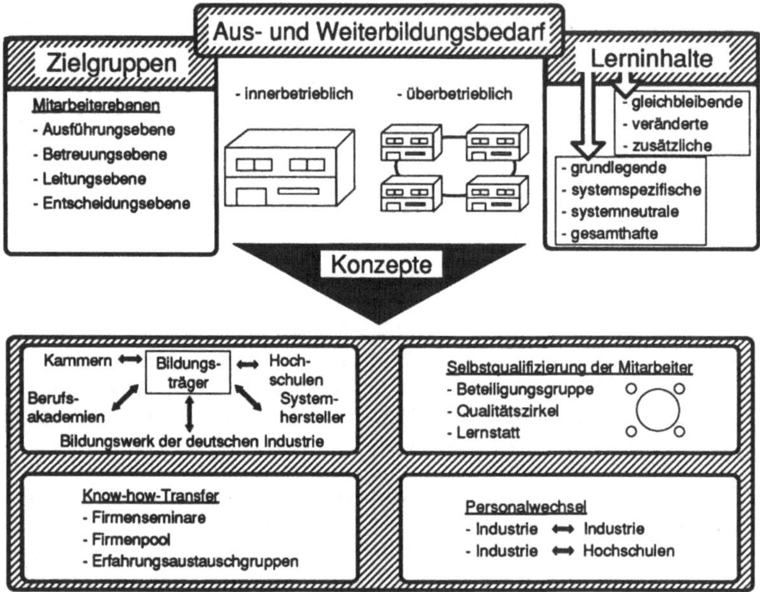

Bild 4-74:   Konzepte zur beruflichen Aus- und Weiterbildung [3]

Hinblick auf Schwachstellen zu analysieren und Lösungsansätze selbständig zu erarbeiten. Die Angst vor dem Lernen, die sich besonders bei den Arbeitnehmern einstellt, die selbst schon längere Zeit der beruflichen Ausbildung entwachsen sind, kann dabei durch pädagogisch geschultes Lehrpersonal abgebaut werden [20].

4.4.3.4 Die Bedeutung der ökologischen Zielsetzungen

Die humanorientierte Gestaltung der Lasertechnologie darf sich jedoch nicht ausschließlich auf eine qualifikationsgerechte Prozeßentwicklung, eine menschengerechte Gestaltung der Arbeitsorganisation bzw. auf den Erhalt eines anforderungsgerechten Bildungssystems beschränken. Es sollte oberstes Ziel der Laserforschung sein, eine Technologie zu entwickeln, die aus sicherheitstechnischen und humanmedizinischen Gesichtspunkten ein minimales Gefährdungspotential birgt. Es wurde bereits auf den entsprechenden Bedarf arbeitswissenschaftlicher und -medizinischer Mitgestaltung bei der Technologieentwicklung hingewiesen.

Das interdisziplinäre Streben nach einer sicherheitstechnisch und arbeitsmedizinisch einwandfreien Lasertechnologie darf jedoch bezüglich der Betrachtungsgrenzen nicht lokal auf einzelne Arbeitsplätze beschränkt werden, die direkt mit dem Bearbeitungsprozeß konfrontiert werden. So ist es beispielsweise nicht vertretbar, wenn evtl. Schadstoffemissionen an einem Laserschneidsystem mit hohem apparativem Aufwand von den Mitarbeitern an der Bearbeitungsanlage ferngehalten werden, die Schadstoffe dann aber ungefiltert durch den Abzug an die regionale Umgebung des Unternehmens abgegeben werden. Erkennt man den Menschen als einen Teil seiner Umwelt, so ist das Streben nach humanorientierten Produktionstechnologien zwangsläufig mit dem Streben nach umweltgerechten Produktionstechnologien verbunden.

Vor dem Hintergrund unserer volkswirtschaftlichen Mechanismen drängt sich diesbezüglich jedoch folgende Fragestellung auf: Resultieren aus der humanorientierten Forderung u.a. nach ökologischen Produktionskonzepten einerseits und der marktwirtschaftlichen Forderung nach ökonomischen Produktionskonzepten andererseits nicht zwei konträre Zielsetzungen? - Während diese Fragestellung in der Vergangenheit nur allzuoft bejaht wurde, zeichnet sich für Gegenwart und Zukunft eine grundlegende Wandlung dieser Begriffsverständnisse ab. In Theorie und Praxis offenbart sich eine stetige Integration von Umwelt- und Wirtschaftlichkeitsorientierung. Ökologisch und ökonomisch motivierte Gestaltungen von Aktionsparametern können mittel- bis langfristig als nahezu deckungsgleich dargestellt werden [21,22].

Hintergrund dieser Entschärfung des Zielkonfliktes ist unter anderem die späte Erkenntnis, daß die konsequente Einführung umweltorientierten Managements letztendlich vielfältigen Nutzengewinn für ein Unternehmen birgt. So resultiert aus angewandtem Umweltschutz nicht nur die vordergründige Reduzierung von Umweltbelastungen. Durch die Entwicklung umweltfreundlicherer Produkte und Dienstleistungen wird auch eine Erschließung neuer Märkte initiiert, <u>Bild 4-75</u> [23]. Die Sensibilisierung des allgemeinen Umweltbewußtseins bewirkt parallel, daß von dem Attribut 'umweltverträglich' eine positive Wettbewerbswirkung ausgeht [9]. Ausgangspunkt ist der in letzter Zeit eingetretene gesellschaftliche Wertewandel.

Aber nicht nur Produkt- sondern auch Verfahrensinnovationen, wie die Einführung von Lasermaterialbearbeitungssystemen, sind bezüglich der Kriterien Umweltfreundlichkeit und -sicherheit zu untersuchen. So stellt sich im Rahmen der Lasermaterialbearbeitung beispielsweise die schon angesprochene Entsorgungsproblematik der beim Prozeß entstehenden Dämpfe oder die Frage nach einer effizienten Energieumwandlung.

Das wirtschaftlich vordergründige Argument für die konsequente Berücksichtigung des Umweltschutzes bei der Investitions- und Innovationsplanung innovativer Technologien wie der Lasertechnologie sind jedoch die vorteilhaften Einflüsse auf die unternehmensspezifischen Konsequenzen staatlicher Umweltpolitik. Durch den

Einsatz umweltpolitischer Instrumente, wie Steuern, Abgaben, Grenzwerte, Gebote, Verbote u.ä., wird seitens der Legislative versucht, mittelbar und unmittelbar umweltgerechtes Verhalten zu forcieren. Die diesbezüglichen Realisierungsansätze werden im allgemeinen so ausgerichtet, daß, wenn umweltbelastendes Handeln schon nicht verhindert werden kann, den Umweltschädigern zumindest die resultierenden Sozialkosten angelastet werden [24,25].

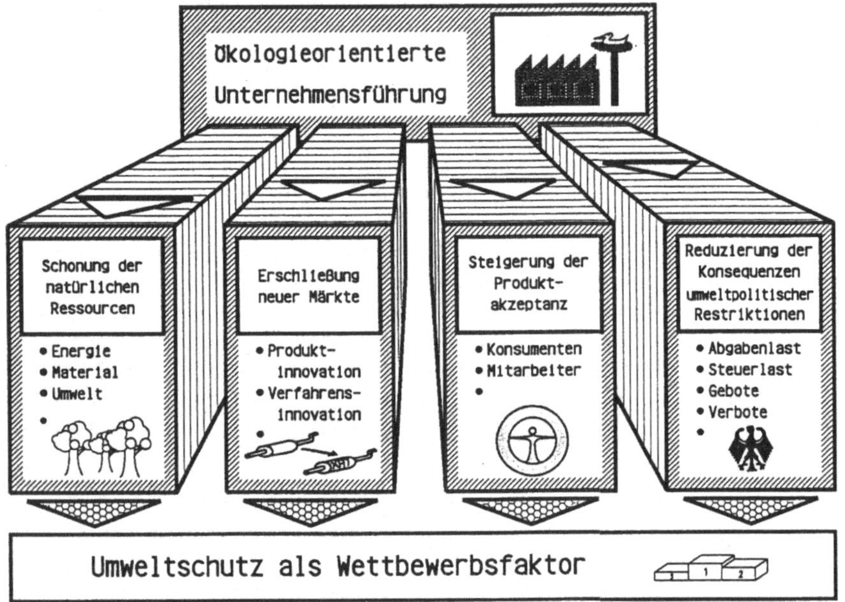

Bild 4-75:   Umweltorientierte Unternehmensführung: Motivation für den Unternehmer

In Hinblick auf die Verrechnung der anfallenden Umweltkosten bedeutet eine solche Vorgehensweise eine Abkehr vom bis dato praktizierten Gemeinlastprinzip und eine Hinwendung zum Verursacherprinzip. Diese Form der Umweltpolitik wird für das einzelne Unternehmen insofern spürbar, als daß sich umweltbelastendes Handeln verteuert, während umweltfreundliches Agieren relativ kostengünstiger wird und zu entsprechenden Kostenvorteilen führt.

Insbesondere in Deutschland herrscht auf der politischen Ebene mittlerweile parteiübergreifend Übereinstimmung darüber, daß zur Sicherung und zum Ausbau unseres Wohlstandes diese Weiterentwicklung der sozialen Marktwirtschaft zur ökologisch-sozialen Marktwirtschaft notwendig ist.

Offensiv energie- und rohstoffbewußtes Eigenverhalten des Unternehmens dürfte vor dem Hintergrund weiterer staatlich verordneter Restriktionen daher die beste Möglichkeit sein, diesbezüglich nicht in unangenehmen Zugzwang zu geraten [16].

Zur Minderung des Energie- und Materialeinsatzes bieten sich für Unternehmen vielfältige Strategien an. Für die Unternehmen der Industrie erweist es sich als zweckmäßig, die Einsparpotentiale technischer Innovationen umfassend zu nutzen. Durch die anwendungsgerechte Umsetzung von Produkt-, Verfahrens- wie auch von Werkstoffinnovationen lassen sich oft enorme Faktoreinsparungen realisieren. Der Laser als Materialbearbeitungssystem stellt aufgrund seiner Flexibilität dabei sicherlich eine aus technologischer Sicht wertvolle Verfahrensinnovation dar. Jedoch ist in jedem Einzelfall besonders hinsichtlich des Energieverbrauches eine gesonderte Betrachtung erforderlich, ob sich ein Lasereinsatz ökonomisch und ökologisch tatsächlich rechtfertigen läßt.

In welchem Zeitraum eine dauerhafte Reduktion der Faktoreinsätze verwirklicht werden kann, ist abhängig vom Umsetzungsaufwand der Innovation. Entsprechend ihrem Zeitbezug können Möglichkeiten zur Umsetzung einer ökologieorientierten Unternehmensführung wie folgt in die übergeordnete Unternehmensplanung integriert werden, <u>Bild 4-76</u>. Auf operativer Ebene besteht die Möglichkeit, beispielsweise durch ökologieorientierte Werkstoffauswahl, energiebewußte Maschinenbelegung usw., kurzfristig eine Minderung des Ressourcenverzehrs zu realisieren. Mit dem Vorteil einer kurzen Umsetzungsdauer ist jedoch im allgemeinen die Einschränkung verbunden, vergleichsweise nur geringe Faktoreinsparungen erzielen zu können.

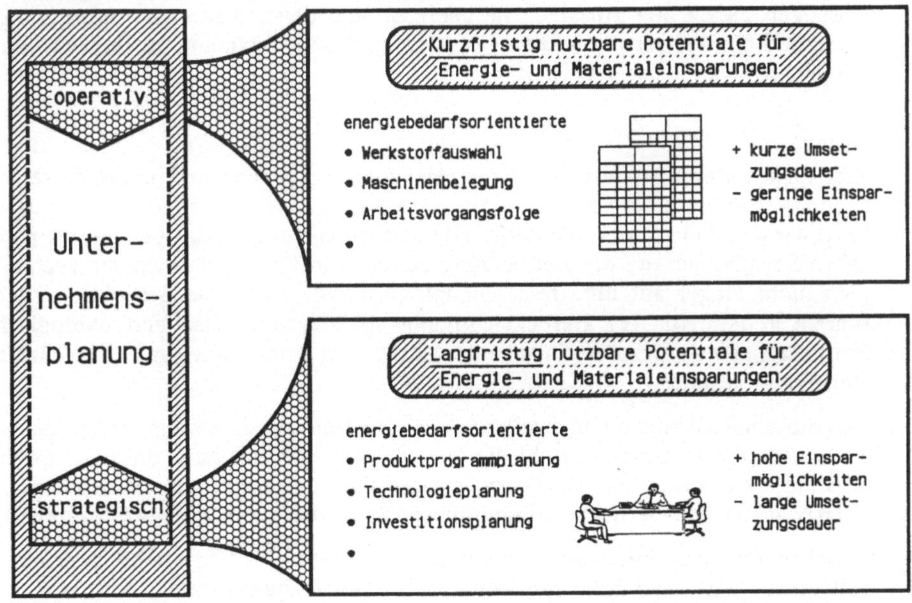

Bild 4-76: Möglichkeiten zur Realisierung einer ökologieorientierten Unternehmensführung

Große Einsparungspotentiale lassen sich dagegen nutzen, wenn in die Bereiche der langfristig orientierten Unternehmensplanung Aspekte des Umweltschutzes bzw. der Energieeinsparung eingebunden werden. Entsprechende Rationalisierungsansätze bieten sich bei geeigneter Gewichtung des Produktprogramms, aber insbesondere im Rahmen der Technologie- und Investitionsplanung. Wird in diesen Bereichen der Produktionssystemplanung die Entscheidungsfindung hinsichtlich energie- und materialsparenden Technologien forciert, gelingt es, energetische, und damit letztendlich auch monetäre (s.o.) Aufwendungen drastisch zu reduzieren.

Der Laser als Materialbearbeitungssystem stellt eine technische Alternative zu herkömmlichen Materialbearbeitungsverfahren dar. Die dargelegten Argumente sollen jedoch verdeutlichen, daß bezüglich der Einführung einer innovativen Technologie bei jeder einzelnen Investitionsentscheidung nicht nur eine technologisch/wirtschaftliche Betrachtung sondern auch eine ökologieorientierte Betrachtung als Entscheidungsgrundlage dienen muß.

Insbesondere der Lasereinsatz in klein- und mittelständischen Unternehmen, die sich oftmals nicht in der Lage sehen, einen hohen Aufwand zur Vermeidung von belastenden Umweltfolgen zu leisten, erfordert Systeme, die derartigen Anforderungen bereits Rechnung tragen. Einfache, gut durchstrukturierte Standardlösungen sind an dieser Stelle eher gefordert als hochautomatisierte Anlagen mit großer Flexibilität. Auch Baukastensysteme zur Konfiguration anwenderorientierter Lösungen bieten hier Ansätze, die geeignet sind den erweiterten Anforderungen bezüglich Umweltverträglichkeit in gleichem Maße Rechnung zu tragen wie der wirtschaftlichen Anwendbarkeit.

4.4.3.5 *Zusammenfassung*

Ziel dieses Beitrages war es, Konzepte zum menschen- und umweltgerechten Produktionseinsatz der Lasertechnologie aufzuzeigen. Diesbezüglich wurde darauf hingewiesen, daß vor dem Hintergrund einer zunehmend sozial- und umweltpolitischen Sensibilisierung die Betrachtung bei der Einführung innovativer Technologien nicht länger auf eine rein technologisch/wirtschaftliche Sichtweise zu beschränken ist. Nur bei Berücksichtigung sozialverträglicher und ökologischer Betrachtungen werden den Entscheidungsträgern alle relevanten Informationen zur Verfügung gestellt.

Aus diesem Zusammenhang ergibt sich die Notwendigkeit erweiterter Lasten- und Pflichtenhefte, in denen sowohl die humanorientierten als auch die ökologischen Aspekte die erforderliche Berücksichtigung finden. Bereits in der Systementwicklungsphase ist die Berücksichtigung dieser Zielkriterien unbedingt erforderlich.

Daneben erfordert eine humanorientierte Produktion die Erarbeitung neuer arbeitsorganisatorischer Konzepte und den Aufgaben angemessen qualifiziertes und motiviertes Personal. Dementsprechend ergibt sich auch die Notwendigkeit einer Anpassung des bestehenden Bildungssystems an die geänderten Anforderungen.

Hierzu wurden entsprechende Ansätze aufgezeigt.

Nur bei Verwirklichung dieser Zielsetzungen ist zukünftig die erfolgreiche industrielle Umsetzung innovativer Produktionstechnologien gewährleistet.

4.4.3.6 Literatur zu Abschnitt 4.4.3

[1]   Förderung der Entwicklung humaner Arbeitsbedingungen. Neues Forschungs- und Entwicklungsprogramm "Arbeit und Technik", vom Bundeskabinett beschlossen. In: Sicherheitsingenieur (1990)1.

[2]   Neues Programm schützt den Menschen und hilft der Wirtschaft - Vorsorge bei der Technikgestaltung steht im Vordergrund Bundesministerium für Forschung und Technologie, BMFT-Journal (1989)1.

[3]   *Eversheim, W.*: Einsatz neuer Produktionstechnologien - Chancen und Risiken. In: Arbeit und Technik, Hochschuldidaktisches Zentrum der RWTH Aachen, 1987.

[4]   *Detzer, T.*: Technikbewertung als Werkzeug zu Techniksteuerung. In: VDI-Z 128(1986)12.

[5]   *Schumpeter, J.*: Theorie der wirtschaftlichen Entwicklung. 6.Aufl., Berlin 1984.

[6]   *Hilse, G.*: Gießereien - weniger Belastungen durch neue Technologien. In: Der Gewerkschafter (1985)1.

[7]   *Brödner, P., Pekruhl, U.*: Rückkehr der Arbeit in die Fabrik. Institut Arbeit und Technik. Essen 1991.

[8]   IG Metall: Technikentwicklung und Techniksteuerung. In: Die andere Zukunft - Solidarität und Freiheit. Köln 1988.

[9]   *Weck, M., Eversheim, W., König, W., Pfeifer, T.*: Wettbewerbsfaktor Produktionstechnik. Hrsg.: Aachener Werkzeugmaschinen-Kolloquium. Düsseldorf: VDI-Verlag 1990.

[10]   *Koubek, N., Hinze, D., Maisch, K.*: Einzelwirtschaftliche Investitionsentscheidungen und Arbeitssysteme. Bundesministerium für Forschung und Technologie. Bonn 1980.

[11]   *Noack, M., Wegner, K., Gluck, D., Dienhard, U.*: CIM - Integration und Vernetzung: Chancen und Risiken einer Innovationsstrategie. Berlin: Springer-Verlag 1990.

[12]   *Willenbacher, K.*: Motivationswirkung leistungsbezogener Entgeltsysteme in Gegenwart und Zukunft. Bergisch-Gladbach 1989.

[13]   *Rogge, P.-G.*: Fortschrittliche Betriebsführung und Industrial Engineering. Rationalisierung zwischen Wirtschaftlichkeit und Menschlichkeit. REFA-Verband für Arbeitstudien und Betriebsorganisation. Darmstadt 1981.

[14]   *Borns, H.*: Drei Jahre HDA-Beratung der IG Metall - Eine Zwischenbilanz. In: Industriegewerkschaft Metall. 1983.

[15]   *Pieper, A.*: Menschengerechte Arbeitsplatzgestaltung. Köln 1986(108).

[16]   *Bleicher, S.*: Fabrik der Zukunft - Flexible Fertigung, neue Produktionskon-

zepte und gewerkschaftliche Gestaltung. Hamburg 1988.

[17]   *Wilms, D.*: Die berufliche Weiterbildung ist eine Zukunftsinvestition für die Wirtschaft. Handelsblatt, 31.12.1985.

[18]   *Leontief, W., Duchin, F.*: The Future Impact of Automation on Workers. Oxford University Press. New York, Oxford 1986.

[19]   *Mohr, B.*: Arbeiten und lernen - Weiterbildung ein großes Thema der neunziger Jahre. Frankfurter Allgemeine Zeitung, 23.12.1989.

[20]   Humanisierung der Arbeit in einem mittelständischen Unternehmen der druck- und papierverarbeitenden Industrie durch den Einsatz neuer Technologien in Verbindung mit Arbeitszeitflexibilisierung und Arbeitsplatzgestaltung. In: DLR Jahresbericht 1988/89. Bonn 1989.

[21]   *Dyllick, T.*: Ökologisch bewußtes Management. In: Die Orientierung. Hrsg.: Schweizerische Volksbank. Bern 1990.

[22]   *Voss, G.*: Wettbwerbsvorteile von Morgen. In: Umwelt (1988)5.

[23]   *Gege, M.*: Vorwort. In: Umweltorientierte Unternehmensführung. Hrsg.: *A. Oberholz*, Frankfurt (Main), 1990.

[24]   Jahresbericht. Hrsg.: Umweltbundesamt. Berlin 1989.

[25]   *Plein, P.-A.*: Umweltschutzorientierte Fertigungsstrategien. Dissertation Universität Köln, 1988.

[26]   *Oberholz, A.*: Umweltorientierte Unternehmensführung. Frankfurt (Main) 1990.

Anhang 1: Bogen zur Ideenfindung

<u>Ausgangssituation und Zielsetzung der Fragebogenaktion</u>

Der Laser hat sich in der Materialbearbeitung nach einigen Anlaufproblemen mittlerweile die
Position einer Schlüsseltechnologie gesichert. Die Forschungsaktivitäten auf dem Gebiet der
Verfahrens- und Prozeßtechnologie wurden in der Vergangenheit für die verschiedenen Verfah-
rensvarianten, Werkstoffe und Anlagenkomponenten verstärkt vorangetrieben. Denkt man als
möglicher Laseranwender über den Einsatz des Lasers im eigenen Betrieb nach, wird man jedoch
feststellen, daß auf dem Weg von der Auswahl der zu bearbeitenden Werkstücke bis zur Einführung des dazu benötigten Lasersystems viele Fragen offen bleiben, bzw. nicht ohne externe Hilfe
beantwortet werden können. Mit Hinblick auf die **Anwendung der Lasertechnologie im industriellen Umfeld** fehlen z.B. für die Produktionsbereiche Konstruktion, Arbeitsvorbereitung und
Fertigung bisher geeignete planerische Hilfsmittel. Auch bestehen Defizite hinsichtlich der Anpassung der Lasersysteme an die betrieblichen Bedürfnisse.

Aus diesen Gründen ist die Zielsetzung dieses Vorhabens in zwei Teilaspekte gegliedert. Zum
einen sollen die **Anforderungen seitens der potentiellen Anwender von Lasersystemen bezüglich der betrieblichen Praxis** ermittelt werden. Hierzu wird die hier vorliegende Fragebogenaktion durchgeführt. Sie richtet sich zum einen an die (möglichen) Anwender von Lasersystemen und
zum anderen an Firmen und Institutionen die mit der Entwicklung, dem Vertrieb oder der Planung
solcher Systeme befaßt sind. Als **Suchfelder** für in Zukunft erforderliche Entwicklungsaktivitäten
werden zum einen der Planungsprozeß von der ersten Auseinandersetzung mit der Lasertechnologie bis hin zum Betrieb der eigentlichen Anlage (**s. Bild 1**) und zum anderen das Lasersystem mit
allen Subkomponenten und Schnittstellen (**s. Bild 2**) verwendet.

In einem zweiten Arbeitsschritt wird diesen Soll- Größen das bisher verfügbare Potential der
Lasertechnologie in der Materialbearbeitung gegenübergestellt. Dementsprechend sind in dem
Fragebogen auch Antwortfelder mit Hinblick auf bereits durchgeführte Entwicklungsarbeiten bzgl.
des produktionstechnischen Einsatzes der Lasertechnologie vorgesehen.

Ergebnis der Untersuchungen ist unter anderem ein Maßnahmenkatalog, der ausgehend von den
bestehenden Defiziten bei Planung und Einsatz der Lasertechnik Forschungsschwerpunkte zu
deren Behebung aufzeigt. Diese Maßnahmen werden zu Paketen geschnürt, die wiederum zu
einem späteren Zeitpunkt vom VDI-TZ bzw. BMFT bei der Ausschreibung für das Verbundprojekt **"Grundlagen lasergerechter Konstruktion und Fertigung"** berücksichtigt werden.

Systemplanung

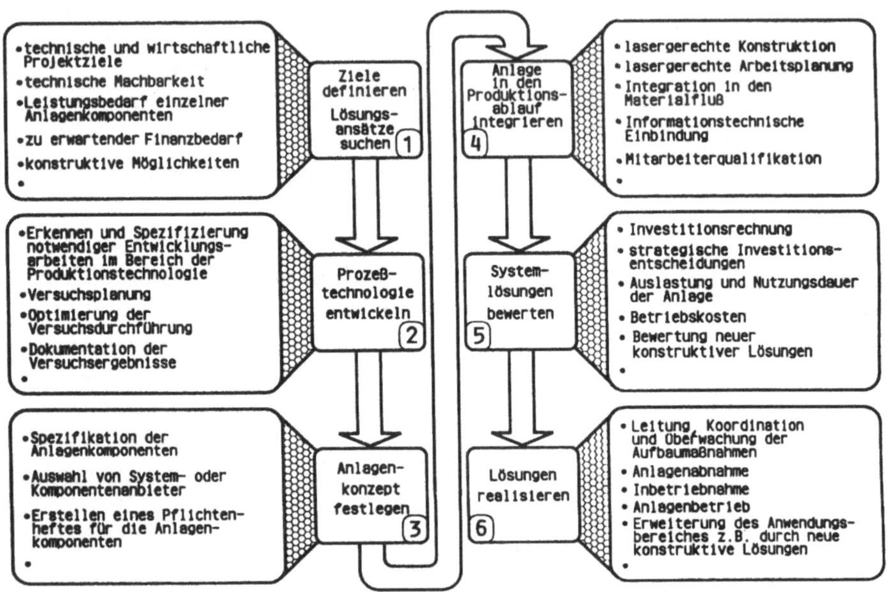

Bild 1: Vorgehensweise bei der Planung eines Laserstrahlmaterialbearbeitungssystems

Im **Bild 1** sind die erforderlichen Planungsschritte zur Realisierung einer Applikation auf dem Gebiet der Laserstrahlmaterialbearbeitung aufgeführt. Diese Vorgehensweise unterscheidet sich von der bei konventionellen Investitionsobjekten üblichen, weil die Laseranwendung meist einen innovativen Charakter besitzt. Oft sind aufwendige Prozeßentwicklungen notwendig, deren finanzielles Risiko durch gezielte Ermittlung und Bewertung von Lösungsansätzen eingegrenzt werden muß. Auch ist die Festlegung des Anlagenkonzeptes und die anschließende Integration in den Produktionsprozeß umfangreicher als bei konventionellen Fertigungstechnologien.

Wesentlich bei der vorgestellten Vorgehensweise ist, daß während des Ablaufes der einzelnen Planungsschritte laufend ein Abgleich mit den anfangs definierten Zielen erfolgt. Eine Bewertung der Systemlösungen darf nicht nur am Ende der Planungen erfolgen, sondern sollte diese begleiten. Auch nach der Realisierung sollten die Investitionsobjekte kostenmäßig überwacht werden.

Die vorgestellten Planungsstufen und die im Bild aufgeführten Stichpunkte dienen im Fragebogenteil als Suchfeld zur Identifikation von Defiziten und des Handlungsbedarfes zum Thema "Lasergerechte Konstruktion und Fertigung".

Systementwicklung

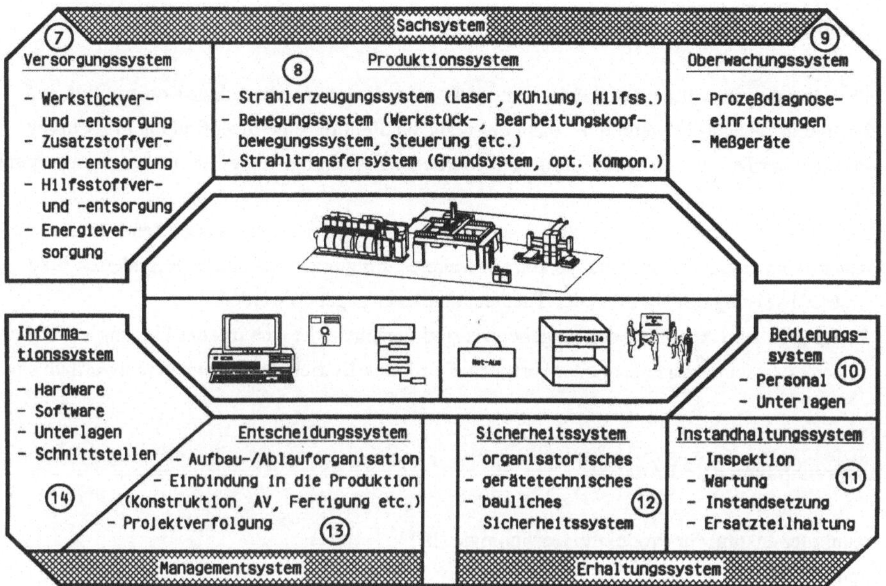

Bild 2: Komponenten eines Laserstrahlmaterialbearbeitungssystems

Häufig werden bei der Diskussion um Laserstrahlanlagen nur die reinen Hardwarekomponenten berücksichtigt (s. **Bild 2** "Sachsystem"). Im praktischen, industriellen Einsatz von Laseranlagen sind jedoch noch weitere Komponenten von Bedeutung. Aus diesem Grund beinhaltet die hier verwendete Systemdefinition neben dem Sachsystem auch periphere Komponenten und Sachverhalte, die im Bild als Erhaltungs- und Managementsystem bezeichnet sind.

Das **Sachsystem** umfaßt alle Geräte und Komponenten, die zur unmittelbaren Prozeßdurchführung benötigt werden. Das **Erhaltungssystem** besteht aus Subsystemen, die zur Aufrechterhaltung eines stationären Betriebszustandes erforderlich sind. Im **Managementsystem** sind alle Elemente zusammengefaßt, die für das Vorbereiten oder Fällen von Entscheidungen sowie die Verarbeitung von Informationen verantwortlich sind.

Im Fragebogenteil werden gezielt die einzelnen Subsysteme angesprochen. Hierbei werden Informationen über nach Ihrer Ansicht erforderliche Entwicklungstätigkeiten für einzelne Subsysteme und/oder der Schnittstellen zur Erhöhung der **Praxistauglichkeit** von Laseranlagen erbeten.

Allgemeine Hinweise

Ausfüllen des Fragebogens

* Der Fragebogen sollte im Sinne der Thematik "Grundlagen lasergerechter Konstruktion und Fertigung" ausgefüllt werden. Er dient quasi als Suchfeld für eine Ideenfindung in Richtung bestehender Defizite und demzufolge erforderlicher Forschungs- und Entwicklungsschwerpunkte.
* Stichworte und kurze Erläuterungen sind zur Bearbeitung der Fragen ausreichend. Ist der vorgesehene Platz nicht ausreichend, so können weitere Anregungen auf einem gesonderten Blatt unter Zuweisung der Nummer des Themenkomplexes gegeben werden.
* Zielgruppe zum Ausfüllen des Fragebogens sind Personen, die sich mit der Planung von Lasersystemen auseinandersetzen, oder Personen die für den Betrieb der Anlage verantwortlich sind.

Ansprechpartner und Adresse

Fraunhofer-Institut für Produktionstechnologie (IPT)
Steinbachstr. 17
5100 Aachen

z.Hd. Dipl.-Ing. H. Schunk   oder   Dipl.-Ing. H. Trappmann
     Tel.: 0241/8904-169   Tel.: -164

Einsende-Termin

<u>31.September 1989</u>

Ergebnisse

* Die Ergebnisse der Befragung werden den Teilnehmern anschließend zur Verfügung gestellt.

Fragebogen Lasertechnik

Firma / Institution
____
____

Abteilung _______________________________________
Straße / Postfach _______________________________________
Ansprechpartner _______________________________________
(Vorname, Name, Titel)
Telefon _______________________________________

Anzahl Beschäftigte   ☐   Laserart : ND-YAG ☐
davon im Bereich Laser   ☐ CO_2 ☐
davon wissenschaftliche Kräfte   ☐   Laserleistung von ☐ bis ☐ kW

Verfahren (Schwerpunkte) :

Schneiden ☐ weitere Bearbeitungen _____________ ☐
Oberflächenbehandlung ☐ _____________ ☐
Schweißen ☐ _____________ ☐

Teilespektrum : Anzahl unterschiedlicher Teile ☐

Losgrößen von ☐ bis ☐

Art (z.B. Geometrie, Größe, Gewicht, Verwendung):
____
____

Ordnen Sie sich bitte einem der folgenden Bereiche zu :

☐ Forschungsinstitut / wissenschaftliche Einrichtung
☐ Planungsbüro / Unternehmensberatung
☐ Lohnfertiger
☐ Produzierender Betrieb
☐ Anbieter von Laserkomplettlösungen
☐ Anbieter von Laserkomponenten

Lasereinsatz : ☐ Forschung und Entwicklung   ☐ Produktion

Themenkomplex 1: Am Anfang einer Entscheidung für den Lasereinsatz müssen die Ziele, die damit erreicht werden sollen, definiert und möglichst quantifiziert werden. Desweiteren sind korrespondierend zum in Frage kommenden Werkstückspektrum die entsprechenden technischen und finanziellen Eckdaten der benötigten Laseranlage zu ermitteln.

durchgeführte Entwicklungsarbeiten

geplante Entwicklungen/Bedarf

Themenkomplex 2: Haben die Voruntersuchungen gezeigt, daß ein oder mehrere Anlagenkonzepte erfolgversprechend sind, ist die zugehörige Prozeßtechnologie zu entwickeln bzw. die technische Machbarkeit zu überprüfen. Aus Kostengründen sollte die Versuchsdurchführung, Dokumentation etc. möglichst effektiv gestaltet werden.

durchgeführte Entwicklungsarbeiten

geplante Entwicklungen/Bedarf

Themenkomplex 3: Neben den Prozeßparametern resultieren aus den Versuchen technische Mindestanforderungen an die einzusetzende Anlage. Neben den "prozeßnahen" sind jedoch auch periphere Anlagenkomponenten zu spezifizieren. Alle Anforderungen sollten z.B. in Form eines Pflichtenheftes dokumentiert werden.

durchgeführte Entwicklungsarbeiten

geplante Entwicklungen/Bedarf

Themenkomplex 4: Um eine optimale Eingliederung der Laseranlage in den Produktionsablauf sicherzustellen, ist die Anlage auch räumlich und organisatorisch einzubinden. Hierbei sind unter anderem die Einflüsse auf andere Betriebsbereiche wie z.B. Konstruktion, Arbeitsvorbereitung etc. zu berücksichtigen. Auch Fragen der Personalqualifikation sind in diesem Zusammenhang von Bedeutung.

durchgeführte Entwicklungsarbeiten

geplante Entwicklungen/Bedarf

Themenkomplex 5: Ergebnis einer solchen Planung sind in der Regel verschiedene Anlagenalternativen, die nun verglichen und bewertet werden müssen. Neben rein monetären Größen spielen hierbei z.B. auch Aspekte der Lieferantenbewertung eine Rolle.

durchgeführte Entwicklungsarbeiten

geplante Entwicklungen/Bedarf

Themenkomplex 6: Ist die Entscheidung für eine bestimmte Anlage getroffen, muß diese bestellt und die Einführung im Betrieb detailliert geplant und vorbereitet werden. Unter anderem ist zu überlegen, wo und wie die Anlage abgenommen werden soll.

durchgeführte Entwicklungsarbeiten

geplante Entwicklungen/Bedarf

Themenkomplex 7: Die Laserbearbeitung erfordert die Versorgung der Anlage mit Werkstücken, Gasen, Zusatzstoffen und Energie. Um einen reibungslosen Betrieb sicherzustellen, müssen die entsprechenden Versorgungseinheiten auf die Erfordernisse der Praxis unter technischen, wirtschaftliche und organisatorischen Gesichtspunkten abgestimmt sein.

durchgeführte Entwicklungsarbeiten

geplante Entwicklungen/Bedarf

Themenkomplex 8: Das Produktionssystem umfaßt alle Komponenten einer Laseranlage, die direkt am Prozeß beteiligt sind. Zur Verbesserung des Verhaltens dieser Komponenten im industriellen Einsatz sind noch umfangreiche Entwicklungsarbeiten erforderlich.

durchgeführte Entwicklungsarbeiten

geplante Entwicklungen/Bedarf

Themenkomplex 9: Die meßtechnischen und Prozeßdiagnoseeinrichtungen in einer Anlage sind eng verknüpft mit dem Überwachungsaufwand durch das Bedienpersonal und der Reproduzierbarkeit des Bearbeitungsergebnisses. Durch Investitionen in eine Prozeßdiagnose können unter Umständen aufwendige Nacharbeits- und Kontrollarbeitsgänge entfallen.

durchgeführte Entwicklungsarbeiten

geplante Entwicklungen/Bedarf

Themenkomplex 10: Da Laseranlagen meist mehrschichtig gefahren werden und der Umgang mit ihnen hohe Sachkenntnis erfordert, sind Fragen des Personalbedarfs und der Personalqualifikation von großer Bedeutung. Auch müssen in der Regel Schulungsmaßnahmen für alle Betroffenen durchgeführt werden.

durchgeführte Entwicklungsarbeiten

geplante Entwicklungen/Bedarf

Themenkomplex 11: Da aufgrund der hohen Investitions- und Betriebskosten einer Laseranlage eine optimale Verfügbarkeit sichergestellt sein sollte, ist eine entsprechende Instandhaltungsstrategie zu entwickeln. Dabei sind Fragen der Fremd- und Eigenleistungen sowie der Ersatzteilhaltung vor Ort zu beantworten.

durchgeführte Entwicklungsarbeiten

geplante Entwicklungen/Bedarf

Themenkomplex 12: Beim Umgang mit Laserstrahlung hoher Leistung sind bauliche, organisatorische und gerätetechnische Sicherheitsvorkehrungen zu treffen, um das Personal, die Geräte und das Umfeld vor Schäden zu schützen.

durchgeführte Entwicklungsarbeiten

geplante Entwicklungen/Bedarf

Themenkomplex 13: Um eine hohen Anlagenproduktivität sicherzustellen, ist das Lasersystem ablauf- und aufbauorganisatorisch in die Produktion einzubinden. Zur besseren Koordination von Arbeitsvorbereitung und Konstruktion mit der Fertigung kann zum Beispiel eine Laserprojektgruppe gebildet werden.

durchgeführte Entwicklungsarbeiten

geplante Entwicklungen/Bedarf

Themenkomplex 14: Entscheidend für den Erfolg der Lasertechnologie in einem Unternehmen ist, den Betroffenen in allen Betriebsbereichen die erforderlichen Informationen und Unterlagen EDV-gestützt oder papiermäßig zur Verfügung zu stellen. In diesem Zusammenhang sind z.B. Schnittstellen zwischen den verschiedenen Systemelementen zu spezifizieren.

durchgeführte Entwicklungsarbeiten

geplante Entwicklungen/Bedarf

Tragen Sie bitte in der untenstehenden Matrix ein, ob Sie den jeweils höherstehenden Themenkomplex für wichtiger (+), gleich wichtig (o) oder weniger wichtig einschätzen als den tiefer aufgeführten. Dabei ist es sehr wichtig, daß Sie nur jeweils die beiden Themenkomplexe gegeneinander werten, in deren Schnittpunkt sie sich gerade befinden und nicht eine Bewertung im Gesamtzusammenhang vornehmen. Außerdem ist es notwendig, daß Sie alle Felder bearbeiten, also auch solche ausfüllen, die Sie nicht betreffen.

Nr	Themenkomplex
1	Ziele definieren, Lösungsansätze suchen
2	Prozeßtechnologie entwickeln
3	Anlagenkonzept festlegen
4	Anlage in den Produktionsablauf integrieren
5	Systemlösungen bewerten
6	Lösungen realisieren
7	Versorgungssystem
8	Produktionssystem
9	Überwachungssystem
10	Bedienungssystem
11	Instandhaltungssystem
12	Sicherheitssystem
13	Entscheidungssystem
14	Informationssystem

Beispiel :

Es besteht ein größerer Bedarf zur Entwicklung der Prozeßtechnologie als zur Entwicklung von Hilfen zur Integration der Anlage in den Produktionsprozeß

Nr	Σ	
1		
2		
3		
4		
5		
6		
7		
8		
9		bitte nicht ausfüllen
10		
11		
12		
13		
14		

Legende : bitte in jedes Feld eintragen:

+ für Entwicklungsbedarf größer als , o für Entwicklungsbedarf gleich ,

- für Entwicklungsbedarf kleiner als

Bei welchem der aufgezeigten Themenkomplexe hätten Sie Interesse an einem Verbundprojekt mitzuarbeiten?

Themenkomplex Nr. :

Haben Sie Anmerkungen zu der vorgestellten Planungsvorgehensweise
oder der Systemdefinition?

Hinweis : Das VDI-Technologiezentrum sichert allen befragten Firmen b.z.w.
Institutionen eine firmenneutrale Nutzung der Daten und Inhalte zu. Die Angaben
zur Firma werden nur für adressunabhängige statistische Zwecke benutzt.
Sind Sie damit einverstanden, daß Ihre Angaben für die Definition von
Förderschwerpunkten im Rahmen des Verbundprojektes "Grundlagen der
lasergerechten Konstruktion und Fertigung" verwendet werden?

- [ ] ja, ohne Ausnahme
- [ ] ja, mit Ausnahme der Angaben in
- [ ] nein

Sind Sie darüber hinaus mit einer Verwendung Ihrer firmenspezifischen Daten
für die Vermittlung von Projektpartnern einverstanden?

- [ ] ja, ohne Ausnahme
- [ ] ja, mit Ausnahme der Angaben in
- [ ] nein

Datum, Unterschrift, Stempel

durchgeführte Entwicklungsarbeiten

geplante Entwicklungen/Bedarf

durchgeführte Entwicklungsarbeiten

geplante Entwicklungen/Bedarf

Anhang 2: Strukturierung und Zuordnung des ermittelten Forschungsbedarfs

Schwerpunkt 1: Lasergerechte Konstruktion von Werkstücken

1.1 **Ermittlung der technischen und konstruktiven Möglichkeiten der Lasertechnologie**

1.1.1   Standardisierung der Beschreibungsparameter für Bearbeitungsaufgaben und Prozeßgrößen

1.1.2   Ableitung von Berechnungs- und Entscheidungsgrundsätzen zur Auslegung und Beurteilung von laserbearbeiteten Bauteilen

1.1.3   Ableiten von Methoden, Modellen, Berechnungsgrundsätzen und Regeln für die Prozeßauslegung und Anlagenspezifikation

1.1.4   Weiterentwicklung der Prozeßtechnologie durch Erarbeiten weiterer theoretischer Erkenntnisse bezüglich der Wechselwirkungen zwischen Bauteil, Prozeßgrößen und Bearbeitungsergebnis

1.1.5   Entwicklung von Systemen zur Versuchsplanung und -auswertung mit Hilfe statistischer Methoden

1.1.6   Durchführung von Verfahrensvergleichen (konventionell - Laser) bezüglich Technik und Wirtschaftlichkeit

1.2 **Ermittlung der laserspezifischen Kosten und Einsparungspotentiale**

1.2.1   Aufbau von Katalogen mit realisierten Anlagenkonzepten, Kosten und Einsparungspotentialen

1.2.2   Ermittlung verfahrensspezifischer Eckdaten für Betriebs- und Investitionskosten

1.2.3   Aufbau einer Bewertungssystematik durch Anpassung der Kosten- und Investitionsrechnungsmethoden

1.3 **Bereitstellung von Hilfsmitteln zur Unterstützung der lasergerechten Konstruktion**

1.3.1   Entwicklung von technischen Kriterienkatalogen für den Lasereinsatz (verfahrensspezifisch)

1.3.2   Entwicklung von Verfahren zur Analyse von Bearbeitungsaufgaben für die Laserbearbeitung

1.3.3   Aufbau von Handbüchern für Konstrukteure und Planer

1.3.4   Entwicklung technischer Normen und Richtlinien für die Laserbehandlung

1.3.5   Entwicklung von Konstruktionsrichtlinien

1.3.6   Aufbau von Parameterkatalogen und Datenbanken für Werkstoffe, Prozesse, Anlagen und besondere Phänomene

1.3.7   Aufbau von Expertensystemen zur Parameteroptimierung

1.3.8	Entwicklung von Simulationsmodellen
1.3.9	Aufbau einer zentralen Informations-Agentur
1.3.10	Beispielsammlungen für Anwendungen
1.3.11	Darstellung der branchenspezifischen Einsatzgebiete

Schwerpunkt 2: Konzeption und Auslegung produktionstauglicher Laserbearbeitungssysteme

2.1   Allgemeine Optimierungsmaßnahmen

2.1.1	Optimierung aller Komponenten hinsichtlich Bedienerfreundlichkeit sowie Investitions- und Betriebskosten
2.1.2	Optimierung der Verfügbarkeit der einzelnen Komponenten und des Gesamtsystems
2.1.3	Entwicklung bedienerfreundlicher Anlagen und Komponenten, die geringere Personalqualifikation erfordern

2.2   Entwicklung neuer Strahlquellen

2.2.1	Entwicklung kleinerer Abmessungen und Gewichte
2.2.2	Entwicklung neuer Lasertypen:

- CO_2 u. Excimer: neue Strömungs- bzw. Resonatorkozepte, höherer Wirkungsgrad
- Festkörper: höhere Leistungen, neue Anregungsprinzipien, neue Lasermedien
- Elektronenstrahl: Entwicklung zur Industrietauglichkeit

2.3   Entwicklung neuer Strahlführungs- und Strahlformungssysteme

2.3.1	Entwicklung neuer optischer Komponenten:

- Lichtwellenleiter für hohe Leistungen
- Strahlteiler für hohe Leistungen
- geregelt deformierbare Spiegel
- Komponenten zur Modentransformation und Polarisationsdrehung

2.3.2	Erarbeiten neuer kinematischer Prinzipien für Strahlführungen (z.B. Freifeldübertragung)
2.3.3	Entwicklung verfahrens- und laserspezifischer Bearbeitungsköpfe (incl. Strahlformung)
2.3.4	Standardisierung der Optiken und Optikanschlüsse
2.3.5	Entwicklung selbstjustierender optischer Systeme
2.3.6	Entwicklung von Schnellumrüstsystemen für optische Komponenten
2.3.7	Verbesserung der Gebrauchseigenschaften optischer Komponenten
2.3.8	Einsatz neuer Werkstoffe ("Leichtbauweise")

2.4 **Entwicklung neuer und optimierter Bewegungs- und Handhabungssysteme**

2.4.1 Optimierung des statistischen, dynamischen und thermischen Verhaltens der Bewegungssysteme (konstruktive Maßnahmen, neue Werkstoffe, neue Stellglieder, etc.)

2.4.2 Entwicklung von Bewegungssystemen für großflächige Bearbeitungen

2.4.3 Optimierung der Werkstückhandhabungssysteme:
- Robotersysteme für höhere Genauigkeiten und Geschwindigkeiten
- Robotersysteme, die interaktiv (Hand in Hand) arbeiten können
- optimierte Spannmittel und Vorrichtungen insbesondere für das Laserschweißen

2.4.4 Entwicklung neuer Zusatzstoffversorgungen

2.5 **Entwicklung neuer und optimierter Anlagensteuerungen**

2.5.1 Anpassung des Funktionsumfangs und der Betriebseigenschaften der Steuerungen an die Erfordernisse der Laserbearbeitung (Blockzykluszeiten, Kommunikationsmöglichkeiten, Sensorintegration, etc.)

2.5.2 Bereitstellung und Standardisierung von Schnittstellen (Leitrechnerebene, Sensorik, Lasersteuerung, etc.)

2.6 **Entwicklung neuer Prozeßdiagnose- bzw. Sensorsysteme**

2.6.1 Entwicklung von praxistauglichen und intelligenten Sensoren mit hohen Datenübertragungsraten (Strahllage, Strahleigenschaften, Maschinenverhalten, etc.)

2.6.2 Entwicklung von Bahnführungs- bzw. Bahnerkennungssystemen

2.6.3 Bereitstellung von Verfahren und Geräten zur On-Line Prozeßkontrolle mit integrierter Dokumentationsmöglichkeit

2.7 **Entwicklung von verfahrensspezifischen Prozeßregelungen**

2.7.1 Entwicklung von Regelstrategien und Algorithmen

2.7.2 Aufbau von Prozeßregelungssystemen auf der Basis von Werkstück- und Prozeßparametern

2.7.3 Entwicklung schnellerer Prozeßrechner

2.8 **Entwicklung von Systemen zur Komponentenüberwachung und Instandhaltung**

2.8.1 Entwicklung von Off- und Online-Störfallanalyse- und -Warnsystemen (z.B. für optische Komponenten und andere sicherheitskritische Komponenten)

2.8.2 Optimierung der Betriebs- und Maschinendatenerfassung für Lasersysteme

2.8.3 Entwicklung instandhaltungsfreundlicher Anlagen:
- Schnellumrüstsysteme
- modular aufgebaute und standardisierte Komponenten

- verbesserte Ferndiagnoseeinrichtungen
- verbesserte Justagehilfsmittel

2.9   Verbesserung der Sicherheit bei der Laserbearbeitung

2.9.1   Entwicklung neuer gerätetechnischer Konzepte:
- Entwicklung neuer Konzepte zum Schutz von Personal und Gerät vor Laserstrahlung (aktive und passive Sicherheitssysteme)
- Verbesserung der Kapselungskonzepte hinsichtlich Bedienung, Instandhaltung und Materialfluß
- Neue Prinziplösungen für Absaugungen

2.9.2   Grundlagenuntersuchungen zum Emissionsschutz und zur Entwicklung entsprechender Geräte:
- Verfahrens- und parameterabhängige Erfassung der Emissionen
- Möglichkeiten zur Reduktion der Emissionen in der Entstehungsphase
- Möglichkeiten zur Beseitigung der entstandenen Emissionen
- Untersuchung verfügbarer Absaug- und Filtersysteme

2.9.3   Erarbeiten neuer Sicherheitsrichtlinien und -normen

2.10   Entwicklung von Hilfsmitteln zur Anlagenkonzeption und -abnahme

2.10.1   Standardisierung der Anlagen und Komponentenbeschreibung:
- Anlagenmodell (Begriffserklärung und -bestimmung)
- Definierte Anlagen- und Komponentenbeschreibungsparameter
- Standardpflichtenheft für Laseranlagen
- Hilfsmittel zur Erfassung und Beschreibung der relevanten betrieblichen Randbedingungen

2.10.2   Entwicklung von Hilfsmitteln zur Anlagenauswahl und Anlagenkonfiguration:
- Ermittlung von Beurteilungskriterien und Ausprägungen für die verschiedenen Komponenten- und Systemvarianten
- Katalog mit Prinzipvarianten und Eigenschaften von Lasersystemen und -komponenten
- Auswahl- und Gestaltungsrichtlinien für Komponenten und Komplettsysteme

2.10.3   Entwicklung von Hilfsmitteln zur wirtschaftlichen Beurteilung von Lasersystemen und Dokumentation der Planungs- und Bewertungsergebnisse

2.10.4   Aufbau von Expertensystemen zur Gestaltung und Bewertung von Lasersystemen und Anwendungen

2.10.5   Entwicklung von Hilfsmitteln und Verfahren zur Anlagenabnahme:
- Definition geeigneter Anlagenkennwerte als Abnahmekriterien
- Definition von Prüfwerkstücken
- Entwicklung geeigneter Abnahmeverfahren und Meßtechniken

Schwerpunkt 3: Einordnung von Laserbearbeitungssystemen in den betrieblichen Ablauf

3.1. Ermittlung und Darstellung der Auswirkungen der Lasertechnologie auf das betriebliche Umfeld

3.1.1   Verfahrensspezifische Ermittlung der Anforderungen der Laserbearbeitung an vor- und nachgelagerte Arbeitsgänge (Werkstückvorbereitung, -nachbehandlung, Prüfung, etc.)

3.1.3   Entwicklung von organisatorischen Konzepten zur Integration von Lohnfertigern in den Produktionsablauf

3.2   Entwicklung lasergerechter Qualitätssicherungskonzepte

3.2.1   Entwicklung laserspezifischer QS-Strategien (Analyse möglicher Fehlerquellen; Ermittlung von Prüfmerkmalen, -zeitpunkten, -umfängen, etc.)

3.2.2   Aufbau einer Qualitätsdatenbasis (Ermittlung und Strukturierung von Konzepten zur Einbindung der Laserbearbeitung in Qualitätsinformationssysteme)

3.2.3   Entwicklung von Abnahmekriterien und Verfahren für laserbearbeitete Bauteile

3.2.4   Entwicklung lasergerechter Meß- und Prüfmethoden

3.2.5   Bestimmung der qualitätsrelevanten Prozeß- und Maschinenkenngrößen

3.2.6   Durchführung von Prozeß- und Maschinenfähigkeitsuntersuchungen

3.3   Entwicklung laserspezifischer Instandhaltungskonzepte

3.3.1   Untersuchungen zur Ermittlung der Anlagenzuverlässigkeit bzw. Verfügbarkeit

3.3.2   Konzepte und Regeln zur Eigen- und Fremdinstandhaltung

3.3.3   Ermittlung von Regeln zur Bestimmung von Instandhaltungsintervallen und zur Ersatzteilhaltung

3.3.4   Ableiten von Störfallstrategien

3.3.5   Aufbau von Expertensystemen zur Fehlersuche

3.4   Entwicklung humanzentrierter und umweltfreundlicher Anlagenkonzepte

3.4.1   Untersuchung der Laserbearbeitung hinsichtlich ökologischer Aspekte

3.4.2   Entwicklung umweltfreundlicher Konzepte zur Vor- und Nachbehandlung von laserbearbeiteten Bauteilen

3.4.3   Entwicklung humanzentrierter Anlagenkonzepte und Formen der Arbeitsorganisation

3.5   **Entwicklung von Hard- und Softwarekomponenten zur informatorischen Integration der Laserbearbeitungssysteme**

3.5.1   Entwicklung von Installations- und Inbetriebnahmekonzepten

3.5.2   Entwicklung formaler Vorgehensweisen zur Gewährleistung der Sicherheit bei der Einführung von Lasersystemen

3.5.3   Unterstützung bei der Projektverfolgung:
- Hilfsmittel zur Erfolgsüberwachung und Kontrolle
- Hilfsmittel zur Planung von Änderungen und Erweiterungen

3.6   **Entwicklung von Hard- und Softwarekomponenten zur informatorischen Integration der Laserbearbeitungssysteme**

3.6.1   Standardisierung von Schnittstellen:
- Vereinheitlichung der Schnittstellen zwischen den informationsverarbeitenden Komponenten
- Tabellen mit Kompatibilitätsaussagen

3.6.2   Verbesserte Off-line-Programmiersysteme insbesondere für die 3D-Bearbeitung

3.6.3   Entwicklung von Technologieprozessoren und -datenbanken zur Unterstützung der Programmiertätigkeiten

3.6.4   Entwicklung von Simulationsprogrammen

3.6.5   Verknüpfung der Einzelkomponenten zu lasergerechten CAM-Systemen

3.7   **Detaillierung und Umsetzung laserspezifischer Ausbildungskonzepte**

3.7.1   Umsetzung der laserspezifischen Anforderung an die Mitarbeiterqualifikation in spezifische Ausbildungskonzepte für alle Unternehmensbereiche und -ebenen

3.7.2   Bereitstellung von Unterlagen für die Aus- und Weiterbildung:
- Einführende Literatur und Schulungsunterlagen für alle Betroffenen
- Verbesserte Dokumentation der Anlagenfunktionen und erforderlichen Tätigkeiten bei Betrieb und Instandhaltung der Anlagen

Anhang 3: Prioritätenliste für den ermittelten und auf Förderungsfähigkeit geprüften Forschungsbedarf, geordnet nach sinkender Bedeutung

1 Bewertungsformular

Bitte füllen Sie das nachfolgende Bewertungsformular nach Ihrer Einschätzung aus und senden es bitte bis zum *1. April 1991* an das:

Fraunhofer Institut   Tel. 0241-8904-169
für Produktionstechnologie   Fax. 0241-8904-198
Herrn Dipl.-Ing. H. Schunk
Steinbachstraße 17

5100 Aachen

Nachstehend finden Sie einige Erläuterungen zu den Bewertungskriterien und den Forschungsthemen.

Erläuterung zu den Bewertungskriterien

Breitenwirksamkeit

Firmenspezifische Lösungen ohne Breitenwirksamkeit können nicht gefördert werden. Wie schätzen Sie die Breitenwirksamkeit der jeweiligen Themen ein? (1=sehr niedrige Breitenwirksamkeit; 4=sehr hohe Breitenwirksamkeit)

Anknüpfung zu laufenden Projekten

Die zu fördernden Forschungsthemen müssen einen klaren Bezug zu bislang geförderten Vorhaben der Lasermaterialbearbeitung aufweisen. Die dort erarbeitete Datenfülle muß Eingang finden in das geplante Projekt. Wie beurteilen Sie den Bezug der einzelnen Themen zu laufenden Vorhaben? (1=sehr geringer Bezug; 4=sehr hoher Bezug)

Praxisbezug

Die in den geplanten Vorhaben zu erarbeitenden Ergebnisse müssen in der industriellen Praxis anwendbar sein. Wie bewerten Sie die Themenschwerpunkte

hinsichtlich der praktischen Anwendbarkeit der Ergebnisse in der Industrie?
(1=sehr niedriger Praxisbezug; 4=sehr hoher Praxisbezug)

Relevanz für klein- und mittelständische Unternehmen (KMU)

Die Anwendung der Lasertechnik ist derzeit im wesentlichen eine Domäne der
Großindustrie. Ein Verbundprojekt zum Thema "Lasergerechtes Konstruieren
und Fertigen" muß aber stärker auf den Bedarf klein- und mittelständischer
Unternehmen angepaßt sein. Wie beurteilen Sie die Relevanz der einzelnen
Forschungsthemen für klein- und mittelständische Unternehmen?
(1=sehr geringe Relevanz; 4=sehr große Relevanz)

Erläuterungen zu den Forschungsthemen

Die im Bewertungsformular aufgeführten Nummern entsprechen den in der
Anlage 2 aufgeführten Themenkomplexen. Bitte nutzen Sie diese Liste als
Erklärungshilfe beim Ausfüllen des Bewertungsformulars.

2   Prioritätenliste

A   Themen höchster Priorität

1.3.4   Entwicklung technischer Normen und Richtlinien für die Lasermaterialbearbeitung
2.6.3   Bereitstellung von Verfahren und Geräten zur On-line-Prozeßkontrolle
mit integrierter Dokumentationsmöglichkeit
1.3.5   Entwicklung von Konstruktionsrichtlinien
1.3.3   Aufbau von Handbüchern für Konstrukteure und Planer
2.6.2   Entwicklung von Bahnführungs- bzw. Bahnerkennungssystemen
1.1.2   Ableitung von Berechnungs- und Entscheidungsgrundsätzen zur
Auslegung und Beurteilung von laserbearbeiteten Bauteilen
3.2.3   Entwicklung von Abnahmekriterien und Verfahren für laserbearbeitete
Bauteile
1.3.6   Aufbau von Parameterkatalogen und Datenbanken für Werkstoffe,
Prozesse, Anlagen und besondere Phänomene

B   Themen hoher Priorität

2.6.1   Entwicklung von praxistauglichen und intelligenten Sensoren mit hohen
Datenübertragungsraten (Strahllage, Strahleigenschaften, Maschinenverhalten, etc.)
3.2.5   Bestimmung der qualitätsrelevanten Prozeß- und Maschinenkenngrößen
3.1.1   Verfahrensspezifische Ermittlung der Anforderungen der Laserbearbei-

tung an die vor- und nachgelagerten Arbeitsgänge (Werkstückvorbereitung, -nachbehandlung, Prüfung, etc.)

1.1.1   Standardisierung der Beschreibungsparameter für Bearbeitungsaufgaben
        und Prozeßgrößen

1.3.1   Entwicklung von technischen Kriterienkatalogen für den Lasereinsatz
        (verfahrensspezifisch)

3.2.4   Entwicklung lasergerechter Meß- und Prüfmethoden

3.6.2   Verbesserte Off-line-Programmiersysteme insbesondere für die 3D-
        Bearbeitung

3.2.1   Entwicklung laserspezifischer QS-Strategien (Analyse möglicher
        Fehlerquellen; Ermittlung von Prüfmerkmalen, -zeitpunkten, -umfängen,
        etc.)

3.6.3   Entwicklung von Technologieprozessoren und -datenbanken zur
        Unterstützung der Programmiertätigkeiten

C   Themen mittlerer Priorität

2.10.4 Aufbau von Expertensystemen zur Gestaltung und Bewertung von
        Lasersystemen und Anwendungen

1.1.3   Ableiten von Methoden, Modellen, Berechnungsgrundsätzen und Regeln
        für die Prozeßauslegung und Anlagenspezifikation

1.3.2   Entwicklung von Verfahren zur Analyse von Bearbeitungsaufgaben für
        die Laserbearbeitung

1.3.7   Aufbau von Expertensystemen zur Parameteroptimierung

D   Themen niedriger Priorität

3.6.1   Standardisierung von Schnittstellen
        - Vereinheitlichung der Schnittstellen zwischen den informationsver-
          arbeitenden Komponenten
        - Tabellen mit Kompatibilitätsaussage

2.8.1   Entwicklung von Off- und On-line-Störfallanalyse- und -Warnsystemen
        (z.B. für optische Komponenten und andere sicherheitskritische
        Komponenten)

3.2.2   Aufbau einer Qualitätsdatenbasis (Ermittlung und Strukturierung
        qualitätsrelevanter Werkstückkennzahlen und -daten; Entwicklung von
        Konzepten zur Einbindung der Laserbearbeitung in Qualitätsinforma-
        tionssysteme)

3.6.4   Entwicklung von Simulationsprogrammen

1.3.8   Entwicklung von Simulationsmodellen

3.2.6   Durchführung von Prozeß- und Maschinenfähigkeitsuntersuchungen

1.1.5   Entwicklung von Systemen zur Versuchsplanung und -auswertung mit
        Hilfe statistischer Methoden

6 Sachwortverzeichnis